TURING 图灵新知

The Calculus Gallery

微积分的历程

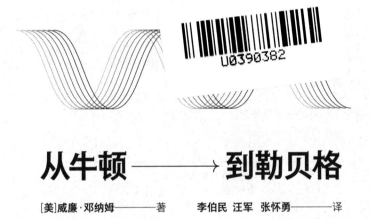

从牛顿 ⟶ 到勒贝格

[美]威廉·邓纳姆———著   李伯民 汪军 张怀勇———译

人民邮电出版社

北 京

图书在版编目（CIP）数据

微积分的历程：从牛顿到勒贝格／（美）邓纳姆
(Dunham, W.) 著；李伯民，汪军，张怀勇译. -- 北京：
人民邮电出版社，2010.8
（图灵新知）
书名原文：The Calculus Gallery: Masterpieces
from Newton to Lebesgue
ISBN 978-7-115-23217-5

Ⅰ. ①微… Ⅱ. ①邓… ②李… ③汪… ④张… Ⅲ.
①微积分－普及读物 Ⅳ. ①O172-49

中国版本图书馆CIP数据核字(2010)第118829号

内 容 提 要

本书介绍了十多位优秀的数学家：牛顿、莱布尼茨、伯努利兄弟、欧拉、柯西、黎曼、刘维尔、魏尔斯特拉斯、康托尔、沃尔泰拉、贝尔、勒贝格。然而，这不是一本数学家的传记，而是一座展示微积分宏伟画卷的陈列室。作者选择介绍了历史上的若干杰作（重要定理），优雅地呈现了微积分从创建到完善的漫长、曲折的过程。

本书兼具趣味性和学术性，对基础知识的要求很低，可作为本科生、研究生和数学工作者的微积分补充读物，更是数学爱好者的"佳肴"。

◆ 著　　　　[美] William Dunham
　　译　　　　李伯民　汪 军　张怀勇
　　责任编辑　明永玲

◆ 人民邮电出版社出版发行　　北京市丰台区成寿寺路11号
　邮编　100164　电子邮件　315@ptpress.com.cn
　网址　http://www.ptpress.com.cn
　大厂回族自治县聚鑫印刷有限责任公司印刷

◆ 开本：880×1230　1/32
　印张：8.375　　　　　　　　　2010年8月第1版
　字数：213千字　　　　　　　 2024年11月河北第49次印刷
　　　著作权合同登记号　图字：01-2009-3881号

定价：49.00元
读者服务热线：(010)84084456-6009　印装质量热线：(010)81055316
反盗版热线：(010)81055315
广告经营许可证：京东市监广登字 20170147 号

版 权 声 明

译 者 序

伟大的思想家恩格斯曾经精辟地指出："在一切理论成就中，未必有什么像 17 世纪下半叶微积分的发明那样被看成人类精神的最高胜利了。"20 世纪最著名的数学家之一冯·诺伊曼称"微积分是现代数学取得的最高成就，对它的重要性怎样估计也是不会过分的。"

微积分的思想可以追溯到久远的古代，从两千多年前一直到中世纪，东西方不断有人试图用某种分割的策略解决像计算面积和求切线这样的问题。但是，这种方法必须面对如何分割和分割到什么程度的问题，也就是人们后来才意识到的难以捉摸的"无穷小"量和"极限"过程的问题。人们经历了漫长的岁月也终究未能取得突破。最后，牛顿和莱布尼茨这两位先驱在前人工作的基础上创立了微分法和积分法，并且发现它们是一种对立统一的方法（这种对立统一表现为微积分"基本定理"），再经伯努利兄弟和欧拉的改进、扩展和提高，上升到了分析学的高度。早期的微积分由于缺乏可靠的基础，很快陷入深重的危机之中。随后登上历史舞台的数学大师柯西、黎曼、刘维尔和魏尔斯特拉斯挽危难于既倒，赋予了微积分特别的严格性和精确性。然而，随着应用的扩大和深化，各种复杂和深奥的问题层出不穷，不断在分析学界引起混乱，导致微积分再度走向危机。到这时，数学家们才发现，严格性与精确性其实只解决了逻辑推理本身这个基础问题，而逻辑推理所依存的理论基础才是更根本也更难解决的问题。最终，当现代数学天才康托尔、沃尔泰拉、贝尔和勒贝格把严格性与精确性同集合论与艰深的实数理论结合起来以后，创建微积分的过程才终于到达终点。

本书把建立微积分的崎岖历程中发生的重大事件和出现的杰出人物，一一展现在读者面前。不过，作者的意图不在于单纯地叙述历史，也不在于讲解微积分知识和描绘数学家的传奇故事，而是要展现创建微积分的过程中的思想，揭示曲折的过程和最终的结果之间的必然联系，不仅让读者领略到大师们所取得的那些不可企及的成就，更让读者体会到他们付出的艰辛劳动。

作者 William Dunham 教授是知名的数学图书作家，写过不少优秀的高端数学科学读物，曾经荣获很多重要奖项。

在本书翻译中，我们力求减少差错和保持原书格调，但是限于我们自身的专业修养和文字水平，加上书中涉及大量史料和多种文字的引文，疏误之处在所难免，不当之处，敬请读者指正。

译　者

2010 年 4 月

致　谢

本书是在穆伦堡学院 1932 级讲座教授基金资助下写成的。我非常感谢穆伦堡学院给我提供这次机会，同样感谢 Tom Banchoff（布朗大学）、Don Bonar（丹尼森大学）、Aparna Higgins（代顿大学）和 Fred Rickey（西点军校）支持我的基金申请。

在本书的写作过程中，我得到计算机奇才 Bill Stevenson 的大力帮助，穆伦堡学院数学科学系的朋友和同事们也鼎力相助，他们是 George Benjamin，Dave Nelson，Elyn Rykken，Linda McGuire，Greg Cicconetti，Margaret Dodsen，Clif Kussmaul，Linda Luckenbill 以及新近退休的 John Meyer，作为我的坚强后盾，他们从开始就对这个项目寄予厚望。

在本书的写作中我用到了穆伦堡学院 Trexler 图书馆的资料，该馆工作人员 Tom Gauphan，Martha Stevenson 和 Karen Gruber 给予我非常有价值的帮助。我还利用了李亥大学 Fairchild-Martindale 图书馆以及普林斯顿大学 Fine Hall 图书馆的珍贵藏书。

在这项重要工作中，家人是我动力的源泉，他们给予我特别的支持，在此我要对 Brendan 和 Shannon，对我的母亲，以及对 Ruth Evans，Bob Evans 和 Carol Dunham 深致爱意和感激之情。

我还要感谢南方大学的法语教授 George Poe，他在排查费解图形时所做的探测工作足以令奥古斯丁·杜邦感到羡慕①。同样要感谢韦斯特蒙特大学的 Russell Howell，他再次证明了，要是没有成为一位杰出的数学

---

① 杜邦是爱伦·坡的推理小说中的神探。——译者注

教授的话，他也可以成为一名优秀的数学编辑。

在把我的手稿转变成书的过程中，应该感谢几位参与者。他们中有 Alison Kalett, Dimitri Karetnikov, Carmina Alvarez, Beth Gallapher 和 Gail Schmitt，尤其是普林斯顿大学出版社高级数学编辑 Vikie Kearn，她非常专业和友好地监督了整个过程。

最后，要感谢我的妻子和同事 Penny Dunham。她为本书制作了插图，并对书的内容选择提出了有益的建议。她的参与使本书的写作得以顺利完成，而她的出现则让我们共度的 35 个春秋变得非常愉快。

W. Dunham
于宾夕法尼亚州于阿伦敦

❦ 目 录 ❦

前　言

　　20世纪杰出的数学家约翰·冯·诺伊曼（1903—1957）在论述微积分时写道："微积分是现代数学取得的最高成就，对它的重要性怎样估计也是不会过分的。"①

　　今天，在微积分出现3个多世纪之后，它依然值得我们这样赞美。微积分俨如一座桥梁，它使学生们通过它从基础性的初等数学走向富于挑战性的高等数学，并且面对令人眼花缭乱的转换，从有限量转向无限量，从离散性转向连续性，从肤浅的表象转向深刻的本质。所以，英语中通常在微积分一词calculus前面郑重地加上定冠词"the"，冯·诺伊曼在上述评价中就是这样做的。"the calculus"（微积分）这种称谓同"the law"（定律）相似，用"the"特指微积分是一个浩如烟海的、独立存在且令人敬畏的科目。

　　一如任何重要的智力探索过程，微积分有着五彩斑斓的发展史和光怪陆离的史前史。西西里岛锡拉丘兹城的阿基米德（大约公元前287—公元前212）曾用我们现在所知的一种最早的方法求出某些几何图形的面积、体积和表面积。在漫长的800余年后，法国数学家皮埃尔·德·费马（1601—1665）采用一种非常现代的方法确定了曲线的切线斜率和曲线下面区域的面积。他们以及其他许许多多著名的前辈数学家们把微积分推上了历史舞台。

　　不过，这不是一本描写数学先驱们的书。不言而喻，微积分在很大

---

① John von Neumann, *Collected Works*, vol.1, Pergamon Press, 1961, p.3。

程度上应归功于以往的数学家，恰如现代艺术在很大程度上应归功于过去的艺术家一样。但是，一座专题博物馆——例如现代艺术博物馆——并不需要用一间又一间陈列室去展览对后世有影响的前现代艺术作品。就是说，这样一种博物馆的展览可以从中期开始。所以，对于展示微积分创建的历程，我想也可以这样做。

因此，我将从 17 世纪的两位学者艾萨克·牛顿（1642—1727）和戈特弗里德·威廉·莱布尼茨（1646—1716）开始，正是他们两人促成了微积分的降生。莱布尼茨在 1684 年的一篇论文中率先发表了他的研究成果，文章的标题中包含一个拉丁词 calculi（一种计算系统），这个词后来就用来指代这门新生的数学分支。第一本教科书在十几年之后面世，微积分（the calculus）的名称在书中被确定下来。

其后几十年，其他几位数学家先承接了挑战。在这些先驱者中，最杰出的人物当推雅各布·伯努利（1654—1705）和约翰·伯努利（1667—1748）兄弟二人，以及举世无双的莱昂哈德·欧拉（1707—1783）。在他们的研究成果中有成千上万的页面涉及最高品位的数学，研究范围扩展到包罗极限、导数、积分、无穷序列、无穷级数以及其他许许多多主题在内的各个方面。这个四处延伸的题材带有一个称为"分析学"的总标题。

由于复杂性的日益增加，有关基本逻辑的各种困难问题也接踵而至。尽管微积分强大有力又具有实用价值，但是它建立在一种不牢靠的基础之上。这使数学家们认识到，需要按照欧几里得几何的模型，采用一种精确和严格的方式重建这门学科。这样一项紧迫的任务是由 19 世纪的分析学家奥古斯丁·路易·柯西（1789—1857）、格奥尔格·弗雷德里希·贝尔哈德·黎曼（1826—1866）、约瑟夫·刘维尔（1809—1882）和卡尔·魏尔斯特拉斯（1815—1897）完成的。这几位数学大师以前所未有的热忱工作着，他们不辞艰辛，确切地定义了所用的术语，并且一一证明了到那时为止被数学界毫无争议地接受的各种结果。

但是，一些问题的解决，推开了另外一些问题的大门——这是在科学发展中经常发生的事情。在 19 世纪下半叶，数学家们利用这些逻辑上严密的工具构造出大量奇特的反例，对它们的认识让分析学具有了空前的普遍性和抽象性。我们从格奥尔格·康托尔（1845—1918）的集合论以及后来的维托·沃尔泰拉（1860—1940）、勒内·贝尔（1874—1932）和亨利·勒贝格（1875—1941）等学者的成就中，可以明显看出这种趋势。

到 20 世纪初，分析学已经汇聚成包含无数概念、定义、定理和实例的一座宝库——并且发展为一种独具特色的思维方式，因此确立了它作为一个至高无上的数学体系的地位。

我们要从这座宝库中取出一批样品，目的是考察上面提到的那些数学家获得的成果，并且以一种忠实于原貌同时又让当今读者能够理解的方式展现出来。我将探讨那些能够说明微积分在其形成年代的发展状况的定理，认识那些最卓越的天才创建者们。简言之，本书是一部翻开这段令人神往的历史的"重要定理"集。

为了达到这个目标，我仅限于介绍少数有代表性的数学家的工作。首先我要坦诚披露：对于人物的安排是由本人的鉴赏倾向决定的。本书收入像牛顿、柯西和魏尔斯特拉斯这样一些数学家，他们会出现在任何一本类似的书中。选入另外一些数学家，如刘维尔、沃尔泰拉和贝尔等人，更多地是出于我个人的喜好。至于其他一些数学家，如高斯、波尔查诺和阿贝尔，他们则不在我的考虑之列。

同样，我讨论的某些定理是数学文献的所有读者都熟知的，尽管它们**原有的**证明对于不精通数学史的人而言是离奇的。莱布尼茨 1673 年关于"莱布尼茨级数"几乎不被人们承认的推导，以及康托尔 1874 年关于连续统不可数性的鲜为人知的首次证明，就属于这种情况。另外一些定理虽然在数学上是司空见惯的，但是很少出现在现代教科书中——这里我所指的是像魏尔斯特拉斯构造的处处连续而无处可微的函数的结果，当他在 1872 年把这个结果提交给柏林科学院时引起了数学界的震惊。至于我的某些选择，我承认，是十分怪异的。例如书中包含欧拉对积分 $\int_0^1 \frac{\sin(\ln x)}{\ln x} dx$ 的估值，这不过是为了展现这位数学家在分析学方面的奇才。

书中的每一个结果，从牛顿的正弦级数的推导，到伽玛函数的表示，再到贝尔的分类定理，都处于所在时代的研究前沿。总的说来，它们记录了分析学随着时间的演进过程，以及参与者们在风格上和实质上的变化。这种演进是引人瞩目的，因为可以将勒贝格 1904 年的一个定理同莱布尼茨 1690 年的一个定理之间的差别，比拟为现代文学同英国古典英雄史诗《贝奥武甫》之间的区别。尽管如此，我仍然相信每个定理都显示出值得我们关注甚至赞美的独创性——这一点是至关重要的。

自然，打算凭借考察几个定理来刻画分析学的特征，犹如试图通过采集几点雨滴来描绘一场雷雨的特征，所表达的观念不可能全面。为了担负这样一项任务，作者必须采纳某些恰当的限制作为准则。

我的准则之一是避免贪大求全，去写一部描写分析学发展进程的全面的历史书。无论如何，这是一项过于宏大的任务，何况已经出版了许多论述微积分发展的著作。我所喜爱的一些书籍已在正文中明确提出，或者作为资料列入参考文献。

第二条准则是把多元微积分和复分析排除在外。这样做或许是一种令人遗憾的选择，不过我相信是正确的。据此把这本书的内容被置于某种可以控制的范围内，从而增添叙述的连贯性。此种限制同时把对读者背景的要求降低到最低程度，因为一本只讨论**一元实分析**的书，能够理解它的读者将是最广泛的。

这就提出预备知识的问题。针对本书面对的读者，我写进许多技术细节，所以只要具备最基本的数学知识就能理解书中的定理。某些早期的结果要求读者有毅力看完不止一页的代数运算。至于后期的某些结果则需要纯粹抽象的判别能力。一般而言，我不会对数学上缺乏勇气的人推荐此书。

同时，为力求达到简明扼要，同一本标准的教科书不同，我采用比较随意的写法。我的本意是想让这本书对于那些或多或少具备大学数学程度的读者，或者那些没有被随处可见的积分或 ε 符号吓倒的读者来说，更容易接受。我的目标是使预备知识刚好够用于理解所述主题，但是又不能再少。要是不这样做，将会使内容索然寡味，无法达到我的更大目标。

所以说这首先不是一本数学家的传记，也不是一部微积分的历史，更不是一册教科书。事实上，尽管在书中我有时记述传记材料，有时探讨某个主题同另一个主题之间的联系的历史，而且有时也采用教科书的方式介绍新奇的（或者久已被遗忘的）概念，我仍要指出这一点。不过我最初的动机是很简单的：同读者分享分析学的丰富历史中为人们喜闻乐见的某些结果。

同时，这引起我作最后一点说明。

在多数学科中存在着一种传统，那就是研究卓越的先驱们的主要著作，那些先驱乃是学科领域中被称为"大师"的杰出人物。学文学的学生要拜读诗人和剧作家莎士比亚的作品；习音乐的学生需聆听作曲家巴赫的乐曲。然而在数学界，如果说这样一种传统不是完全没有的话，那么至少也是非常罕见的。本书是想使这种局面得以改观。不过我不打算把它写成一部微积分的**历史**，而必须把它作为展示微积分宏伟画卷的**陈列室**。

为了这一目的，我汇集了若干杰作，只不过它们不是绘画大师伦勃朗或者凡高创作的油画，而是欧拉或者黎曼证明的定理。这样一座陈列室或许有一些独特之处，但是它的目标同一切有价值的博物馆一样：成为一座优异的知识宝库。

像任何陈列室一样，这座陈列室的藏品中仍然存在空白。也像任何陈列室一样，这座陈列室不可能为人们希望展出的所有收藏品提供足够的空间。虽说有这些局限性，但是当一位参观者离去时，他必然会对天才人物们充满感激之情。同时，那些徜徉于展品之间的人们将从最终的分析学中体验到数学中最深奥的想象力。

第1章

牛 顿

艾萨克·牛顿（1642—1727）

艾萨克·牛顿不但是数学上的开创性人物，而且是整个西方思想史上举足轻重的人物。当他出生时，科学尚未确立对中世纪迷信至高无上的统治地位，而在他去世时，理性时代已经步入全盛时期。这一不同寻常的转变在一定程度上应归功于他的贡献。

作为数学家，牛顿被推崇为微积分或者他为之命名的"流数术"的创立者。微积分的起源要追溯到17世纪60年代中期，那时牛顿还是剑桥大学三一学院的一名学生。在那里牛顿专心研究勒内·笛卡儿（1596

—1650）、约翰·沃利斯（1616—1703）以及三一学院第一位卢卡斯数学教授艾萨克·巴罗（1630—1677）这样一些先驱们的著作，但是很快他就发现自己进入了一个从未有人涉足的领域。在接下来的几年中，牛顿永远地改变了数学的面貌，传记作家 Richard Westfall 把他这几年描绘为一个"光芒四射的活动"时期。[1]到 1669 年，巴罗本人将他的这位继任者和同事形容为"我们学院的一位同伴，非常年轻……，但却是一位具有非凡天赋和卓越才能的人物"。[2]

在本章，我们来考察一下牛顿早期的如下几个成就：将某些表达式转换为无穷级数的广义二项展开式，求无穷级数的逆级数的方法，以及确定曲线之下的面积的求积法则。最后我们介绍一个惊人的结果，即一个角的正弦的级数展开。关于二项展开式的最早描述出现在他回答莱布尼茨询问的《前信》①中，那是在他完成最初的研究工作很久以后。本章其他素材来自牛顿 1669 年的论著《运用无穷多项方程的分析学》，这本著作通常简称为《分析学》。

尽管本章仅限于讨论牛顿早期的工作，但是需要指出，牛顿"早期的工作"几乎总是超越其他任何人深思熟虑的工作。

广义二项展开式

截至 1665 年，牛顿已经发现将二项式展开（他的说法是"化简"）成级数的简单方法。对他而言，这种化简不仅是用另一种形式重建二项式的手段，同时也是通向流数术的大门。这个二项式定理是牛顿众多数学发明的起点。

正如《前信》所述，眼前的问题是化简二项式 $(P + PQ)^{m/n}$，而不管

---

① 为答复莱布尼茨的有关询问，牛顿在 1676 年先后两次致信英国皇家学会秘书 H. 奥尔登堡，分别称为《前信》和《后信》，在《前信》中追述了对二项式定理的原始推导和思路。——译者注

m/n "是整数还是分数，或者是正数还是负数"。[3] 在人们对指数还非常生疏的时代，这本身是一个非常大胆的思想，那时牛顿首次强调"用 $a^{1/2}$，$a^{1/3}$，$a^{5/3}$ 代替 $\sqrt{a}$，$\sqrt[3]{a}$，$\sqrt[3]{a^5}$，用 a^{-1}，a^{-2}，a^{-3} 代替 $1/a$，$1/aa$，$1/a^3$"。[4] 显然，当时的读者需要适当的提示。

牛顿不但发现了像 $(1+x)^5$ 这样基本的二项式的展开形式，而且发现了像 $\dfrac{1}{\sqrt[3]{(1+x)^5}} = (1+x)^{-5/3}$ 这样复杂的二项式的展开形式。正如牛顿向莱布尼茨解释的那样，这种化简服从规则

$$(P+PQ)^{m/n} = P^{m/n} + \frac{m}{n}AQ + \frac{m-n}{2n}BQ$$

$$+ \frac{m-2n}{3n}CQ + \frac{m-3n}{4n}DQ + \cdots \qquad (1)$$

其中 A，B，C，$\cdots$ 分别代表前一项，我们将在下面举例说明。这就是著名的牛顿二项式展开式，虽然这种形式或许是新奇的。

牛顿给出 $\sqrt{c^2+x^2} = \left[c^2 + c^2\left(x^2/c^2\right)\right]^{1/2}$ 的例子。在这个例子中 $P = c^2$，$Q = \dfrac{x^2}{c^2}$，$m = 1$，$n = 2$。因此，

$$\sqrt{c^2+x^2} = (c^2)^{1/2} + \frac{1}{2}A\frac{x^2}{c^2} - \frac{1}{4}B\frac{x^2}{c^2} - \frac{1}{2}C\frac{x^2}{c^2} - \frac{5}{8}D\frac{x^2}{c^2} - \cdots$$

为了确定 A, B, C 及其他系数，我们可以利用它们都表示前一项的事实。于是，$A = \left(c^2\right)^{1/2} = c$，给出

$$\sqrt{c^2+x^2} = c + \frac{x^2}{2c} - \frac{1}{4}B\frac{x^2}{c^2} - \frac{1}{2}C\frac{x^2}{c^2} - \frac{5}{8}D\frac{x^2}{c^2} - \cdots$$

同样，B 表示前一项，即 $B = \dfrac{x^2}{2c}$，由此得到

$$\sqrt{c^2+x^2} = c + \frac{x^2}{2c} - \frac{x^4}{8c^3} - \frac{1}{2}C\frac{x^2}{c^2} - \frac{5}{8}D\frac{x^2}{c^2} - \cdots$$

用类似的代入得到 $C = -\dfrac{x^4}{8c^3}$，然后得到 $D = \dfrac{x^6}{16c^5}$。以这种方式从左到右

继续推导，牛顿得到

$$\sqrt{c^2+x^2}=c+\frac{x^2}{2c}-\frac{x^4}{8c^3}+\frac{x^6}{16c^5}-\frac{5x^8}{128c^7}+\cdots$$

显然，这种方法有一点递归的味道：从 x^6 的系数求出 x^8 的系数，而欲求 x^6 的系数需要知道 x^4 的系数，依此类推。虽然现代的读者可能习惯于二项式定理的直接表述，但是牛顿的递归表示具有无可争辩的吸引力，因为当用前一项来计算后一项的数值系数时，可以使计算过程得以简化。

为明确起见，简单的方法是用由 P 和 Q 表示的 A, B, C, $\cdots$ 的等价表达式代替 A，B，C，$\cdots$，然后约去式（1）两端的公因子 $P^{m/n}$，就获得现在的公式：

$$(1+Q)^{m/n}=1+\frac{m}{n}Q+\frac{\frac{m}{n}\left(\frac{m}{n}-1\right)}{2\times1}Q^2$$
$$+\frac{\frac{m}{n}\left(\frac{m}{n}-1\right)\left(\frac{m}{n}-2\right)}{3\times2\times1}Q^3+\cdots \tag{2}$$

牛顿将这种简化比作是从平方根到无穷小数的转换，并且不遗余力地推崇这一运算的好处。他在 1671 年写道：

> 这是一种产生无穷级数的简便方法，所有复杂的项……都可以简化为一类简单的量，即分子和分母都是简单项的分数的无穷级数，这样将会消除那些其原始形式看起来几乎难以逾越的困难。[5]

的确，将数学家从不可逾越的难题中解脱出来是一件值得做的事情。

再举一个有助于理解的例子——$\dfrac{1}{\sqrt{1-x^2}}$ 的展开式，在本章后面将要讨论的一个结果中，将会展示牛顿对这个展开式的巧妙应用。我们首先将上式写成 $\left(1-x^2\right)^{-1/2}$，确定 $m=-1$，$n=2$，$Q=-x^2$，并利用式（2）：

$$\frac{1}{\sqrt{1-x^2}} = 1 + \left(-\frac{1}{2}\right)(-x^2) + \frac{(-1/2)(-3/2)}{2\times 1}(-x^2)^2$$

$$+ \frac{(-1/2)(-3/2)(-5/2)}{3\times 2\times 1}(-x^2)^3$$

$$+ \frac{(-1/2)(-3/2)(-5/2)(-7/2)}{4\times 3\times 2\times 1}(-x^2)^4 + \cdots$$

$$= 1 + \frac{1}{2}x^2 + \frac{3}{8}x^4 + \frac{5}{16}x^6 + \frac{35}{128}x^8 + \cdots \tag{3}$$

牛顿通过将级数**平方**并检查其结果来"检验"式 (3) 这样的展开式。如果我们也这样做，并且限制取次数不超过 x^8 的项，得到

$$\left[1 + \frac{1}{2}x^2 + \frac{3}{8}x^4 + \frac{5}{16}x^6 + \frac{35}{128}x^8 + \cdots\right]$$

$$\times \left[1 + \frac{1}{2}x^2 + \frac{3}{8}x^4 + \frac{5}{16}x^6 + \frac{35}{128}x^8 + \cdots\right]$$

$$= 1 + x^2 + x^4 + x^6 + x^8 + \cdots$$

其中全部系数奇迹般地变成了 1 (读者不妨试试吧!)。自然，得到的乘积是公比为 x^2 的无穷等比级数，由已有的公式可知，其和为 $\frac{1}{1-x^2}$ 。但是，如果级数 (3) 的**平方**为 $\frac{1}{1-x^2}$ ，那么，我们推断级数本身必定是 $\frac{1}{\sqrt{1-x^2}}$ 。**妙极了!**

牛顿将这样的计算当作让人信服他的普遍性结论的证明。他断言"尽管我们这些凡人的推理能力非常有限，既不能表达也不能想象这些等式的所有项，就像我们无法确切知道那些量从何而来一样"，但是"可以把对有限项等式的一般分析"推广到这样的无限项表达式。[6]

逆　级　数

在描述把某些二项式化简为形如 $z = A + Bx + Cx^2 + Dx^3 + \cdots$ 的无穷级数的方法以后，牛顿进一步寻找通过 z 的项把 x 表示成级数的方法。用现在的术语，他是寻找逆级数关系。所得到的方法对代数学并未产生

显著影响，但是随后将会看到，我们对它的关注是正确的。像牛顿的做法一样，我们通过一个特例来描述求逆级数的过程。

让我们从级数 $z = x - x^2 + x^3 - x^4 + \cdots$ 开始，首先将它改写为

$$(x - x^2 + x^3 - x^4 + \cdots) - z = 0 \tag{4}$$

并且舍弃所有 x 的指数大于或等于 2 的项。自然，这样剩下 $x - z = 0$，从而，逆级数开始于 $x = z$。

牛顿认识到舍弃全部高阶项会导致不准确的解。**准确的**答案应该具备 $x = z + p$ 的形式，其中 p 是有待确定的级数。在式 (4) 中，用 $z + p$ 代换 x，得到

$$[(z + p) - (z + p)^2 + (z + p)^3 - (z + p)^4 + \cdots] - z = 0$$

将上式展开并整理后，得到

$$\left[-z^2 + z^3 - z^4 + z^5 - \cdots \right] + \left[1 - 2z + 3z^2 - 4z^3 + 5z^4 - \cdots \right] p$$
$$+ \left[-1 + 3z - 6z^2 + 10z^3 - \cdots \right] p^2 + \left[1 - 4z + 10z^2 - \cdots \right] p^3$$
$$+ \left[-1 + 5z - \cdots \right] p^4 + \cdots = 0 \tag{5}$$

下一步，舍弃 p 的 2 次方项、3 次方项和更高次方项，再求解，得到

$$p = \frac{z^2 - z^3 + z^4 - z^5 + \cdots}{1 - 2z + 3z^2 - 4z^3 + \cdots}$$

现在，牛顿实施第二轮删除，舍弃分子和分母中除去 z 的最低次方项以外的所有 z 的高次方项。由此，p 近似等于 $\dfrac{z^2}{1}$，所以，到这一步逆级数表示为 $x = z + p = z + z^2$。

但是 p 并非**恰好**等于 z^2。更准确地说，$p = z^2 + q$，其中 q 是有待确定的级数。为求出 q，我们将其代入式 (5)，得到

$$\left[-z^2 + z^3 - z^4 + z^5 - \cdots \right] + \left[1 - 2z + 3z^2 - 4z^3 + 5z^4 - \cdots \right](z^2 + q)$$
$$+ \left[-1 + 3z - 6z^2 + 10z^3 - \cdots \right](z^2 + q)^2 + \left[1 - 4z + 10z^2 - \cdots \right](z^2 + q)^3$$
$$+ \left[-1 + 5z - \cdots \right](z^2 + q)^4 + \cdots = 0$$

展开并按 q 的乘方合并同类项，得到

$$\left[-z^3 + z^4 - z^6 + \cdots\right] + \left[1 - 2z + z^2 + 2z^3 - \cdots\right]q$$
$$+ \left[-1 + 3z - 3z^2 - 2z^3 + \cdots\right]q^2 + \cdots \tag{6}$$

同前面一样，舍弃 q 的高于 1 次方的项，求解得到 $q = \dfrac{z^3 - z^4 + z^6 - \cdots}{1 - 2z + z^2 + 2z^3 + \cdots}$，然后舍弃分子分母中除去 z 的最低次方项以外的所有项，得到 $q = \dfrac{z^3}{1}$。至此，级数的形式变成了 $x = z + z^2 + q = z + z^2 + z^3$。

将 $q = z^3 + r$ 代入式（6），可以继续这一推导过程。对于代数的单调乏味有着非凡忍耐力的牛顿似乎可以将这样的计算（几乎）**无限地**延续下去。但是，牛顿最终也乐于回过头来审视结果，寻找某种一般的表达形式。牛顿这样写道："让考察停留在这里，顺便指出，当第 5 项或者第 6 项……为已知时，如果愿意的话，一般来说，通过观察这一过程的相似性，可以把推导随意进行下去"。[7]

对于我们的例子，这种考察表明，$x = z + z^2 + z^3 + z^4 + z^5 + \cdots$ 是我们开始时的级数 $z = x - x^2 + x^3 - x^4 + \cdots$ 的逆级数。

这个结果在什么意义上是可靠的？毕竟，牛顿多次舍弃了绝大多数项，所以，这个答案的正确性还有多大的可信度呢？

下面的"检验"再次让我们安心。原来的级数 $z = x - x^2 + x^3 - x^4 + \cdots$ 是公比为 $-x$ 的等比级数，所以它的终极形式为 $z = \dfrac{x}{1 + x}$。因此，我们看出 $x = \dfrac{z}{1 - z}$ 是等比级数 $z + z^2 + z^3 + z^4 + z^5 + \cdots$ 的和。这恰好是牛顿的推导过程给出的结果。一切推导看起来是有条不紊的。

到目前为止，所讨论的方法（广义二项展开式和逆级数）将成为牛顿手中强有力的工具。然而，在我们真正评价这位大师的成果之前，还有最后一项必备知识。

《分析学》中求面积的法则

牛顿在 1669 年所写的《分析学》一书中，承诺要论述求面积的方法，"我在很早以前已经发明了通过无穷项级数来计算曲线之下面积的方法"。[8]这不是牛顿第一次提到他的流数发明，他在 1666 年 10 月撰写的一本小册子《流数简论》中就说过同样的话。《分析学》对那本小书做了修订，展示了这位正在走向成熟的思想家的超人智慧。当代学者发现了一个奇特的现象：除了几位幸运的同事外，神秘的牛顿没有对公众公开这份手稿。直到 1711 年，其中的许多结果已经由其他人发表之后，这份手稿才印制成书。虽然如此，更早的写作年代和杰出的作者身份表明有理由把本书描绘为"也许是牛顿所有数学著作中最值得称赞的"。[9]

该书以求"简单曲线的面积"的三条法则的一个命题开始。在 17 世纪，英语中**积分**（quadrature）的含义是求面积，所以，这三条法则就是积分法则。

法则 1 简单曲线的面积：如果 $y = ax^{m/n}$ 是曲线 AD 的函数，其中 a 是常数，m 和 n 是正整数，那么，区域 ABD 的面积为 $\dfrac{an}{m+n} x^{(m+n)/n}$（见图 1-1）。

这条法则的一种现代表述形式是，指定 A 为原点，B 为 $(x, 0)$，曲线为 $y = at^{m/n}$。于是，牛顿的命题变成 $\displaystyle\int_0^x at^{m/n}\mathrm{d}t = \dfrac{ax^{(m/n)+1}}{(m/n)+1} = \dfrac{an}{m+n} x^{(m+n)/n}$，这正好是积分学中指数法则的一个特例。

仅仅到了《分析学》一书的最后，牛顿几乎像事后反思一样才注意到"留心的读者"会想看到法则 1 的证明。[10]留心的读者总是不乏其人的，所以我们在下面给出他的论证。

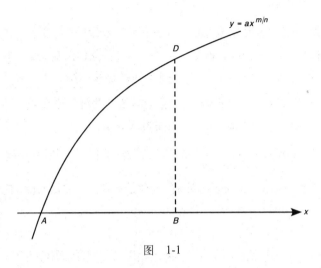

图 1-1

如图 1-2 所示，再次令曲线为 AD 以及 $AB = x$ 和 $BD = y$。牛顿假设曲线下的**面积** ABD 由 z 通过 x 的项的表达式给出。目标是求出 y 通过 x 表示的对应公式。按照一种现代的居高临下的观点，牛顿是从 $z = \int_0^x y(t)\,\mathrm{d}t$ 开始求解 $y = y(x)$。在以几个戏剧性的步骤结束之前，牛顿的推导过程综合了几何、代数和流数的方法。

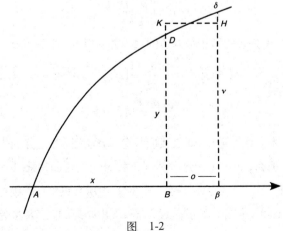

图 1-2

首先，牛顿令 β 是横坐标轴上同 B 相隔一小段距离 o 的点。因此线段 $A\beta$ 的长度为 $x+o$。他令 z 为面积 ABD，不过为强调函数关系，我们有权用 $z=z(x)$ 表示。因此，$z(x+o)$ 是曲线下的面积 $A\beta\delta$。下一步，他引进高为 $v=BK=\beta H$ 的矩形 $B\beta HK$，他限定其面积恰好等于曲线下面的区域 $B\beta\delta D$ 的面积。换句话说，$B\beta\delta D$ 的面积等于 ov。

此时，牛顿指定 $z(x)=\dfrac{an}{m+n}x^{(m+n)/n}$ 并继续求 z 的瞬时变化率。为此，他考察了当 x 变小时 x 的变化对 z 的变化的影响。为书写方便，他暂时令 $c=an/(m+n)$ 和 $p=m+n$，于是 $z(x)=cx^{p/n}$，且

$$[z(x)]^n=c^n x^p \tag{7}$$

现在，$z(x+o)$ 就是面积 $A\beta\delta$。这个面积可以分解成面积 ABD 和 $B\beta\delta D$。请注意，后者是矩形 ov 的面积，所以，牛顿断定 $z(x+o)=z(x)+ov$。代入式（7），得到

$$[z(x)+ov]^n=[z(x+o)]^n=c^n(x+o)^p$$

将等式左边的二项式和右边的二项式展开，得到

$$[z(x)]^n+n[z(x)]^{n-1}ov+\frac{n(n-1)}{2}[z(x)]^{n-2}o^2v^2+\cdots$$
$$=c^n x^p+c^n px^{p-1}o+c^n\frac{p(p-1)}{2}x^{p-2}o^2+\cdots$$

利用式（7）消去等式两边最左边的项，并除以 o，牛顿得到

$$n[z(x)]^{n-1}v+\frac{n(n-1)}{2}[z(x)]^{n-2}ov^2+\cdots$$
$$=c^n px^{p-1}+c^n\frac{p(p-1)}{2}x^{p-2}o+\cdots \tag{8}$$

到这一步，他写道："如果我们假定 $B\beta$ 为无限减小并消失的量，或者 o 为零，那么，v 和 y 在这种情况下相等，并且那些乘以 o 的项将消失"。[11] 他断言，当 o 变成零时，式（8）中所有包含 o 的项也变成零。与此同时，v 同 y 相等，这就是说，图 1-2 中矩形的高 BK 将等于原曲线

的纵坐标 BD。通过这种方式，式（8）变换成

$$n[z(x)]^{n-1} y = c^n p x^{p-1} \qquad (9)$$

现代读者的反应很可能是，"别那么快，艾萨克！"当牛顿用 o 作除数的时候，o 无疑**不等于**零。但是过了一会，o 就**变成**零了。一言以蔽之，这里埋伏了隐患。这种零与非零的对应在随后的一个多世纪一直困扰着分析学家们。本书后面将更多地讨论这个问题。

不过，牛顿的推导仍然继续进行。在式（9）中，他代换了 $z(x)$，c 和 p 并且解出

$$y = \frac{c^n p x^{p-1}}{n[z(x)]^{n-1}} = \frac{\left[\dfrac{an}{(m+n)}\right]^n (m+n) x^{m+n-1}}{n\left[\dfrac{an}{(m+n)} x^{(m+n)/n}\right]^{n-1}} = a x^{m/n}$$

于是，牛顿从他的假设 "ABD 的面积为 $z(x) = \dfrac{an}{m+n} x^{(m+n)/n}$" 出发，推出曲线 AD 必定满足方程 $y = a x^{m/n}$。从本质上说，他微分了积分。然后，在没有进一步证明的情况下，他指出："与此相反，如果 $a x^{m/n} = y$，那么就有 $\dfrac{an}{m+n} x^{(m+n)/n} = z$。"这就完成了他对法则 1 的证明。[12]

这是一种特别扭曲的逻辑。从曲线之下的面积积分 z 导出 y 的方程之后，牛顿断言这种关系在相反的方向也存在，并且曲线 $y = a x^{m/n}$ 之下的面积就是 $\dfrac{an}{m+n} x^{(m+n)/n}$。这样的论证给我们留下杂乱无章的感觉，因为其中包含很大的逻辑漏洞。牛顿数学论文集的编辑 Derek Whiteside 把这个求面积的证明恰当地描写成 "流数术的一种简洁的难以理解的形式"。[13] 另一方面，记住这个起源是很重要的。牛顿在微积分漫长的创建过程的开头就给出了法则 1 的证明。在他那个时代，这个证明是开山之作，并且他的结论是正确的。Richard Westfall 在其评论中说，"然而概括地说，

《分析学》确实展示了流数方法的整体范围和威力"，看起来这是真实的。[14]

无论如今的评判如何，牛顿当初是感到满意的。牛顿在《分析学》中没有给出证明的另外两条法则如下：

> **法则 2** 由简单曲线构成的复杂曲线的面积：若 y 的值由若干项构成，那么它的面积等于其中每一项的面积之和。[15]

> **法则 3** 所有其他曲线的面积：如果 y 的值或者它的任何项比上述曲线更复杂，那么必须把它分解成更简单的项……，然后应用前面两条法则，就可以获得欲求曲线的面积。[16]

牛顿的第二条法则断定有限项和的积分等于各项积分的和。他用了两个例子来说明这条法则。第三条法则断言，当遇到更复杂的表达式时，首先需要将其"化简"成无穷级数，再通过第一条法则对级数的每一项求积分，然后再对结果求和。

最后这条法则是一个富有吸引力的主张。更恰当地说，这是最后一个前提条件，牛顿需要用它导出数学上的一个重大结果：一个角的正弦的无穷级数。出自《分析学》的这个重要定理是这一章最有意义的主题。

牛顿的正弦级数推导

考虑图 1-3 中以原点为圆心和半径等于 1 的圆的四分之一。同以前一样，令 $AB = x$，$BD = y$。牛顿的第一个目标是求圆弧 αD 的长度的表达式。[17]

从 D 引出圆弧的切线 DT，并且令 BK 为"基底 AB 的增量"。在一种表示法中，我们令 $BK = \mathrm{d}x$，这成为牛顿之后的一种标准记号。这样就建立了一个"无限小的"直角三角形 DGH，牛顿把它的斜边 DH 视为圆弧 αD 的增量。我们用 $DH = \mathrm{d}z$ 表示，其中 $z = z(x)$ 代表圆弧 αD 的长度。由于这一切都是发生在单位圆内，所以 $\angle \alpha AD$ 的弧度也是 z。

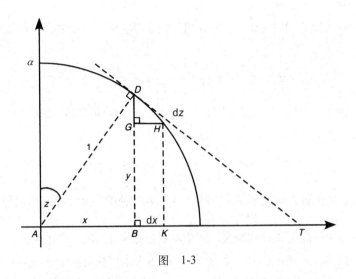

图 1-3

在这种情况下，无限小的三角形 *DGH* 与三角形 *DBT* 相似，所以有 $\dfrac{GH}{DH} = \dfrac{BT}{DT}$。此外，半径 *AD* 与切线 *DT* 垂直，所以高线 *BD* 将直角三角形 *ADT* 分成两个相似三角形 *DBT* 和 *ABD*。由此推出，$\dfrac{BT}{DT} = \dfrac{BD}{AD}$。从这两个比例关系，我们可以推出 $\dfrac{GH}{DH} = \dfrac{BD}{AD}$。采用上面的微分记号，可得 $\dfrac{\mathrm{d}x}{\mathrm{d}z} = \dfrac{y}{1}$。因此，$\mathrm{d}z = \dfrac{\mathrm{d}x}{y}$。

在下一步推导中牛顿利用圆的关系 $y = \sqrt{1-x^2}$，得到 $\mathrm{d}z = \dfrac{\mathrm{d}x}{y} = \dfrac{\mathrm{d}x}{\sqrt{1-x^2}}$。像式（3）那样展开 $\dfrac{1}{\sqrt{1-x^2}}$，导出

$$\mathrm{d}z = \left[1 + \frac{1}{2}x^2 + \frac{3}{8}x^4 + \frac{5}{16}x^6 + \frac{35}{128}x^8 + \cdots\right]\mathrm{d}x$$

所以

$$z = z(x) = \int_0^x \mathrm{d}z = \int_0^x \left[1 + \frac{1}{2}t^2 + \frac{3}{8}t^4 + \frac{5}{16}t^6 + \frac{35}{128}t^8 + \cdots\right]\mathrm{d}t$$

对这些单独的乘方项求面积，并用法则 3 对结果求和，牛顿得到圆弧 αD 的弧长为

$$z = x + \frac{1}{6}x^3 + \frac{3}{40}x^5 + \frac{5}{112}x^7 + \frac{35}{1152}x^9 + \cdots \tag{10}$$

再度审视图 1-3，我们看到 z 不仅仅是 $\angle \alpha AD$ 的弧度，也是 $\angle ADB$ 的弧度。由三角形 ABD 可知，$\sin z = x$，所以

$$\arcsin x = z = x + \frac{1}{6}x^3 + \frac{3}{40}x^5 + \frac{5}{112}x^7 + \frac{35}{1152}x^9 + \cdots$$

因此，从**代数**表达式 $\dfrac{1}{\sqrt{1-x^2}}$ 开始，牛顿利用他的广义二项展开式和基本的积分推导出反正弦的级数，这是本质上更为复杂的一个关系式。

然而，牛顿还有一个锦囊妙计。他不去求用横坐标 (x) 表示的弧长 (z) 的级数，而是寻找相反的过程。他写道："如果需要从已知弧长 αD 求 AB 的正弦，那么我对上面导出的表达式求根。"[18] 就是说，牛顿利用他的逆过程，将 $z = \arcsin x$ 的级数转换成 $x = \sin z$ 的级数。

按照前面描述的方法，我们从把 $x = z$ 作为第一项开始。为把级数展开推进到下一步，将 $x = z + p$ 代入式（10），并且解出

$$p = \frac{-\dfrac{1}{6}z^3 - \dfrac{3}{40}z^5 - \dfrac{5}{112}z^7 - \cdots}{1 + \dfrac{1}{2}z^2 + \dfrac{3}{8}z^4 + \dfrac{5}{16}z^6 + \cdots}$$

我们仅从这个解中保留 $p = -\dfrac{1}{6}z^3$。这样就将级数扩展成 $x = z - \dfrac{1}{6}z^3$。下一步引进 $p = -\dfrac{1}{6}z^3 + q$，继续这个逆过程，解出

$$q = \frac{\dfrac{1}{120}z^5 + \dfrac{1}{56}z^7 - \dfrac{1}{72}z^8 + \cdots}{1 + \dfrac{1}{2}z^2 + \dfrac{3}{8}z^4 + \cdots}$$

或者化简为 $q = \dfrac{1}{120}z^5$。到这一步，级数变成 $x = z - \dfrac{1}{6}z^3 + \dfrac{1}{120}z^5$，并且，

也许像牛顿所说的那样，我们"继续随意地"推导下去，直至发现级数项的通用模式，然后书写下分析学中最重要的一个级数：

$$\sin z = z - \frac{1}{6}z^3 + \frac{1}{120}z^5 - \frac{1}{5040}z^7 + \frac{1}{362880}z^9 - \cdots = \sum_{k=0}^{\infty} \frac{(-1)^k}{(2k+1)!}z^{2k+1}$$

为了获得更准确的曲线弧长，牛顿又推导了余弦级数 $\cos z = \sum_{k=0}^{\infty} \frac{(-1)^k}{(2k)!}z^{2k}$ 。

按照 Derek Whiteside 的说法，"关于正弦和余弦的这些级数第一次出现在欧洲人的手稿中"。[19]

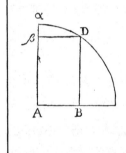

To find the Base from the Length of the Curve given.

45. If from the Arch αD given the Sine AB was required ; I extract the Root of the Equation found above, viz. $z = x + \frac{1}{6}x^3 + \frac{3}{40}x^5 + \frac{5}{112}x^7$ (it being supposed that AB = x, αD = z, and Aα = 1) by which I find $x = z - \frac{1}{6}z^3 + \frac{1}{120}z^5 - \frac{1}{5040}z^7 + \frac{1}{362880}z^9$ &c.

46. And moreover if the Cosine Aβ were required from that Arch given, make Aβ $(= \sqrt{1 - xx}) = 1 - \frac{1}{2}z^2 + \frac{1}{24}z^4 - \frac{1}{720}z^6 + \frac{1}{40320}z^8 - \frac{1}{3628800}z^{10}$, &c.

牛顿的正弦级数和余弦级数（1669）

对我们来说，这种推导所兜的圈子看起来是不可思议的。我们现在把正弦级数视为不过是泰勒公式和微分学的一个微不足道的推论而已。所以我们自然而然地以为它一直就是这样简单的。但是，正如我们所见，牛顿克服了重重困难才得到这个结果。他运用了积分法则而不是微分法则；他从（我们认为）偶然的反正弦级数产生正弦级数；同时，他需要运用他所提出的复杂的逆过程方案来完成全部推导。

这个历史片段提醒我们，数学并不是按照现在教科书中的方式发展的。相反，它是通过断断续续地在出乎意料的惊喜中发展起来的。事实上，那是相当有趣的，因为历史在一下子变得有意义、美好和**出乎意料**的时候，它是极具吸引力的。

谈到出乎意料这个话题，我们就 Derek Whiteside 在上面那段话中的评判补充一句。看起来牛顿并不是第一个发现正弦级数的人。印度数学家尼拉坎塔（1445—1545)在公元 1545 年描述过这个级数，并且把它归功于更久远的前辈马达维（生活在公元 1400 年前后)。关于这些发现和印度数学中的优良传统的叙述可以从文献[20]和[21]中查到。但是，这些成果在牛顿活跃的时代的欧洲自然不为人们所知。

我们以两点评论作为本章的结束语。第一，牛顿的《分析学》是一本真正的数学经典，是任何一位对微积分的历程感兴趣的人都应拥有的读物。从中可以瞥见这位历史上最具创造力的思想家在其才智发展的早期阶段的情况。

第二，用现在的眼光看来，一场轰轰烈烈的革命开始了。年轻的牛顿以其超越时代的专业才能和洞察力把无穷级数和流数法结合起来，将数学的前沿推向若干新的发展方向。与他同时代的詹姆斯·格雷戈里（1638—1675）评论过去的初等方法对于产生同样关联的这些新方法，就如同"黎明的晨曦对于正午的阳光"。[22] 正如我们在后面几章将要多次看到的，格雷戈里这种令人陶醉的描述是恰如其分的。同时，第一个走向这条激动人心的道路的人是牛顿，他确实不愧为"一位具有非凡天赋和卓越才能的人物"。

参考文献

[1]　Richard S. Westfall, *Never at Rest*, Cambridge University Press, 1980, p. 134。

[2]　同[1], p. 202。

[3]　Dirk Struik (ed.), *A Source Book in Mathematics*, 1200-1800, Harvard Vniversity Press, 1969, p. 286。

[4]　同[3]。

[5]　Derek Whiteside(ed.), *The Mathematical Works of Isaac Newton*, vol.1, Johnson Reprint Corp, 1964, p. 37。

[6]　同[5], p. 22。

[7]　同[5], p. 20。

[8]　同[5], p. 3。

[9]　Derek Whiteside (ed.), *Mathematical Papers of Isaac Newton*, vol. 2, Cambridge University Press, 1968, p. 206。

[10]　同[5], p. 22。

[11]　同[5], p. 23。

[12]　同[5], p. 23。

[13]　同[5], p. xiii。

[14]　同[1], p. 205。

[15]　同[5], p. 4。

[16]　同[5], p. 6。

[17]　同[5], pp. 18-21。

[18]　同[5], p. 20。

[19]　同[9], p. 237。

[20]　David Bressoud, "Was Calculus Invented in India?" *The College Mathematics Journal*, vol. 33 (2002), pp. 2-13。

[21]　Victor Katz, *A History of Mathematics:An Infroduction*, Harper-Collins, 1993, pp. 451-453。

[22]　C. Gerhardt (ed.), *Der Briefwechsel von Gottfried Wilhelm Leibniz mit Mathematikern*, vol. 1, Mayer & Müller Berlin, 1899, p. 170。

第 2 章

莱布尼茨

戈特弗里德·威廉·莱布尼茨（1646—1716）

微积分的两位创建者都因为在其他的方面也有建树而更闻名，这也许是独一无二的。在公众的心目中，艾萨克·牛顿往往被看成一位物理学家，而微积分的共同创建者戈特弗里德·威廉·莱布尼茨则多半被认为是一位哲学家。这既令人不悦又让人欣喜，不悦是因为这表明人们无视他们在数学上的贡献，而欣喜是由于人们公认创建微积分需要超越一般天才的奇才。

莱布尼茨兴趣广泛，贡献突出，具有渊博的知识。除了哲学和数学，他在历史、法学、语言、神学、逻辑学和外交方面都有杰出的成就。在年仅 27 岁时，莱布尼茨就凭借他发明的一台机械计算器加入了英国皇家学会，这台可以进行加、减、乘、除运算的机器以其复杂性被公认为一次革命。[1]

虽然晚于牛顿，并且出生在另一个国度，莱布尼茨还是和牛顿一样有着一段热烈进行数学研究的时期。牛顿在 17 世纪 60 年代中期已经在剑桥大学建立了他的流数思想，而莱布尼茨是在十年之后在巴黎履行外交使命时完成他自己的奠基工作的。这使牛顿捷足先登，也让牛顿和他的同胞们后来认定这是事关优先权的唯一凭据。但是当莱布尼茨发表他的微积分成果时，牛顿的《分析学》和其他论文仍然以手稿的形式尘封着。关于接着发生的微积分发明权应该归功于哪一位的争论，已有很多著述，而且这并不是一个动听的故事。[2]上百年来，现代学者们终于抹去了国家和个人的感情因素，认定牛顿和莱布尼茨各自独立创建了微积分。像水到渠成的一种观念的产生一样，微积分到了"呼之欲出"的时刻，只是需要极端敏锐的和总揽其成的思想将它变成现实。牛顿恰恰具有这种思想。

毫无疑问，莱布尼茨也具有这种思想。在 1672 年，他到巴黎担任外交官之前，莱布尼茨还是一个被认为对"阅读冗长的数学证明"缺乏耐心的新手。[3]他不满足于自己的知识，花费时间填补缺口，大量阅读令人敬仰的数学家们的著作，远至古代的欧几里得（公元前 3 世纪前后），近至他那个时代的帕斯卡（1623—1662）、巴罗以及他一度师从的克里斯琴·惠更斯（1629—1695）。开始的时候困难重重，但是莱布尼茨坚持了下来。他后来回忆说，尽管他还有很多不足，但是"不知从哪里来的自信让我坚信，只要努力我就可以成为他们中的一员"。[4]

莱布尼茨取得的成功是激动人心的。他在一段回忆文章中写道，他很快就"作好进行独立研究的准备，因为我阅读数学文献就如同别人阅读浪漫的小说一样轻松"。[5] 在几乎是狼吞虎咽地吸收同时代的人的成果之后，莱布尼茨把他们远远地抛在后面，创造了微积分，从而使他在数学上赢得名垂青史的业绩。

MENSIS OCTOBRIS A. MDCLXXXIV. 467
NOVA METHODVS PRO MAXIMIS ET MI-
nimis, itemque tangentibus, quæ nec fractas, nec irrati-
onales quantitates moratur, & singulare pro
illis calculi genus, per G.G. L.

SIt axis AX, & curvæ plures, ut VV, WW, YY, ZZ, quarum ordi- TAB. XII.
natæ, ad axem normales, VX, WX, YX, ZX, quæ vocentur respe-
ctive, *v*, *vv*, *y*, *z*; & ipsa AX abscissa ab axe, vocetur x. Tangentes sint
VB, WC, YD, ZE axi occurrentes respective in punctis B, C, D, E.
Jam recta aliqua pro arbitrio assumta vocetur dx, & recta quæ sit ad
dx, ut *v* (vel vv, vel y, vel z) est ad VB (vel WC, vel YD, vel ZE) vo-
cetur d *v* (vel d vv, vel dy vel dz) sive differentia ipsarum *v* (vel ipsa-
rum vv, aut y, aut z) His positis calculi regulæ erunt tales :

Sit a quantitas data constans, erit da æqualis o, & d *ax* erit æqu-
a dx: si fit y æqu. *v* (seu ordinata quævis curvæ YY, æqualis cuivis or-
dinatæ respondenti curvæ VV) erit dy æqu. d*v*. Jam *Additio & Sub-*
tractio: si sit z -y † vv † x æqu. *v*, erit dz--y † vv † x seu d*v*, æqu.
dz -dy † d vv † dx. *Multiplicatio*, d̄x̄v̄ æqu. x d*v* † *v* dx, seu posito
y æqu. x*v*, fiet dy æqu. x d*v* † *v* d x. In arbitrio enim est vel formulam,
ut x*v*, vel compendio pro ea literam, ut y, adhibere.   Notandum & x
& dx eodem modo in hoc calculo tractari, ut y & dy, vel aliam literam
indeterminatam cum sua differentiali.   Notandum etiam nōn dari
semper regressum a differentiali Æquatione, nisi cum quadam cautio-
ne, de quo alibi. Porro *Divisio*, d— vel (posito z æqu. ᵛ) d z æqu.

† *v* dy † y d *v*

莱布尼茨关于微分学的第一篇论文（1684）

与英吉利海峡对岸的牛顿不同，莱布尼茨愿意发表成果。微积分的第一个刊载形式是莱布尼茨 1684 年撰写的论文，这篇论文带有一个冗长的标题 *Nova methodus pro maximis et minimis, itemque tangentibus, quae nec fractas, nec irrationales quantitates moratur; et singulare pro illis calculi genus*，翻译过来是《一种求极大值与极小值以及求切线的新方法，它也适用于有理量与无理量以及这种新方法的奇妙类型的计算》。[6]既然涉及求极大值与极小值以及求切线问题，毫无疑问，莱布尼茨的这篇文章是介绍**微分法**的。两年以后他又发表了另一篇介绍积分法的文章。即使处于早期阶段，莱布尼茨不但构造和整理了许多微积分的基本法则，而且已经用 dx 表示 x 的微分和用 $\int x\, dx$ 表示 x 的积分。他的卓越才能之一，正是后来拉普拉斯所说的提供了"一种非常恰当的符号"。[7]

在这一章，我们考察他在 1673 年至 1674 年间证明的两个定理。所讨论的大部分材料来自莱布尼茨的专著《微分学的历史和起源》，书中叙述了他创建微积分过程中发生的事情。[8]我们讨论的第一个定理是很抽象的所谓变换定理。在它的推导中搀杂着几何技巧，虽然这一点现在不能引起人们的兴趣，而在当初却显示了他的数学天分，产生了我们现在所说的分部积分法的初期形式。第二个结果是第一个结果的推论，被称为"莱布尼茨级数"。如前面一章讨论的牛顿的成果一样，这种级数展开和基本积分方法的结合产生一个重要的和妙不可言的结果。

变换定理

在 17 世纪中期，计算曲线之下的面积是一个热门话题，这也是莱布尼茨变换定理的主题。在图 2-1 中，假定我们要计算曲线 *AB* 下面的面积。莱布尼茨将这个区域的面积想象成是由无限多个无限小的矩形构成的。每个矩形的宽度为 dx，长度为 y，其中 y 随曲线 *AB* 的形状变化而改变。

在我们看来，莱布尼茨的 dx 的性质是不明确的。在 17 世纪，dx 被看作是最小的可能长度，一个无限小的不可能再分的长度。但是怎么可能有这样的事情呢？很明显，任意长度，即使是刀刃一样薄的长度，也可以分为两半。莱布尼茨关于这一点的解释无助于概念的澄清，他对问题的说明是难以理解的。下面是莱布尼茨在 1684 年之后的一份手稿中的一段文字：

关于……无限小，我们理解为……某种无限的小，所以每次分割本身都成为一个级别，只不过不是一个最后的级别。如果有谁希望将这些[无限小]理解为最终的事物……，那么，这也是可以的，而且也不会陷入关于延伸范围或者一般而论的无限连续统或者无限小的真实性的争论中，即使他认为这样的事是完全不可能的。[9]

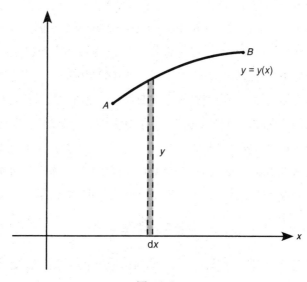

图 2-1

读者不必寻找这种概念的澄清，更无需自己去澄清。莱布尼茨看来选择了逻辑上的权宜之计，他作出补充，即使这些不可分量的性质尚不确定，它们依然可以作为"用于计算的有力工具"。我们再次看到了令后来的分析学家们进退维谷的数学泥潭。但是在 1673 年，莱布尼茨急切地向前推进，将这个逻辑上的问题留给下一代人解决。

回到图 2-1，我们看到无限小矩形的面积为 $y\mathrm{d}x$。为计算曲线 AB 下面的面积，莱布尼茨对这无穷多个面积求和。他选用伸长的"S"——代

表 "summa"（**求和**）——作为表示这个过程的记号。因此，这个面积表示成 $\int y \mathrm{d}x$。从此以后，他的积分符号成了微积分的 "标志"，向所有见到它的人宣告高等数学来临了。

提出一个表示面积的记号是一回事，而掌握怎么计算面积完全是另一回事。莱布尼茨的变换定理就是以解决这个计算问题作为目标。

图 2-2 说明了他的思想，其中再次显示曲线 AB，求它下面的面积是我们的目标。P 是曲线上任意一点，其坐标为 (x, y)。莱布尼茨在 P 点画出切线 t，与纵坐标轴相交于点 $T(0, z)$。莱布尼茨解释这个构造时说明 "求一条切线意味着画一条直线连接曲线上距离无限小的两个点"。[10] 令 $\mathrm{d}x$ 为 x 的无限小的增量，他建立一个无限小的直角三角形，以切线上的线段 PQ 为斜边，边长分别为 $\mathrm{d}x$，$\mathrm{d}y$，$\mathrm{d}s$ 的三角形放大后的图形显现在图 2-3 中。令 α 为切线的倾角。

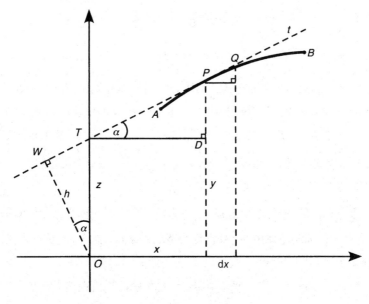

图　2-2

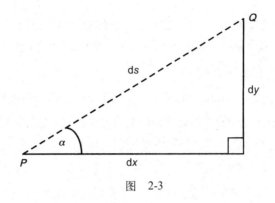

图 2-3

莱布尼茨强调，"虽然这个三角形是不确定的（无限小），但是……总可能找到一个相似于它的确定的三角形"。[11] 当然，有人会疑惑一个无限小三角形怎么可能同**任何东西**相似，但是这不是纠缠于细枝末节的时候。莱布尼茨把图 2-2 中的 ΔTDP 看成与图 2-3 中的无限小三角形相似。于是有 $\dfrac{\mathrm{d}y}{\mathrm{d}x} = \dfrac{PD}{TD} = \dfrac{y-z}{x}$，求解得到

$$z = y - x\frac{\mathrm{d}y}{\mathrm{d}x} \tag{1}$$

下一步，莱布尼茨向左延长切线 PT，并且从原点引出同这条延长线垂直的长度为 h 的线段 OW（见图 2-2）。由于 $\angle PTD$ 的值是 α，可知 $\angle OTW$ 的值为 $\pi/2 - \alpha$，所以 $\angle TOW$ 的值也是 α。这使得 ΔOTW 相似于无限小的那个三角形，于是得到另一个比例关系 $\dfrac{z}{h} = \dfrac{\mathrm{d}s}{\mathrm{d}x}$，我们由此推出

$$h\mathrm{d}s = z\mathrm{d}x \tag{2}$$

莱布尼茨然后画出从原点辐射出的 ΔOPQ，以无限小三角形的斜边 PQ 为底边。为避免使图 2-2 变得更为杂乱，我们将这个特别的三角形重新画在图 2-4 中。

到这一步读者也许会想，莱布尼茨已经随波逐流地迷失在毫无目标的三角形的汪洋大海之中。然而，事实上，这个无限小斜三角形 OPQ 却

成为他的变换定理的核心。由于三角形的底边为 $\overline{PQ} = \mathrm{d}s$, 高为 $\overline{OW} = h$, 由此看出它的面积为 $\dfrac{1}{2}h\mathrm{d}s$, 由上面的式（2）可知，这个面积恰好是 $\dfrac{1}{2}z\mathrm{d}x$ 。

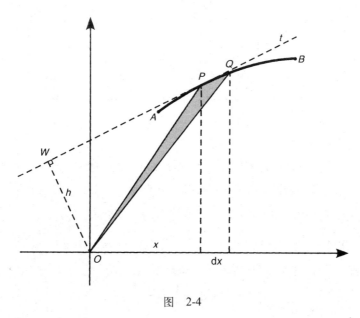

图 2-4

　　莱布尼茨画了无数个这样的无限小三角形，如图 2-5 所示，所有的三角形都是从原点辐射出来并终止于曲线 AB。几年以后，莱布尼茨回忆起，他 "偶然有机会用若干条通过同一点的直线将面积分成多个三角形，并且……察觉可以很容易从中获得某些结果"。[12]

　　这种极透视三角形是非常关键的，因为莱布尼茨认识到图 2-5 中的楔形的面积就是那些无穷小三角形的面积之和，它们的面积的解析表达式已经在上面确定。就是说

$$面积（楔形）＝三角形面积之和 ＝ \int \frac{1}{2}z\mathrm{d}x = \frac{1}{2}\int z\mathrm{d}x \qquad (3)$$

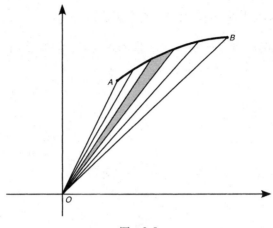

图　2-5

事实上，莱布尼茨的初衷并不是求这个楔形的面积。相反，他要寻求的是图 2-1 中曲线 AB 之下的面积，即 $\int y\mathrm{d}x$。幸好，只需要简单地修修补补就可以将讨论中的两个面积联系起来。图 2-6 中的几何图形表明：

曲线 AB 下的面积 = 面积(楔形) + 面积($\triangle ObB$) − 面积($\triangle OaA$)

根据式（3），这个关系式从符号上等价于

$$\int y\mathrm{d}x = \frac{1}{2}\int z\mathrm{d}x + \frac{1}{2}by(b) - \frac{1}{2}ay(a) \qquad (4)$$

这就是最终的变换定理。定理的名称表示原来的积分 $\int y\mathrm{d}x$ 已经变换（或"转换"）成新积分 $\frac{1}{2}\int z\mathrm{d}x$ 与常数 $\frac{1}{2}by(b) - \frac{1}{2}ay(a)$ 之和。如今，我们添加积分限（一个莱布尼茨没有用过的符号表示法）使得公式更称心如意，并且重写成

$$\int_a^b y\mathrm{d}x = \frac{1}{2}\int_a^b z\mathrm{d}x + \frac{1}{2}\left[xy\Big|_a^b \right] \qquad (5)$$

公式（5）由于至少以下两个原因而值得注意。

首先，"新的"对 z 的积分很可能比原来对 y 的积分更容易求值。如果是这样，z 就在求原来的面积中扮演了一个辅助的角色。对 17 世纪的

数学家来说，一种称为**割圆曲线**的曲线就扮演这样的角色，也就是说，割圆曲线是一个求面积的助推器。如果从公式（5）能够产生一个更简单的积分，那么，这整个冗长的推导过程将获得补偿。正如我们立刻就会看到的，这种情况恰好出现在莱布尼茨级数的推导过程中。

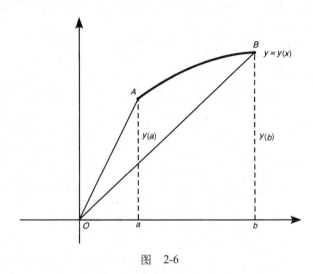

图 2-6

其次，公式（5）中的关系具有理论意义。回想一下，$z = z(x)$ 是曲线 AB 在点 (x, y) 处的切线在 y 轴的截距。因此 z 的值与切线的斜率有关，所以在这个复合的积分中注入了导数。这不禁使人意识到其中隐藏着重要的联系。

为更清楚地看到这一点，回想式（1）$z = y - x\dfrac{\mathrm{d}y}{\mathrm{d}x}$，可得 $z\mathrm{d}x = y\mathrm{d}x - x\mathrm{d}y$。代入式（4）得到

$$\int y\mathrm{d}x = \frac{1}{2}\int z\mathrm{d}x + \frac{1}{2}by(b) - \frac{1}{2}ay(a)$$

$$= \frac{1}{2}\int[y\mathrm{d}x - x\mathrm{d}y] + \frac{1}{2}by(b) - \frac{1}{2}ay(a)$$

$$= \frac{1}{2}\int y\mathrm{d}x - \frac{1}{2}\int x\mathrm{d}y + \frac{1}{2}by(b) - \frac{1}{2}ay(a)$$

求解得 $\int y dx = by(b) - ay(a) - \int x dy$ 。

再加入积分限，给出

$$\int_a^b y\mathrm{d}x = xy\Big|_a^b - \int_{y(a)}^{y(b)} x\mathrm{d}y \tag{6}$$

在图 2-7 中，式（6）在几何上的正确性是显而易见的，因为 $\int_a^b y\mathrm{d}x$ 是所有纵向条形区域的面积，而 $\int_{y(a)}^{y(b)} x\mathrm{d}y$ 是所有横向条形区域的面积。这两部分面积的和显然是外围矩形和左下方小矩形面积之差。就是说，

$$\int_a^b y\mathrm{d}x + \int_{y(a)}^{y(b)} x\mathrm{d}y = by(b) - ay(a)$$

整理后即得式（6）。

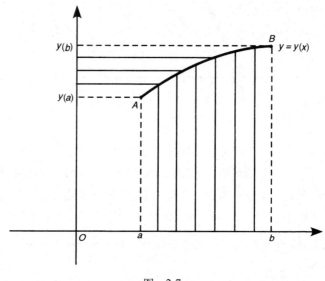

图 2-7

关于式（6）还要作一点说明：它看起来是大家熟悉的。这是理所当然的，因为它很容易地从著名的分部积分法公式

$$\int_a^b f(x)g'(x)\mathrm{d}x = f(x)g(x)\Big|_a^b - \int_a^b g(x)f'(x)\mathrm{d}x$$

推出，只要在其中指定 $g(x)=x$ 和 $f(x)=y$。在这种条件下 $g'(x)=1$，$f'(x)\mathrm{d}x=\mathrm{d}y$，代入后就把分部积分公式转变成变换定理。莱布尼茨在使用无限小三角形、切线、相似三角形和楔形面积进行复杂推理以后，总之，在经过极其曲折的数学探索之旅以后，获得一个分部积分的实例，一位微积分的超级明星捷足先登，出人意料地走上舞台。

这是令人兴奋的，但是莱布尼茨并没有停下脚步。在把他的变换定理应用于一条著名的曲线后，莱布尼茨发现了一个一直以他的名字命名的无穷级数。

莱布尼茨级数

莱布尼茨从一段圆弧开始。他特别考察半径为 1 和中心在点 (1, 0) 的圆，如图 2-8 所示。他把这个圆的四分之一作为他的一般变换定理里的曲线 AB。下面马上就会看到，这是一个富有灵感的选择。

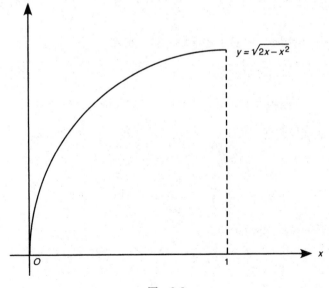

图 2-8

圆的方程为 $(x-1)^2 + y^2 = 1$，或者取另一种形式 $x^2 + y^2 = 2x$。由几何图形可知这段四分之一圆弧下的面积是 $\pi/4$，所以由式（1）和式（5）可得

$$\frac{\pi}{4} = \int_0^1 y\mathrm{d}x = \frac{1}{2}xy\Big|_0^1 + \frac{1}{2}\int_0^1 z\mathrm{d}x, \quad \text{其中 } z = y - x\frac{\mathrm{d}y}{\mathrm{d}x}$$

莱布尼茨利用他新创建的积分，对圆的方程求微分，得到 $2x\mathrm{d}x + 2y\mathrm{d}y = 2\mathrm{d}x$，于是 $\dfrac{\mathrm{d}y}{\mathrm{d}x} = \dfrac{1-x}{y}$。这使式（1）简化成

$$z = y - x\frac{\mathrm{d}y}{\mathrm{d}x} = y - x\left[\frac{1-x}{y}\right] = \frac{y^2 + x^2 - x}{y} = \frac{2x - x}{y} = \frac{x}{y}$$

莱布尼茨的目标是求得由割圆曲线 z 的项来表示 x 的表达式，因此他将上式平方并利用圆的方程，得到 $z^2 = \dfrac{x^2}{y^2} = \dfrac{x^2}{2x - x^2} = \dfrac{x}{2-x}$，从中解出

$$x = \frac{2z^2}{1+z^2} \tag{7}$$

挑战在于计算图 2-9 中阴影区域的面积 $\int_0^1 z\mathrm{d}x$。考虑割圆曲线 $z = \sqrt{\dfrac{x}{2-x}}$ 的图形，并按上述推导过程，证实

$$\int_0^1 z\mathrm{d}x = \text{面积（阴影区域）}$$

$$= \text{面积（正方形）} - \text{面积（上方区域）} = 1 - \int_0^1 x\mathrm{d}z \tag{8}$$

回到变换定理，莱布尼茨把式（7）和式（8）结合起来，得到

$$\frac{\pi}{4} = \frac{1}{2}xy\Big|_0^1 + \frac{1}{2}\int_0^1 z\mathrm{d}x = \frac{1}{2} + \frac{1}{2}\left[1 - \int_0^1 x\mathrm{d}z\right]$$

$$= 1 - \frac{1}{2}\int_0^1 \frac{2z^2}{1+z^2}\mathrm{d}z = 1 - \int_0^1 \frac{z^2}{1+z^2}\mathrm{d}z$$

他将最后的被积函数重写成

$$\frac{z^2}{1+z^2} = z^2\left[\frac{1}{1+z^2}\right] = z^2\left[1 - z^2 + z^4 - z^6 + \cdots\right] = z^2 - z^4 + z^6 - z^8 + \cdots$$

其中方括号内出现了一个等比级数。据此，莱布尼茨推断

$$\frac{\pi}{4} = 1 - \int_0^1 \left[z^2 - z^4 + z^6 - z^8 + \cdots \right] \mathrm{d}z = 1 - \left[\frac{z^3}{3} - \frac{z^5}{5} + \frac{z^7}{7} - \frac{z^9}{9} + \cdots \right]\Bigg|_0^1$$

化简成

$$\frac{\pi}{4} = 1 - \frac{1}{3} + \frac{1}{5} - \frac{1}{7} + \frac{1}{9} - \cdots \tag{9}$$

这就是莱布尼茨级数。

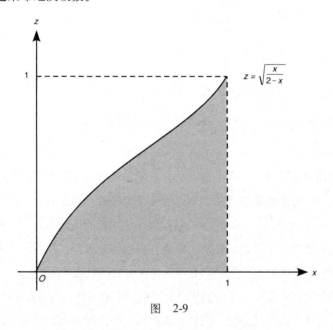

$$z = \sqrt{\frac{x}{2-x}}$$

图　2-9

　　这是一个奇妙的级数。它的项遵循一个极为普通的模式：带有交替正负号的奇数的倒数。然而最重要的是，这个看似不起眼的表达式的和为 $\frac{\pi}{4}$。莱布尼茨回忆当他第一次将这个结果同惠更斯交流时，他得到热烈的赞扬，因为"惠更斯给予了极高的评价，并且在退回这篇论文的附信中说，这在数学家中是一个值得永远记住的发现"。[13]

按照莱布尼茨的说法，这个发现的意义在于"第一次证明了圆的面积恰好等于有理数的一个级数"。[14] 也许有人会对他用"恰好"一词挑毛病，但是很难同他的热情争辩。

他追加了一个离奇的补遗。通过对式（9）两端除 2，并组合其中的项，莱布尼茨发现

$$\frac{\pi}{8} = \left(\frac{1}{2} - \frac{1}{6}\right) + \left(\frac{1}{10} - \frac{1}{14}\right) + \left(\frac{1}{18} - \frac{1}{22}\right) + \left(\frac{1}{26} - \frac{1}{30}\right) + \cdots$$

$$= \frac{1}{3} + \frac{1}{35} + \frac{1}{99} + \frac{1}{195} + \cdots$$

$$= \frac{1}{2^2 - 1} + \frac{1}{6^2 - 1} + \frac{1}{10^2 - 1} + \frac{1}{14^2 - 1} + \cdots$$

就是说，这个等式表明，如果我们从 2 开始对每个相间的偶数的平方减 1 的倒数求和，结果为 $\frac{\pi}{8}$。多么神奇！这提醒人们，分析学家手中的公式近乎魔术一般。

莱布尼茨级数在形式上是著名的，但如果用它计算 π 的近似值则毫无价值。这个级数是收敛的，不过收敛极为缓慢。如果对莱布尼茨级数的前 300 项求和，仅能得到 π 的精确到一位小数的近似值。这么糟糕的精度是不值得费力地去求和的。但是，我们将会看到，在欧拉手中，一个相关的无穷级数将产生一个高效的计算 π 的近似值的方法。

毫无疑问，莱布尼茨级数是一个微积分学的杰作。然而，按照惯例，当讨论这些早期的结果时，我们必须提出一些注意事项。值得一提的第一件事，是变换定理使用了无穷小推理。另一件事，是莱布尼茨在求其级数的值时需要用无限多积分项之和代替无限多项之和的积分，这样一个步骤，它的微妙性将成为未来几个世纪面对的问题。

同时，还有另外一个问题：莱布尼茨并不是第一个发现这个级数的人。英国数学家詹姆斯·格雷戈里在其几年前已经发现一个非常相似的

级数。事实上，格雷戈里得到了反正切函数的展开式，即

$$\arctan x = x - \frac{x^3}{3} + \frac{x^5}{5} - \frac{x^7}{7} + \cdots$$

当 $x=1$ 时，这就是莱布尼茨级数（虽然格雷戈里也许实际上并未作过代换，没有将这个函数级数转换成数值级数）。

在 1674 年，作为数学新手的莱布尼茨并不知道格雷戈里的成果，并相信他自己找到了新东西。这反过来让他的英国对手对他投以怀疑的目光。对他们来说，莱布尼茨具有攫取他人成果的倾向。这些怀疑在 18 世纪初期自然会被进一步放大，因为那时在牛顿亲自指挥下，整个英国都在指责莱布尼茨剽窃微积分的抄袭行为。级数 $\frac{\pi}{4} = 1 - \frac{1}{3} + \frac{1}{5} - \frac{1}{7} + \frac{1}{9} - \cdots$ 中的这笔糊涂账被当作是莱布尼茨背信弃义的最初例证。

但是，即使是格雷戈里也不是第一个涉足这条道路的人。我们在前一章中提到的印度数学家尼拉坎塔在一本名为 *Tantrasangraha* 的书中描述了这个级数，还是用韵文的形式。[15] 虽然这一成果在莱布尼茨时代的欧洲尚不为人知，但这件事提醒世人，数学是全人类的事业。

尽管有格雷戈里和尼拉坎塔的成果，但是我们知道莱布尼茨的级数推导不是剽窃行为。后来他写道，在 1674 年，不论是他还是惠更斯"或者任何一个在巴黎的其他人，完全没有听说过任何关于通过有理数的无穷级数表示圆面积的报道"。[16] 像发明通常的微积分一样，莱布尼茨级数是一项属于个人的成就。

在接下来的 20 多年里，当莱布尼茨完善、整理并且**发表**了他关于微分学和积分学的思想后，这个新手变成为一位大师。在这样的起点上，这门学科将在未来的一个世纪发展起来——事实上将迅猛地成长。我们将继续讲述这个故事，谈谈他在瑞士的两位最著名的追随者，即伯努利兄弟二人。

参考文献

[1] Joseph E. Hofmann, *Leibniz in Paris: 1672-1676*, Cambridge University Press, 1974, pp. 23-25 和 p. 79。

[2] 例如，参考 Rupert Hall, *Philosphers at War*, Cambridge University Press, 1980。

[3] J. M. Child (trans.), *The Early Mathematical Manuscripts of Leibniz*, Open Court Publishing Co., 1920, p. 11。

[4] 同[3], p.12。

[5] 同[3], p.12。

[6] Dirk Struik (ed.), *A Source Book in Mathematics, 1200-1800*, Harvard University Press, 1969, pp. 272-280。

[7] Robert E. Moritz (ed.), *Memorabilia Mathematica*, MAA, 1914, p. 323。

[8] 同[3], pp. 22-58。

[9] 同[3], p. 150。

[10] 同[6], p. 276。

[11] 同[3], p. 39。

[12] 同[3], p. 42。

[13] 同[3], p. 46。

[14] 同[3], p. 47。

[15] Ranjan Roy, "The Discovery for the Series Formula for π by Leibniz, Gregory and Nilakanta, " *Mathematics Magazine*, vol. 63（1990），no. 5, pp. 291-306。

[16] 同[3], p. 46。

第 3 章

伯努利兄弟

雅各布·伯努利（1654—1705）　约翰·伯努利（1667—1748）

通常，一场科学革命不单是需要一位奠基的天才。它往往也需要一位组织天才，去确立科学中的核心思想，对它的产物去粗取精，去伪存真，并使之能为大众理解。一位卓越的建筑设计师可以设计出一幅宏伟的蓝图，但是这份蓝图终究需要一支建筑队伍将其变成一座大厦。

如果说牛顿和莱布尼茨是微积分的建筑设计师，那么正是雅各布·伯努利和约翰·伯努利所做的大量工作，才把微积分建立成今天我们所知的这门学科。这兄弟二人阅读了莱布尼茨从 1684 年到 1686 年发表的最早论文，他们发现自己如临决斗前那样兴奋。他们抓住云山雾罩般的阐述，充实它的细节，然后通过与莱布尼茨的交流以及兄弟彼此之间的交流，完善了统一性、条理性和术语。例如，"积分"一词正是雅各布给出的。[1] 在他们手中，微积分变成当今学生易于接受的形式，即具有基本的求导法则、积分方法和初等微分方程的解法。

虽然同属优秀的数学家，但是伯努利兄弟二人的个人表现完全可以用"不得体"来形容。尤其是约翰，在莱布尼茨与牛顿关于微积分发明权之争中充当了好斗的角色，像莱布尼茨的牛头犬一样，忠实地站在他所尊奉为英雄的"大名鼎鼎的莱布尼茨"一边，甚至声称牛顿不仅没有发明微积分，而且从来没有完全理解它。[2] 这当然是对历史上最杰出的一个数学家的粗野无端的攻击。

对于家庭和谐来说不利，雅各布和约翰也以相互争斗为乐。例如，哥哥雅各布称弟弟约翰为"我的学生"，即使是在这个学生的才干已经明显和他相当的时候也是这样。同样，约翰在事隔多年后还在津津乐道地谈论如何在一个晚上解决了困扰雅各布将近一年的一个问题。[3]

尽管他们具有难以相处的执拗天性，但是，伯努利兄弟还是在数学史上写下了浓墨重彩的篇章。雅各布除了在微积分上的贡献以外，还著有《猜度术》一书，在 1713 年（他去世后）出版。这本书是概率论的经典之作，书中给出大数定律的证明，为了纪念他，人们往往把这个基本结果称为"伯努利定理"。[4] 至于约翰，他是世界上第一本微积分教科书的捉刀人。这件事情起于一项协议，按照协议约翰给法国贵族纪尧姆·德·洛必达侯爵（1661—1704）提供微积分课材料，获取报酬。洛必达随后在 1696 年整理出版了这些材料，书名为《用于了解曲线的无穷小分析》。在这本书里首次出现"洛必达法则"，并且这个名称就此在微分学中固定下来，尽管像书里的大部分内容一样，这个法则实际上是约翰·伯努利发现的。[5] 在书的前言里，洛必达表达了对伯努利和莱布尼茨的感谢，他写道："我无偿地使用了他们的发现，所以我会坦诚归还任何他们声称应该属于他们的东西。"[6]

性情暴躁的约翰当然不满足于这种姿态表示,他确实声称这个法则是他发明的,而在几年后,他抱怨洛必达用金钱换取他人的才智。当然,是伯努利自己实实在在拿到了钱,正如数学史家 Dirk Struik 提醒我们的:"就让好侯爵继续拥有他的优雅法则吧,毕竟他付钱了。"[7] 为避免再次失去荣誉,约翰写了一篇关于积分学的内容广泛的论文,在 1742 年用自己的署名发表。[8]

为更清楚了解伯努利兄弟二人在数学上的成就,我们有选择地介绍他们的成果。首先从雅各布的调和级数的发散证明开始,然后考察他对一些奇异收敛级数的处理,最后介绍约翰对他所谓 "指数微积分"的贡献。

雅各布和调和级数

像在他之前的牛顿和莱布尼茨以及许多后来的数学家一样,雅各布·伯努利认为无穷级数是进入分析学的必由之路。这一点从 1689 年他所写的专题论文《论无穷级数及其有限和》中可以明显看出。这篇文章是对无穷级数的最高水平的讨论,因为无穷级数在临近 17 世纪末才被人们了解。[9] 雅各布考察了一类相似的级数,例如等比级数、二项式级数、反正切级数和对数级数,以及某些以前从未讨论过的级数。在本章,我们考察从《论无穷级数及其有限和》中节录的两段文字,第一段专门讨论调和级数的奇异特性。

在 1689 年之前很久,有人已经发现级数 $1+\dfrac{1}{2}+\dfrac{1}{3}+\dfrac{1}{4}+\cdots$ 发散到无穷大。在大多数现代教科书中可以找到尼科尔·奥雷姆(大约 1323—1382)发现的证明,以及彼得罗·门戈里(1625—1686)提出的另一种证明。[10] 莱布尼茨也许并不了解这两位先驱者的工作,在他早年在巴黎任职期间发现这个级数是发散的，用他的话说是 $1 + \dfrac{1}{2} + \dfrac{1}{3} + \dfrac{1}{4} + \cdots = \dfrac{1}{0}$，并告诉他的英国同行，而从他们那里获悉，又有人捷足先登了。[11]

所以，调和级数的发散已不再是新闻。但是，我们通过下面另外一种方法得到同样的结果，可以增长见识，更不必说其中的多样性的魅力了。雅各布·伯努利的发散性证明就是与他的前辈们的证明迥然不同的这样一种方法。

等比数列和等差数列在他那个时代如日中天，他首先从对比这两类数列开始。他将前一种数列描述为 $A, B, C, D, \cdots$，其中 $B/A = C/B = D/C$，等等，例如，2, 1, 1/2, 1/4, $\cdots$。他将后一种的数列，写成 $A, B, C, D, \cdots$ 的形式，其中 $B - A = C - B = D - C$，等等；一个例子就是 2, 5, 8, 11, $\cdots$。当然，现代的书写习惯是强调等比数列的公比 (r) 和等差数列的公差 (d)，因此我们将等比数列写成 $A, Ar, Ar^2, Ar^3, \cdots$，而将等差数列写成 $A, A+d, A+2d, A+3d, \cdots$。

作为雅各布的《论无穷级数及其有限和》的第 4 个命题，他证明了关于前两项相同的正数项等比数列和等差数列的一个引理。

定理 如果 $A, B, C, \cdots, D, E$ 是公比为 $r > 1$ 的正数项的等比数列，而 $A, B, F, \cdots, G, H$ 也是从 A 和 B 开始的正数项的等差数列，那么，等比数列中其余每一项都大于对应的等差数列中的相应项。

证明 使用现代的记号，我们将等比数列表示为 $A, Ar, Ar^2, Ar^3, \cdots$，而将等差数列表示为 $A, A+d, A+2d, A+3d, \cdots$。根据假设，可知 $Ar = B = A + d$。由于 $r > 1$，我们有 $A(r-1)^2 > 0$，展开得到

$$Ar^2 + A > 2Ar$$

或者简化成

$$C + A > 2B = 2(A + d) = A + (A + 2d) = A + F$$

因此 $C > F$，这就是说，如定理所述，等比数列的第 3 项大于等差数列的第 3 项。这个证明，可以重复到第 4 项、第 5 项以及此后的任何项。∎

在几个命题之后, 雅各布证明了在描述方式上带有 17 世纪风格的下述结果。

定理 在任意有限项等比数列 $A, B, C, \cdots, D, E$ 中, 第 1 项与第 2 项的比, 等于除最后一项外所有项的和与除第 1 项外所有项的和的比。

证明 一旦我们掌握了不熟悉的数学语言, 这是就很容易证明的, 因为

$$\frac{A}{B} = \frac{A}{Ar} = \frac{A(1+r+r^2+\cdots+r^{n-1})}{Ar(1+r+r^2+\cdots+r^{n-1})} = \frac{A+Ar+Ar^2+\cdots+Ar^{n-1}}{Ar+Ar^2+\cdots+Ar^{n-1}+Ar^n}$$

$$= \frac{A+B+C+\cdots+D}{B+C+\cdots+D+E} \qquad ∎$$

接下来雅各布求有限项等比数列的和。令 $S = A + B + C + \cdots + D + E$ 为待求的和, 他应用上述结果得到 $\dfrac{A}{B} = \dfrac{S-E}{S-A}$, 求解得

$$S = \frac{A^2 - BE}{A - B} \qquad (1)$$

注意式 (1) 用到了有限等比数列的第 1 项 (A)、第 2 项 (B) 和最后一项 (E)。这与我们今天看到的标准求和公式

$$A + Ar + Ar^2 + \cdots + Ar^k = \frac{A(1 - r^{k+1})}{1 - r}$$

不同, 这个公式利用的是第 1 项、项数和公比。

以这些预备知识做铺垫, 现在我们可以看看雅各布对调和级数进行的分析。此项分析在《论无穷级数及其有限和》一文中紧接在约翰的级数发散证明之后。[12] 将弟弟的成果包含在他的论文中也许显得异乎寻常地慷慨, 但是雅各布发起了挑战, 给出自己的另一个证明。用他的话说, 目标是证明"无穷调和级数 $1 + \dfrac{1}{2} + \dfrac{1}{3} + \dfrac{1}{4} + \cdots$ 的和超过任意给定的数。因此, 它的和为无穷大"。[13]

定理 调和级数发散。

证明 选择任意自然数 N，雅各布首先试图从调和级数中去除从第 1 项开始的相继若干项，这些项的和大于或等于 1。他再从剩下的项中，去除和等于或大于 1 的相继若干项。按这种方式进行下去，直到 N 次把这样的有限项去除，使整个调和级数之和减少的值至少为 N。由于 N 是任意的自然数，所以调和级数之和为无穷大。

倘若我们总是能去除和为 1 或更大的有限项，那么从雅各布的文章中几乎一字不差地抄录下来的这个论证步骤就是正确的。为完成证明，伯努利必须证明这的确是事实。于是，他假定情况相反，就是说，"如果在去除一些项后，剩余项之和不可能超过 1，那么，令 $1/a$ 为最后一次去除有限项以后的第 1 项"。换句话说，为了引出矛盾，他假定不管达到多少项，$\dfrac{1}{a}+\dfrac{1}{a+1}+\dfrac{1}{a+2}+\cdots$ 的和都小于 1。但是这些分母 a, $a+1$, $a+2$, $\cdots$ 构成一个等差数列，因此雅各布引入与这个等差数列前两项相同的等比数列。就是说，他考虑等比数列 a, $a+1$, $C, D, \cdots, K$，其中他要求我们一直取到 $K \geqslant a^2$。这是可以做到的，因为数列的公比为 $r = \dfrac{a+1}{a} > 1$，所以其项可以随意地增大。

如前所见，雅各布知道等比数列的每一项都大于对应的等差数列的相应项，因此，他取倒数，推出

$$\frac{1}{a}+\frac{1}{a+1}+\frac{1}{a+2}+\cdots > \frac{1}{a}+\frac{1}{a+1}+\frac{1}{C}+\frac{1}{D}+\cdots+\frac{1}{K}$$

其中不等式左边具有的（有限）项数同右边的项数相等。雅各布使用式（1）计算这个等比数列的和，其中 $A = 1/a$，$B = 1/(a+1)$，而 $E = 1/K \leqslant 1/a^2$，得到

$$\frac{1}{a}+\frac{1}{a+1}+\frac{1}{a+2}+\cdots > \frac{\dfrac{1}{a^2}-\dfrac{1}{a+1}\left[\dfrac{1}{K}\right]}{\dfrac{1}{a}-\dfrac{1}{a+1}} \geqslant \frac{\dfrac{1}{a^2}-\dfrac{1}{(a+1)a^2}}{\dfrac{1}{a}-\dfrac{1}{a+1}} = 1$$

这与他最初的假设矛盾。通过这种方式，雅各布断定，从调和级数的任何一项开始，其剩余部分的某个**有限**项的和必然超过 1 或者更大。

为了完成证明，他使用下面的方式重新组合调和级数：

$$1 + \left(\frac{1}{2} + \frac{1}{3} + \frac{1}{4}\right) + \left(\frac{1}{5} + \frac{1}{6} + \cdots + \frac{1}{25}\right)$$
$$+ \left(\frac{1}{26} + \cdots + \frac{1}{676}\right) + \left(\frac{1}{677} + \cdots + \frac{1}{458329}\right) + \cdots$$

其中每个括号中的表达式都超过 1。因此，所得的和可以比任何预先指定的数大，所以调和级数发散。 ∎

这是一个构思巧妙的证明。雅各布很清楚它的重要意义，他强调，"一个最后项趋近零的无穷级数的和也许是有限的，也许是无限的"。[14] 自然，不会有现代数学家谈论无穷级数的"最后项"，但是雅各布的意图是清楚的：即使无穷级数的一般项缩小至零，也不足以保证级数收敛。调和级数就是一个极好的例子。雅各布·伯努利因此证明了这一点，今天大家依然采用这个证明。

雅各布和他的垛积级数

调和级数之所以被关注是因为它的不良特性，即发散性。受到同样关注的是具有有限和这种良好特性的无穷级数。雅各布从等比级数开始并巧妙地对其进行改变，计算了一些非同一般的级数的精确值。下面我们考察其中几个级数。

首先，他需要求**无穷**等比数列的和。如式（1）所示，伯努利使用公式

$$A + B + C + \cdots + D + E = \frac{A^2 - BE}{A - B}$$

求出有限等比数列的和。他注意到一个必然结果，由正数构成的公比小于 1 的无穷等比数列的一般项必定趋近零。因此，他简单地令他的"最后"项 $E = 0$，得到

$$A + B + C + \cdots + D + E = \frac{A^2}{A - B} \qquad (2)$$

等差数列和等比数列并不是 17 世纪的数学家们唯一熟悉的数列形式。他们也熟悉"垛积数"，这是同某些几何形体（如三角形、棱锥体和立方体）相关的整数的家族。例如我们有三角形数 $1, 3, 6, 10, 15, \cdots$，这样命名是因为它们来源于图 3-1 所示的不断扩展的三角形中的点数。容易看出，第 k 个三角形数是 $1 + 2 + \cdots + k = \dfrac{k(k+1)}{2} = \dbinom{k+1}{2}$，其中的二项式系数是在雅各布·伯努利之后才出现的记号。

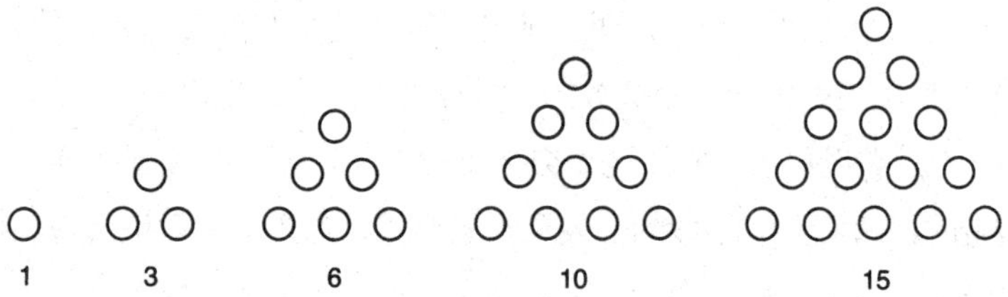

图 3-1

同样，棱锥体数是 $1, 4, 10, 20, 35, \cdots$，它们是以三角形为底的棱锥垛中弹丸的数目。可以证明，第 k 个棱锥体数是 $\dfrac{k(k+1)(k+2)}{6} = \dbinom{k+2}{3}$。自然，正方形数 $1, 4, 9, 16, 25, \cdots$ 和立方体数 $1, 8, 27, 64, 125, \cdots$ 同样有其几何意义。

伯努利在这方面的研究兴趣表现为如下形式：他想求出无穷级数 $\dfrac{a}{A} + \dfrac{b}{B} + \dfrac{c}{C} + \cdots + \dfrac{d}{D} + \cdots$ 的精确和，其中，分子 $a, b, c, \cdots, d, \cdots$ 是垛积数，而分母 $A, B, C, \cdots, D, \cdots$ 构成等比数列。例如，他想要计算 $\displaystyle\sum_{k=1}^{\infty} \dfrac{\dbinom{k+2}{3}}{5^k}$ 或者 $\displaystyle\sum_{k=1}^{\infty} \dfrac{k^3}{2^k}$ 这样一些级数的和。当时，这种求和是极具挑战性的问题。

雅各布解决这类问题的办法是先解决简单问题，再解决复杂问题，在数学上，这始终是一种正确的策略。仿照他的论证过程，我们从以自然数为分子和等比数列为分母的无穷级数着手。[15]

定理 N 如果 $d > 1$，那么 $\dfrac{1}{b} + \dfrac{2}{bd} + \dfrac{3}{bd^2} + \dfrac{4}{bd^3} + \dfrac{5}{bd^4} + \cdots = \dfrac{d^2}{b(d-1)^2}$。

证明 雅各布令 $N = \dfrac{1}{b} + \dfrac{2}{bd} + \dfrac{3}{bd^2} + \dfrac{4}{bd^3} + \dfrac{5}{bd^4} + \cdots$，然后将其分解为一系列无穷等比数列，再利用式（2）对每个数列求和：

$$\frac{1}{b} + \frac{1}{bd} + \frac{1}{bd^2} + \frac{1}{bd^3} + \frac{1}{bd^4} + \cdots = \frac{(1/b)^2}{1/b - 1/bd} = \frac{d}{b(d-1)}$$

$$\frac{1}{bd} + \frac{1}{bd^2} + \frac{1}{bd^3} + \frac{1}{bd^4} + \cdots = \frac{(1/bd)^2}{1/bd - 1/bd^2} = \frac{1}{b(d-1)}$$

$$\frac{1}{bd^2} + \frac{1}{bd^3} + \frac{1}{bd^4} + \cdots = \frac{(1/bd^2)^2}{1/bd^2 - 1/bd^3} = \frac{1}{bd(d-1)}$$

$$\frac{1}{bd^3} + \frac{1}{bd^4} + \cdots = \frac{(1/bd^3)^2}{1/bd^3 - 1/bd^4} = \frac{1}{bd^2(d-1)}$$

$$\cdots = \cdots = \cdots$$

对上述等式按列相加，他求出

$$N = \frac{1}{b} + \frac{2}{bd} + \frac{3}{bd^2} + \frac{4}{bd^3} + \frac{5}{bd^4} + \cdots$$

$$= \frac{d}{b(d-1)} + \frac{1}{b(d-1)} + \frac{1}{bd(d-1)} + \frac{1}{bd^2(d-1)} + \cdots$$

$$= \frac{d}{d-1}\left[\frac{1}{b} + \frac{1}{bd} + \frac{1}{bd^2} + \frac{1}{bd^3} + \cdots\right] = \frac{d}{d-1}\left[\frac{1/b^2}{1/b - 1/bd}\right]$$

$$= \frac{d^2}{b(d-1)^2}$$

因为方括号中的无穷级数又是等比级数。∎

例如，当 $b = 1$ 和 $d = 7$ 时，可得 $1 + \dfrac{2}{7} + \dfrac{3}{49} + \dfrac{4}{343} + \dfrac{5}{2401} + \cdots = \dfrac{7^2}{1 \times 6^2}$

$$= \frac{49}{36}。$$

下一步，雅各布将分子换成三角形数。

定理 T   如果 $d > 1$，那么 $T \equiv \frac{1}{b} + \frac{3}{bd} + \frac{6}{bd^2} + \frac{10}{bd^3} + \frac{15}{bd^4} + \cdots = \frac{d^3}{b(d-1)^3}$。

证明   窍门是将 T 分解成一系列等比级数，并且利用第 k 个三角形数为 $1 + 2 + 3 + \cdots + k$ 这个事实：

$$\frac{1}{b} + \frac{1}{bd} + \frac{1}{bd^2} + \frac{1}{bd^3} + \frac{1}{bd^4} + \cdots = \frac{(1/b)^2}{1/b - 1/bd} = \frac{d}{b(d-1)}$$

$$\frac{2}{bd} + \frac{2}{bd^2} + \frac{2}{bd^3} + \frac{2}{bd^4} + \cdots = \frac{(2/bd)^2}{2/bd - 2/bd^2} = \frac{2}{b(d-1)}$$

$$\frac{3}{bd^2} + \frac{3}{bd^3} + \frac{3}{bd^4} + \cdots = \frac{(3/bd^2)^2}{3/bd^2 - 3/bd^3} = \frac{3}{bd(d-1)}$$

$$\frac{4}{bd^3} + \frac{4}{bd^4} + \cdots = \frac{(4/bd^3)^2}{4/bd^3 - 4/bd^4} = \frac{4}{bd^2(d-1)}$$

$$\cdots \quad = \quad \cdots \quad = \quad \cdots$$

对上述等式按列相加，得到

$$\frac{1}{b} + \frac{1+2}{bd} + \frac{1+2+3}{bd^2} + \frac{1+2+3+4}{bd^3} + \cdots$$

$$= \frac{d}{b(d-1)} + \frac{2}{b(d-1)} + \frac{3}{bd(d-1)} + \frac{4}{bd^2(d-1)} + \cdots$$

换句话说，由定理 N 可得

$$T = \frac{d}{d-1}\left[\frac{1}{b} + \frac{2}{bd} + \frac{3}{bd^2} + \frac{4}{bd^3} + \cdots \right]$$

$$= \frac{d}{d-1} N = \frac{d}{d-1} \times \frac{d^2}{b(d-1)^2} = \frac{d^3}{b(d-1)^3}$$

■

例如，当 $b = 2$ 和 $d = 4$ 时，有 $\frac{1}{2} + \frac{3}{8} + \frac{6}{32} + \frac{10}{128} + \frac{15}{512} + \cdots = \frac{32}{27}$。

接下来雅各布考虑分子为棱锥体数的情况。

定理 P 如果 $d>1$，那么 $P \equiv \dfrac{1}{b} + \dfrac{4}{bd} + \dfrac{10}{bd^2} + \dfrac{20}{bd^3} + \dfrac{35}{bd^4} + \cdots = \dfrac{d^4}{b(d-1)^4}$。

证明 这个证明很简单，因为

$$P = \left[\frac{1}{b} + \frac{3}{bd} + \frac{6}{bd^2} + \frac{10}{bd^3} + \frac{15}{bd^4} + \cdots \right]$$

$$+ \left[\frac{1}{bd} + \frac{4}{bd^2} + \frac{10}{bd^3} + \frac{20}{bd^4} + \frac{35}{bd^5} + \cdots \right] = T + \frac{1}{d}P$$

由于 $\left(1 - \dfrac{1}{d}\right)P = T = \dfrac{d^3}{b(d-1)^3}$，所以 $P = \dfrac{d^4}{b(d-1)^4}$。

例如，当 $b=5$ 和 $d=5$ 时，可得

$$\sum_{k=1}^{\infty} \frac{\binom{k+2}{3}}{5^k} = \frac{1}{5} + \frac{4}{25} + \frac{10}{125} + \frac{20}{625} + \frac{35}{3125} + \cdots = \frac{125}{256}$$

在《论无穷级数及其有限和》一文中这一部分的最后，雅各布讨论了以立方体数为分子和等比数列为分母的无穷级数。

定理 C 如果 $d>1$，那么

$$C \equiv \frac{1}{b} + \frac{8}{bd} + \frac{27}{bd^2} + \frac{64}{bd^3} + \frac{125}{bd^4} + \cdots = \frac{d^2(d^2+4d+1)}{b(d-1)^4}$$

证明

$$C = \left[\frac{1}{b} + \frac{2}{bd} + \frac{3}{bd^2} + \frac{4}{bd^3} + \frac{5}{bd^4} + \cdots \right] + \left[\frac{6}{bd} + \frac{24}{bd^2} + \frac{60}{bd^3} + \frac{120}{bd^4} + \cdots \right]$$

$$= N + \frac{6}{d}\left[\frac{1}{b} + \frac{4}{bd} + \frac{10}{bd^2} + \frac{20}{bd^3} + \frac{35}{bd^4} + \cdots \right] = N + \frac{6}{d}P$$

所以

$$C = \frac{d^2}{b(d-1)^2} + \frac{6}{d}\left[\frac{d^4}{b(d-1)^4} \right] = \frac{d^2(d^2+4d+1)}{b(d-1)^4} \qquad \blacksquare$$

当雅各布令 $b=5$ 和 $d=5$ 时，他得到**精确的和**：

$$\sum_{k=1}^{\infty} \frac{k^3}{2^k} = \frac{1}{2} + \frac{8}{4} + \frac{27}{8} + \frac{64}{16} + \frac{125}{32} + \frac{216}{64}$$
$$+ \frac{343}{128} + \frac{512}{256} + \frac{729}{512} + \frac{1000}{1024} + \cdots = 26$$

这是一个令人惊奇而又非直观的结果。

在取得这些成果之后，雅各布·伯努利也许开始感到无往而不胜了。倘若他当时真地怀有这种想法，很快也会转变态度的，因为由平方数的倒数构成的级数，即 $\sum_{k=1}^{\infty} \frac{1}{k^2}$，挡住了他的去路。他可以采用我们现在所知的比较检验法证明这个级数收敛于某个小于 2 的数，但是他未能求出这个数。雅各布收起了他的傲慢，在他的《论无穷级数及其有限和》中提出了这样的恳求："如果谁能解决并告知这个我们无能为力的问题，我们将不胜感谢。"[16]

正如我们在后面要看到的，对于伯努利提出的难题，整整一代人不得其解，直到最后由历史上最卓越的分析学家之一的欧拉给出问题的答案。

雅各布·伯努利堪称一位无穷级数的大师。他那位具有同样天赋的弟弟约翰有着自己感兴趣的研究领域。下面我们来讨论其中约翰称为"指数微积分"的问题。

约翰和 x^x

在 1697 年的一篇论文中，约翰·伯努利从下述一般法则开始他的讨论："一个对数函数无论多么复杂，它的微分等于函数表达式的微分除以表达式。"[17] 例如，$d[\ln(x)] = \dfrac{dx}{x}$，或者

$$d[\ln \sqrt{(xx + yy)}] = \frac{1}{2} d[\ln(xx + yy)] = \frac{1}{2}\left[\frac{2xdx + 2ydy}{xx + yy}\right] = \frac{xdx + ydy}{xx + yy}$$

在最后的这个表达式中，我们保留了伯努利的原有记号。在当时的

数学出版物中，高次幂的写法与现在相同，但是通常把平方 x^2 写成 xx。此外，顺便说一下，伯努利还用 lx 表示 x 的自然对数。

约翰给出了对应的积分公式 $\int \dfrac{dx}{x} = lx$。在他学术生涯的早期，对于这一点的理解极为混乱，他相信 $\int \dfrac{dx}{x} = \int x^{-1} dx = \dfrac{1}{0} x^0 = \dfrac{1}{0} \times 1 = \infty$，这是一种对指数法则的滥用，今天许多初学微积分的学生也有这样的错误理解。[18] 幸好约翰改正了他的错误。

凭借这些预备知识，约翰作出承诺，他要用"由我首先创立的"法则去获取丰硕的知识成果，"用以前没有被发现的或者不是广为人知的知识去充实这座新的微积分的宝库"。[19] 也许他最感兴趣的例子莫过于图 3-2 所示的曲线 $y = x^x$。

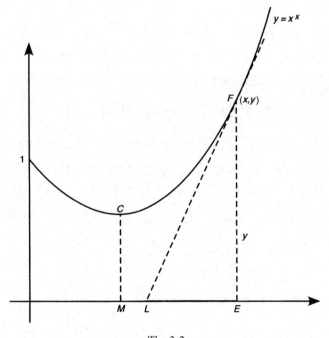

图 3-2

约翰从曲线上任意一点 F 求出次切距，即 x 轴上切线下方的线段 LE。为做到这一点，他首先对曲线方程两端取对数：$\ln(y) = \ln(x^x) = x\ln(x)$。然后他利用自己的法则求微分：

$$\frac{1}{y}\,\mathrm{d}y = x\frac{\mathrm{d}x}{x} + \ln x\,\mathrm{d}x = (1 + \ln x)\mathrm{d}x$$

但是，$\dfrac{y}{LE} = $ 切线的斜率 $= \dfrac{\mathrm{d}y}{\mathrm{d}x} = y(1 + \ln x)$，他由此求出次切距的长度

$$LE = \frac{y}{y(1 + \ln x)} = \frac{1}{1 + \ln x}。$$

伯努利下一步就是寻找曲线的极小值，他将其称为"所有纵坐标的最小值"。当切线处于水平方向或者等价于次切距为无穷大时，得到曲线的极小值。为了确定当 $1 + \ln x = 0$ 时 x 的值，约翰描述了一个颇为复杂的几何步骤。[20]

他的推理无懈可击，但是他的答案的形式按照当今的判别标准，看起来不是最佳的。由于指数函数的引进是几十年之后的事情，所以，约翰受到制约，他缺乏一种用于简单表达结果的记号。现在我们可以求出 $x = 1/\mathrm{e}$，再确定 x^x 的最小值，也就是图 3-2 中线段 CM 的长度，等于 $\left(\dfrac{1}{\mathrm{e}}\right)^{1/\mathrm{e}} = \dfrac{1}{\sqrt[\mathrm{e}]{\mathrm{e}}}$，这个值近似为 0.6922。不言而喻，这个答案决不是显而易见的。

至此，约翰只不过作好了继续前进的准备。他在 1697 年的另一篇论文中，解决了一个更为棘手的问题：求他的曲线 $y = x^x$ 之下从 $x = 0$ 到 $x = 1$ 的区域的面积。就是说，他想求 $\int_0^1 x^x \mathrm{d}x$ 的值。相当令人吃惊，他求出了他一直试图寻找的答案。[21]

这个论证需要两个前提条件。他将第一个条件表述如下：

如果 $z = \ln N$，那么 $N = 1 + z + \dfrac{z^2}{2} + \dfrac{z^3}{2 \times 3} + \dfrac{z^4}{2 \times 3 \times 4} + \cdots$

从这里，我们看出 N 的表达式是指数级数。如果 $N = x^x$，那么

$z = \ln N = x \ln x$ ，而约翰推导出

$$x^x = 1 + x \ln x + \frac{x^2 (\ln x)^2}{2} + \frac{x^3 (\ln x)^3}{2 \times 3} + \frac{x^4 (\ln x)^4}{2 \times 3 \times 4} + \cdots \qquad (3)$$

约翰的目标是通过对每一项积分求和来求这个和的积分。为此，他需要求积分 $\int x^k (\ln x)^k \, dx$ 的公式。他采用递归的方法产生如下所示的积分表。

$$\int dx = x.$$

$$\int x \, l \, x \, dx = \frac{1}{2} x x \, l \, x - \frac{1}{2^2} x x.$$

$$\int x^2 \, l \, x^2 \, dx = \frac{1}{3} x^3 \, l \, x^2 - \frac{2}{3^2} x^3 \, l \, x + \frac{2}{3^3} x^3.$$

$$\int x^3 \, l \, x^3 \, dx = \frac{1}{4} x^4 \, l \, x^3 - \frac{3}{4^2} x^4 \, l \, x^2 + \frac{3 \cdot 2}{4^3} x^4 \, l \, x - \frac{3 \cdot 2}{4^4} x^4.$$

$$\int x^4 \, l \, x^4 \, dx = \frac{1}{5} x^5 \, l \, x^4 - \frac{4}{5^2} x^5 \, l \, x^3 + \frac{4 \cdot 3}{5^3} x^5 \, l \, x^2 - \frac{4 \cdot 3 \cdot 2}{5^4} x^5 \, l \, x$$

$$+ \frac{4 \cdot 3 \cdot 2}{5^5} x^5.$$

$$\int x^5 \, l \, x^5 \, dx = \&c.$$

约翰·伯努利的积分表（1697）

一种现代的方法则是利用分部积分证明约化公式

$$\int x^m (\ln x)^n \, dx = \frac{1}{m+1} x^{m+1} (\ln x)^n - \frac{n}{m+1} \int x^m (\ln x)^{n-1} \, dx \qquad (4)$$

对于 $m = n = 1$ ，式（4）中的递归公式给出

$$\int x \ln x \, dx = \frac{1}{2} x^2 \ln x - \frac{1}{2} \int x \, dx = \frac{1}{2} x^2 \ln x - \frac{1}{4} x^2$$

（像伯努利和他同时代的数学家一样，我们忽略了积分公式后面的任意常数项 "$+C$"。）对于 $m = n = 2$ ，得到

$$\int x^2 (\ln x)^2 \, dx = \frac{1}{3} x^3 (\ln x)^2 - \frac{2}{3} \int x^2 (\ln x) \, dx$$

$$= \frac{1}{3} x^3 (\ln x)^2 - \frac{2}{3} \left[\frac{1}{3} x^3 \ln x - \frac{1}{3} \int x^2 \, dx \right]$$

$$= \frac{1}{3} x^3 (\ln x)^2 - \frac{2}{9} x^3 \ln x + \frac{2}{27} x^3$$

其中我们已经应用了取 $m=2$ 和 $n=1$ 时的公式（4）。

通过这种方式，我们重新得到了伯努利的积分表。同式（3）的指数级数一样，这也是求解他的奇特问题的关键。

定理 $\displaystyle\int_0^1 x^x \mathrm{d}x = 1 - \frac{1}{2^2} + \frac{1}{3^3} - \frac{1}{4^4} + \cdots = \sum_{k=1}^{\infty} \frac{(-1)^{k+1}}{k^k}$。

证明 由式（3），

$$\int_0^1 x^x \mathrm{d}x = \int_0^1 \left[1 + x\ln x + \frac{x^2(\ln x)^2}{2} \right.$$
$$\left. + \frac{x^3(\ln x)^3}{2\times 3} + \frac{x^4(\ln x)^4}{2\times 3\times 4} + \cdots \right]\mathrm{d}x$$
$$= \int_0^1 \mathrm{d}x + \int_0^1 x\ln x\,\mathrm{d}x + \frac{1}{2}\int_0^1 x^2(\ln x)^2\,\mathrm{d}x$$
$$+ \frac{1}{2\times 3}\int_0^1 x^3(\ln x)^3\,\mathrm{d}x$$
$$+ \frac{1}{2\times 3\times 4}\int_0^1 x^4(\ln x)^4\,\mathrm{d}x + \cdots$$

其中伯努利毫不犹豫地用积分的级数替换了级数的积分。他利用他的积分表中的公式继续推导：

$$\int_0^1 x^x \mathrm{d}x = x\Big|_0^1 + \left(\frac{1}{2}x^2\ln x - \frac{1}{4}x^2 \right)\Big|_0^1$$
$$+ \frac{1}{2}\left(\frac{1}{3}x^3(\ln x)^2 - \frac{2}{9}x^3\ln x + \frac{2}{27}x^3 \right)\Big|_0^1$$
$$+ \frac{1}{2\times 3}\left(\frac{1}{4}x^4(\ln x)^3 - \frac{3}{16}x^4(\ln x)^2 + \frac{6}{64}x^4\ln x - \frac{6}{256}x^4 \right)\Big|_0^1$$
$$+ \frac{1}{2\times 3\times 4}\left(\frac{1}{5}x^5(\ln x)^4 - \frac{4}{25}x^5(\ln x)^3 \right.$$
$$\left. + \frac{12}{125}x^5(\ln x)^2 - \frac{24}{625}x^5\ln x + \frac{24}{3125}x^5 \right)\Big|_0^1 + \cdots$$

在这里，他注意到代入 $x=1$，"所有含自然对数 lx 或 lx 任意乘方的项都化为零，因为 1 的对数等于零"。[22] 这是很精彩的，但是现代读者可能感到困惑，因为他没有提及代入 $x = 0$ 会产生像 $0^m (\ln 0)^n$ 这样的不定式。今天，我们可以应用洛必达法则（最恰当的选择！）证明 $\lim_{x \to 0^+} x^m (\ln x)^n = 0$。

在任何情况下，在如此多的项消失以后，伯努利保留下

$$\int_0^1 x^x \mathrm{d}x = 1 - \frac{1}{4} + \frac{1}{2}\left(\frac{2}{27}\right) - \frac{1}{2\times 3}\left(\frac{6}{256}\right) + \frac{1}{2\times 3\times 4}\left(\frac{24}{3125}\right) - \cdots$$

$$= 1 - \frac{1}{4} + \frac{1}{27} - \frac{1}{256} + \frac{1}{3125} - \cdots$$

$$= 1 - \frac{1}{2^2} + \frac{1}{3^3} - \frac{1}{4^4} + \frac{1}{5^5} - \cdots$$

这个级数给出曲线 $y = x^x$ 下单位间隔内的面积，这是十分引人注目的。除了级数极好的对称性和直观性以外，约翰还发现了它具备另外一种特性。他写道："这个奇妙的级数收敛得非常快，第 10 项的值只占总和的 10 亿分之一。"[23] 无疑，仅需要计算很少的几项就得到 $\int_0^1 x^x \mathrm{d}x \approx 0.783\ 430\ 510\ 7$，这是精确到第 10 位小数的数值。

从本章的例子明显看出，雅各布·伯努利和约翰·伯努利确实是戈特弗里德·威廉·莱布尼茨的得意门生。用现在的话来说，莱布尼茨的微积分在他们的手中变成"用户友好的"。这兄弟二人使在他们之前原本很深奥的微积分成为非常容易理解的学科。

此外，约翰还留下了另外一份"遗产"。在 18 世纪 20 年代，他培养了一名前途无量的年轻的瑞士学生。这位学生的名字是莱昂哈德·欧拉，我们将在下一章介绍他的成就。

参考文献

[1] Howard Eves, *An Introduction to the History of Mathematics*, 5th Ed., Saunders College Publishing, 1983, p. 322。

[2] Richard S. Westfall, *Never at Rest*, Cambridge University Press, 1980, pp.

741-743。

[3] Morris Kline, *Mathematical Thought from Ancient to Modern Times*, Oxford University Press, 1972, p. 473。

[4] Jakob Bernoulli, *Ars conjectandi* (Reprint), Impression anastaltigue, Culture et Civilisation, Bruxelles, 1968。

[5] L'Hospital, *Analyse des infiniment petits* (Reprint), ACL-Editions, Paris, 1988, pp.145-146。

[6] Dirk Struik (ed.), *A Source Book in Mathematics*, 1200-1800, Harvard University Press, 1969, p. 312。

[7] Dirk Struik, "The origin of L'Hospital's rule," *Mathematics Teacher*, Vol. 56 (1963), p. 260。

[8] Johannis Bernoulli, *Opera omnia*, vol. 3, Georg Olms, Hildesheim, 1968, pp. 385-563。

[9] "论无穷级数及其有限和"是雅各布·贝努利《猜度术》一书的附录，参见[4]，pp. 241-306。

[10] 参见 William Dunham, *Journey through Genius*, Wiley, 1990, pp. 202-205。

[11] Joseph E. Hofmann, *Leibniz in Paris: 1672-1676*, Cambridge Univesity Press, 1974, p. 33。

[12] Jakob Bernoulli, *Ars conjectandi*, p. 250。

[13] 同[12], p. 251。

[14] 同[12], p. 252。

[15] 同[12], pp. 246-249。

[16] 同[12], p. 254。

[17] Johannis Bernoulli, *Opera omnia*, vol.1, Georg Olms, Hildesheim, 1968, p. 183。

[18] Johannis Bernoulli, *Opera omnia*, vol.3, p. 388。

[19] 同[18], p. 376。

[20] Johannis Bernoulli, *Opera omnia*, vol.1, pp. 184-185。

[21] Johanis Bernoulli, *Opera omnia*, vol.3, pp. 376-381。

[22] 同[21], p. 381。

[23] 同[21], p. 377。

第4章

欧　拉

莱昂哈德·欧拉（1707—1783）

　　无论按何种标准衡量历史上最杰出的数学家，莱昂哈德·欧拉都是其中的佼佼者。在永不枯竭的广泛兴趣的推动下，他使数学发生了彻底的变革，他一方面扩展了像数论、代数学和几何学这样一些早已确立的分支学科的研究范围，同时又创建了像图论、变分学和分拆论这样一些分支学科。数学界在1911年开始出版他的著作集《欧拉全集》，这本身就是一个巨大的挑战。到目前为止，已经出版了70余卷，达25 000多页，还尚未完成此项任务。这个耗费了将近一个世纪时间的庞大的出版项目充分证明了欧拉与生俱来的过人数学天赋。

这种天赋在分析学中表现尤为突出。在已经出版的欧拉著作集中，就有厚厚的 18 卷近 9000 页是论述这门学科的。这些著作中包含了函数（1748）、微分学（1755）和积分学（1768）的里程碑式的教材，以及数十篇题材从微分方程到无穷级数以至椭圆积分的论文。因此，欧拉被描绘成"分析学的化身"。[1]

要在这短短一章的篇幅中公允地介绍这些贡献是不可能的。我们仅选择 5 个主题，以期能窥探欧拉的成就。首先从初等微积分的一个例子开始，介绍他大胆的——或许有人会说是不顾一切的方法，来说明他如此鲜明的工作特色。

欧拉的一个微分

欧拉在 1755 年写的《微分学原理》这本教科书中，给出了微分学的一些常见的公式。[2] 这些公式建立在"无限小量"概念的基础上，他对这一概念的特征描述如下。

> 毫无疑问，任何量都可以减小直到完全消失，以至最后不复存在。但是一个无穷小量是一种不断减小的量，因此，它在事实上等于 0 ……同其他普通的思想一样，在这种思想中其实并没有隐含什么高深莫测的奥秘，使得无穷小的演算变得如此疑难重重。[3]

对欧拉来说，微分 dx 就是零：既不多，也不少——一句话，什么也没有。因此，表达式 x 和 $x+dx$ 是相等的，并且在必要时可以互换。他注意到"同有限量相比，无穷小量消失为零，因此可以忽略不计"。[4] 此外，像$(dx)^2$ 和$(dx)^3$ 这样的无穷小量的乘方比 dx 还要小，所以同样可以随意丢弃。

欧拉通常需要寻求的是微分之**比**，并且确定这个比值，这相当于对 0/0 赋予一个值，这是微积分的使命。正如他所说，"微分学的强大之处在于它同研究任何两个无穷小量的比值相关"。[5]

我们以他对函数 $y = \sin x$ 的处理作为一个例证。欧拉从牛顿级数开始（其中我们使用现在的"阶乘"符号）：

$$\sin z = z - \frac{z^3}{3!} + \frac{z^5}{5!} - \frac{z^7}{7!} + \cdots$$

$$\cos z = 1 - \frac{z^2}{2!} + \frac{z^4}{4!} - \frac{z^6}{6!} + \cdots \tag{1}$$

用微分 dx 代换 z，他推出

$$\sin dx = dx - \frac{(dx)^3}{3!} + \frac{(dx)^5}{5!} - \frac{(dx)^7}{7!} + \cdots$$

$$\cos dx = 1 - \frac{(dx)^2}{2!} + \frac{(dx)^4}{4!} - \frac{(dx)^6}{6!} + \cdots$$

由于微分的高次方相对于 dx 或者常数是可以忽略的，这两个级数化简成

$$\sin dx = dx，\quad \cos dx = 1 \tag{2}$$

在等式 $y = \sin x$ 中，欧拉用 $x + dx$ 代替 x，用 $y + dy$ 代替 y（这对他来说没有任何改变），然后利用恒等式 $\sin(\alpha + \beta) = \sin\alpha\cos\beta + \cos\alpha\sin\beta$ 和式（2），得到

$$y + dy = \sin(x + dx) = \sin x\cos(dx) + \cos x\sin(dx) = \sin x + (\cos x)dx$$

从两端减去 $y = \sin x$，他得到 $dy = \sin x + (\cos x)dx - y = (\cos x)dx$。欧拉把这个结果变成一句口诀："任意弧度的正弦的微分等于弧度的微分与弧度余弦的乘积。"[6] 由此推出，这两个微分的**比值**自然就是我们所谓的导数 $\dfrac{dy}{dx} = \dfrac{(\cos x)dx}{dx} = \cos x$。非常简单！

欧拉的一个积分

欧拉是历史上最重要的求积专家之一，被积函数越是奇特，他做得越是得心应手。在他的著作中，特别在《欧拉全集》第 17 卷、第 18 卷和第 19 卷中，随处可见下面一类非同寻常的例子：[7]

$$\int_0^1 \frac{(\ln x)^5}{1+x} dx = -\frac{31\pi^6}{252}$$

$$\int_0^\infty \frac{\sin x}{x} dx = \frac{\pi}{2}$$

$$\int_0^1 \frac{\sin(p \ln x) \cdot \cos(q \ln x)}{\ln x} dx = \frac{1}{2} \arctan\left(\frac{2p}{1-p^2+q^2}\right)$$

最后这个公式是超越函数一种多重组合的积分。

作为一个独特的典型，我们考察欧拉对 $\int_0^1 \frac{\sin(\ln x)}{\ln x} dx$ 的求积过程。[8]

首先，他采用了一个备受推崇的策略：只要可能就引入一个无穷级数。从式（1），他得到

$$\frac{\sin(\ln x)}{\ln x} = \frac{\ln x - \frac{(\ln x)^3}{3!} + \frac{(\ln x)^5}{5!} - \frac{(\ln x)^7}{7!} + \cdots}{\ln x}$$

$$= 1 - \frac{(\ln x)^2}{3!} + \frac{(\ln x)^4}{5!} - \frac{(\ln x)^6}{7!} + \cdots$$

用积分的无穷级数代替无穷级数的积分，得到

$$\int_0^1 \frac{\sin(\ln x)}{\ln x} dx = \int_0^1 dx - \frac{1}{3!} \int_0^1 (\ln x)^2 dx + \frac{1}{5!} \int_0^1 (\ln x)^4 dx$$

$$- \frac{1}{7!} \int_0^1 (\ln x)^6 dx + \cdots \tag{3}$$

形如 $\int_0^1 (\ln x)^n dx$ 的积分不禁使人联想到前一章的约翰·伯努利积分公式，而欧拉立即看出它们的递归形式：

$$\int_0^1 (\ln x)^2\, dx = \Big[x(\ln x)^2 - 2x\ln x + 2x \Big]_0^1 = 2 = 2!$$

$$\int_0^1 (\ln x)^4\, dx = \Big[x(\ln x)^4 - 2x(\ln x)^3 + 12x(\ln x)^2$$
$$- 24x\ln x + 24x \Big]_0^1 = 24 = 4!$$

$$\int_0^1 (\ln x)^6\, dx = 720 = 6!$$

依此类推。正如前一章所见，$\lim\limits_{x \to 0^+} x(\ln x)^n = 0$，这说明在这样一些不定积分中用 0 代换 x，相应的项变成零。

当欧拉将这个形式的结果用于式（3）时，他求出

$$\int_0^1 \frac{\sin(\ln x)}{\ln x}\, dx = 1 - \frac{1}{3!}[2] + \frac{1}{5!}[24] - \frac{1}{7!}[720] + \cdots$$
$$= 1 - \frac{1}{3} + \frac{1}{5} - \frac{1}{7} + \frac{1}{9} - \cdots$$

这自然是第 2 章中的莱布尼茨级数，所以欧拉得到

$$\int_0^1 \frac{\sin(\ln x)}{\ln x}\, dx = \frac{\pi}{4}$$

从这个推导可以看出，欧拉同他的前辈们牛顿、莱布尼茨和伯努利兄弟一样，是对付无穷级数的（无畏的）高手。事实上，人们有理由说，在他的前辈数学家们的工作基础上，一种相当高的处理无穷级数的水平**造就了**这样一位早期的分析学家。

上述积分中出现的 π 把我们直接引向下一个主题：求这个著名的超越数的近似值的欧拉方法。

π的欧拉估值

按照定义，π是圆的周长与直径的比值。自古以来，人们就认识到这个比值对任何圆而言皆为常数，但是确定这个常数的数值则让数学家们忙碌了几个世纪。

众所周知，阿基米德估计π值的方法是画出圆的内接（和外切）正多

边形，然后用这两个多边形的周长估计圆的周长。他从内接和外切正六边形开始计算，然后将边数加倍到 12 边、24 边、48 边，最后直至 96 边。他证明了"任意圆的周长与直径的比值小于 $3\frac{1}{7}$ 而大于 $3\frac{10}{71}$"。[9] 这表明精确到两位小数的值就是 $\pi \approx 3.14$。

后来的数学家们利用了阿基米德的思想，他们的数系比古希腊人所用的数系在计算上更为简单。弗兰西斯·韦达（1540—1603）于 1579 年用 $6 \times 2^{16} = 393\,216$ 边的正多边形求出 π 精确到 9 位小数的值。这种几何近似的方法在鲁道夫·范·休伦（1540—1610）手里到达了顶峰（或者说触到了天底）。他用 2^{62} 边的正多边形计算 π 精确到 35 位小数的值，显示为一串非常冗长的数字。据说这个计算耗费了他几乎一生时光。[10]

不幸的是，这个计算过程中的每一次新的近似都需要求一个新的平方根。阿基米德的内接 96 边形的 π 的估计值为

$$48\sqrt{2-\sqrt{2+\sqrt{2+\sqrt{2+\sqrt{3}}}}}$$

这个表达式赏心悦目，然而演算起来却是铅笔的梦魇。在计算这五重平方根以后，我们才得到仅有两位小数的精度。更糟糕的是韦达所求的 17 重平方根只得到 9 位小数的精度，而令人望而生畏的是鲁道夫的近似值需要手工计算五打的嵌套平方根，而且每次计算都需要取 35 位小数。欧拉将这种工作比喻为大力神海格力斯式的笨重劳动。[11]

所幸还有其他计算方法。我们在第 2 章已经提到过詹姆斯·格雷戈里发现的反正切函数的无穷级数：

$$\arctan x = x - \frac{x^3}{3} + \frac{x^5}{5} - \frac{x^7}{7} + \cdots \tag{4}$$

对于 $x=1$，这个级数变成莱布尼茨级数 $\frac{\pi}{4} = \arctan(1) = 1 - \frac{1}{3} + \frac{1}{5} - \frac{1}{7} + \frac{1}{9} - \cdots$，正如我们所见，它对于计算 π 的近似值毫无价值，因为收敛速度极为缓慢。

然而，如果我们代入一个接近于零的 x 值，其收敛速度就会比较快。例如，在式（4）中令 $x = \dfrac{1}{\sqrt{3}}$，得到

$$\frac{\pi}{6} = \arctan\left(\frac{1}{\sqrt{3}}\right) = \frac{1}{\sqrt{3}} - \frac{1}{(3\sqrt{3}) \times 3} + \frac{1}{(9\sqrt{3}) \times 5} - \frac{1}{(27\sqrt{3}) \times 7} + \cdots$$

所以

$$\pi = \frac{6}{\sqrt{3}}\left[1 - \frac{1}{3 \times 3} + \frac{1}{9 \times 5} - \frac{1}{27 \times 7} + \cdots\right]$$

这是对莱布尼茨级数的改进，因为各项的分母增长非常快。另一方面，$\dfrac{1}{\sqrt{3}} \approx 0.577$ 并不是那么小，而且这个级数包含平方根，这本身就需要取近似值。

对于一位 18 世纪的数学家来说，理想的计算公式就是使用格雷戈里无穷级数，取充分接近于零的 x 值，同时避免求平方根。这在欧拉 1779 年的一篇论文中有明确的描述。[12] 他的关键发现是

$$\pi = 20\arctan(1/7) + 8\arctan(3/79) \tag{5}$$

初看起来像是一个印刷错误。尽管似乎是不可能的，但是，这是一个**等式**而不是估值。下面是欧拉对它的证明。

他从恒等式 $\tan(\alpha - \beta) = \dfrac{\tan\alpha - \tan\beta}{1 + (\tan\alpha)(\tan\beta)}$ 入手，将其改写成 $\alpha - \beta = \arctan\left[\dfrac{\tan\alpha - \tan\beta}{1 + (\tan\alpha)(\tan\beta)}\right]$。欧拉令 $\tan\alpha = \dfrac{x}{y}$，$\tan\beta = \dfrac{z}{w}$，得到

$$\arctan\left(\frac{x}{y}\right) - \arctan\left(\frac{z}{w}\right) = \arctan\left[\frac{\dfrac{x}{y} - \dfrac{z}{w}}{1 + \left(\dfrac{x}{y}\right)\left(\dfrac{z}{w}\right)}\right]$$

或化简为

$$\arctan\left(\frac{x}{y}\right) = \arctan\left(\frac{z}{w}\right) + \arctan\left[\frac{xw - yz}{yw + xz}\right] \tag{6}$$

然后他代入一系列巧妙选择的有理数。首先，欧拉在式（6）中置 $x = y = z = 1$ 和 $w = 2$，得到 $\frac{\pi}{4} = \arctan(1) = \arctan\left(\frac{1}{2}\right) + \arctan\left(\frac{1}{3}\right)$，因此

$$\pi = 4\arctan\left(\frac{1}{2}\right) + 4\arctan\left(\frac{1}{3}\right) \tag{7}$$

他本来可以就此止步，利用式（7）和格雷戈里反正切级数来计算 π 的近似值，但是输入值 1/2 和 1/3 太大了，不能得到他想要的收敛速度。于是，欧拉返回到式（6），在其中取 $x = 1$，$y = 2$，$z = 1$，并出于某种原因取 $w = 7$。这样导出

$$\arctan(1/2) = \arctan(1/7) + \arctan(5/15) = \arctan(1/7) + \arctan(1/3)$$

代入式（7），得到新表达式

$$\begin{aligned}\pi &= 4[\arctan(1/7) + \arctan(1/3)] + 4\arctan(1/3) \\ &= 4\arctan(1/7) + 8\arctan(1/3)\end{aligned} \tag{8}$$

接下来，欧拉选择 $x = 1$，$y = 3$，$z = 1$ 和 $w = 7$，从式（6）推断 $\arctan(1/3) = \arctan(1/7) + \arctan(2/11)$。将其代入式（8）得到

$$\pi = 12\arctan(1/7) + 8\arctan(2/11) \tag{9}$$

在最后一次利用式（6）中，欧拉令 $x = 2$，$y = 11$，$z = 1$ 和 $w = 7$，所以得到 $\arctan(2/11) = \arctan(1/7) + \arctan(3/79)$。将其代入式（9）得到式（5）中表述的特别结果：

$$\begin{aligned}\pi &= 12\arctan(1/7) + 8[\arctan(1/7) + \arctan(3/79)] \\ &= 20\arctan(1/7) + 8\arctan(3/79)\end{aligned}$$

这个 π 的表达式对于用式（4）的反正切级数是极为适合的，因为它不包含平方根，同时使用相对较小的数字 1/7 和 3/79 足以获得快速的收敛。仅计算每个级数的前 6 项，我们得到

$$\pi = 20 \arctan\left(\frac{1}{7}\right) + 8 \arctan\left(\frac{3}{79}\right)$$

$$\approx 20\left[\frac{1}{7} - \frac{(1/7)^3}{3} + \frac{(1/7)^5}{5} - \frac{(1/7)^7}{7} + \frac{(1/7)^9}{9} - \frac{(1/7)^{11}}{11}\right]$$

$$+ 8\left[\frac{3}{79} - \frac{(3/79)^3}{3} + \frac{(3/79)^5}{5} - \frac{(3/79)^7}{7}\right.$$

$$\left. + \frac{(3/79)^9}{9} - \frac{(3/79)^{11}}{11}\right]$$

$$\approx 3.141\,592\,653\,57$$

这里，12 位小数使 π 的精度高达千亿分之二，比韦达通过求 17 重嵌套平方根所得结果的精度高得多。事实上，欧拉宣称曾经使用这样的方法求出 π 到 20 位小数的近似值，"而全部计算花费的时间仅约为 1 小时"。[13]

回忆一下可怜的鲁道夫毕生致力于他的乱作一团的平方根的计算，令人不禁想把欧拉的绰号改为"效率的化身"。

引人注目的求和

在这一节，我们将会见到欧拉是如何通过分析一种简单的求和形式找到下列级数的**准确值**的：

$$\sum_{k=1}^{\infty} \frac{(-1)^{k+1}}{2k-1} = 1 - \frac{1}{3} + \frac{1}{5} - \frac{1}{7} + \cdots \quad （莱布尼茨级数）$$

$$\sum_{k=1}^{\infty} \frac{1}{k^2} = 1 + \frac{1}{4} + \frac{1}{9} + \frac{1}{16} + \cdots \quad （雅各布·伯努利难题）$$

$$\sum_{k=1}^{\infty} \frac{(-1)^{k+1}}{(2k-1)^3} = 1 - \frac{1}{27} + \frac{1}{125} - \frac{1}{343} + \cdots$$

以及其他许许多多的级数。通过将这些求和统一在一种原理之下，欧拉不愧为历史上最卓越的级数处理大师。

故事从他在 1748 年所写的《无穷小分析引论》这本教科书中的下述结果开始。

引理 如果 $P(x) = 1 + Ax + Bx^2 + Cx^3 + \cdots = (1 + \alpha_1 x)(1 + \alpha_2 x)(1 + \alpha_3 x)\cdots$，那么，无论这些因式的"数目是有限数还是无限数"，都有

$$\sum \alpha_k = A$$
$$\sum \alpha_k^2 = A^2 - 2B$$
$$\sum \alpha_k^3 = A^3 - 3AB + 3C$$
$$\sum \alpha_k^4 = A^4 - 4A^2B + 4AC + 2B^2 - 4D$$

等等[14]。

证明 欧拉指出这些公式 "在直观上是显而易见的"，但是承诺要用微分方法给出严格的证明。这个证明出现在他于 1750 年所写的一篇关于方程论的论文中。[15]

在证明这个引理之前，我们必须首先明白它的含义。置 $0 = P(x) = (1 + \alpha_1 x)(1 + \alpha_2 x)(1 + \alpha_3 x)\cdots$，我们解出 $x = -1/\alpha_1$，$x = -1/\alpha_2$，$x = -1/\alpha_3$，$\cdots$。这样，引理在 P 的表达式的系数 $A, B, C, \cdots$ 和方程 $P(x) = 0$ 的解的负倒数之间建立起联系。从这个角度看，其结果是一种**代数**关系。

然而杰出的分析学家欧拉却看到了它不同的一面。他从取对数

$$\ln[P(x)] = \ln[1 + Ax + Bx^2 + Cx^3 + \cdots]$$
$$= \ln[(1 + \alpha_1 x)(1 + \alpha_2 x)(1 + \alpha_3 x)\cdots]$$
$$= \ln(1 + \alpha_1 x) + \ln(1 + \alpha_2 x) + \ln(1 + \alpha_3 x) + \cdots$$

开始。然后，补充他关于使用微积分给出证明的承诺，欧拉对等式两端微分，得到

$$\frac{A + 2Bx + 3Cx^2 + 4Dx^3 + \cdots}{1 + Ax + Bx^2 + Cx^3 + \cdots} = \frac{\alpha_1}{1 + \alpha_1 x} + \frac{\alpha_2}{1 + \alpha_2 x} + \frac{\alpha_3}{1 + \alpha_3 x} + \cdots \quad (10)$$

对欧拉来说，显然等式右端的每个分式 $\dfrac{\alpha_k}{1 + \alpha_k x}$ 是首项为 α_k 和公比为 $-\alpha_k x$ 的一个无穷等比级数的和。就是说，

$$\frac{\alpha_1}{1+\alpha_1 x} = \alpha_1 - \alpha_1^2 x + \alpha_1^3 x^2 - \alpha_1^4 x^3 + \cdots$$

$$\frac{\alpha_2}{1+\alpha_2 x} = \alpha_2 - \alpha_2^2 x + \alpha_2^3 x^2 - \alpha_2^4 x^3 + \cdots$$

$$\frac{\alpha_3}{1+\alpha_3 x} = \alpha_3 - \alpha_3^2 x + \alpha_3^3 x^2 - \alpha_3^4 x^3 + \cdots$$

等等。对这个序列按列相加并对 α_k 这样的乘方的项求和，他将式（10）改写为

$$\frac{A+2Bx+3Cx^2+4Dx^3+\cdots}{1+Ax+Bx^2+Cx^3+\cdots}$$
$$= \sum \alpha_k - \left(\sum \alpha_k^2\right)x + \left(\sum \alpha_k^3\right)x^2 - \left(\sum \alpha_k^4\right)x^3 + \cdots$$

对这个等式交叉相乘并展开，得到

$$A+2Bx+3Cx^2+4Dx^3+\cdots$$
$$= \left[1+Ax+Bx^2+Cx^3+\cdots\right]$$
$$\times \left[\sum \alpha_k - \left(\sum \alpha_k^2\right)x + \left(\sum \alpha_k^3\right)x^2 - \left(\sum \alpha_k^4\right)x^3 + \cdots\right]$$
$$= \sum \alpha_k + \left[A\sum \alpha_k - \sum \alpha_k^2\right]x + \left[B\sum \alpha_k - A\sum \alpha_k^2 + \sum \alpha_k^3\right]x^2$$
$$+ \left[C\sum \alpha_k - B\sum \alpha_k^2 + A\sum \alpha_k^3 - \sum \alpha_k^4\right]x^3 + \cdots$$

欧拉在这里令 x 这样的乘方项的系数相等，由此递归地确定 $\sum \alpha_k^m$：

(a) $\sum \alpha_k = A$

(b) $\left[A\sum \alpha_k - \sum \alpha_k^2\right] = 2B$，所以
$$\sum \alpha_k^2 = \left[A\sum \alpha_k - 2B\right] = A^2 - 2B$$

(c) $B\sum \alpha_k - A\sum \alpha_k^2 + \sum \alpha_k^3 = 3C$，所以
$$\sum \alpha_k^3 = A\sum \alpha_k^2 - B\sum \alpha_k + 3C$$
$$= A\left[A^2 - 2B\right] - AB + 3C = A^3 - 3AB + 3C$$

(d) $C\sum \alpha_k - B\sum \alpha_k^2 + A\sum \alpha_k^3 - \sum \alpha_k^4 = 4D$，所以
$$\sum \alpha_k^4 = A^4 - 4A^2B + 4AC + 2B^2 - 4D$$

这个过程可以随意地持续下去。通过综合使用对数、导数和等比级数，欧拉证明了他的"直观上显而易见的"公式！ ∎

为证明它们的相关性，他考察了一般表达式 $P(x) = \cos\left(\dfrac{\pi}{2n}x\right) + \left(\tan\dfrac{m\pi}{2n}\right)\sin\left(\dfrac{\pi}{2n}x\right)$，尽管我们在这里仅注意 $m=1$ 和 $n=2$ 这种情况。[16] 就是说，我们考察

$$P(x) = \cos\left(\frac{\pi}{4}x\right) + \left(\tan\frac{\pi}{4}\right)\sin\left(\frac{\pi}{4}x\right) = \cos\left(\frac{\pi}{4}x\right) + \sin\left(\frac{\pi}{4}x\right)$$

为了应用引理，我们必须将 P 写成一个无穷级数，并且是 $(1+\alpha_k x)$ 这种形式的因式的无穷乘积，其中 $-1/\alpha_k$ 是 $P(x)=0$ 的根。前者很容易实现，因为我们只需将式（1）中的正弦级数和余弦级数掺合在一起并整理即得

$$P(x) = 1 + \frac{\pi}{4}x - \frac{\pi^2}{4^2 \cdot 2!}x^2 - \frac{\pi^3}{4^3 \cdot 3!}x^3 + \frac{\pi^4}{4^4 \cdot 4!}x^4 + \frac{\pi^5}{4^5 \cdot 5!}x^5 - \cdots$$

由此，我们从引理确定这个无穷级数的系数为

$$A = \pi/4,\ B = -\pi^2/32,\ C = -\pi^3/384,\ D = \pi^4/6144,\ \cdots$$

另一方面，置 $0 = P(x) = \cos\left(\dfrac{\pi}{4}x\right) + \sin\left(\dfrac{\pi}{4}x\right)$，导出 $\tan\left(\dfrac{\pi}{4}x\right) = -1$，其根为 $x = -1,\ 3,\ -5,\ 7,\ -9,\ \cdots$。这些根的负倒数就是引理中的 α_k，所以

$$\alpha_1 = 1,\ \alpha_2 = -1/3,\ \alpha_3 = 1/5,\ \alpha_4 = -1/7,\ \alpha_5 = 1/9,\ \cdots$$

欧拉终于可以获得结果了。按照引理，$\sum \alpha_k = A$，所以可得 $1 - \dfrac{1}{3} + \dfrac{1}{5} - \dfrac{1}{7} + \dfrac{1}{9} - \cdots = \dfrac{\pi}{4}$。由此，我们又回到了莱布尼茨级数。请注意，同第 2 章中莱布尼茨复杂的几何推导相比，欧拉的推导是显然不用三角形、曲线或者图形的纯粹分析过程。

引理中的第二个关系式是 $\sum \alpha_k^2 = A^2 - 2B$，它为我们的特定函数 P

提供奇数平方的倒数之和：

$$1+\frac{1}{9}+\frac{1}{25}+\frac{1}{49}+\frac{1}{81}+\cdots=\left(\frac{\pi}{4}\right)^2-2\left(-\frac{\pi^2}{32}\right)=\frac{\pi^2}{8}$$

据此，欧拉很容易回答伯努利的关于**所有**平方的倒数之和的问题，因为

$$1+\frac{1}{4}+\frac{1}{9}+\frac{1}{16}+\frac{1}{25}+\frac{1}{36}+\frac{1}{49}+\cdots$$
$$=\left(1+\frac{1}{9}+\frac{1}{25}+\frac{1}{49}+\frac{1}{81}+\cdots\right)+\frac{1}{4}\left(1+\frac{1}{4}+\frac{1}{9}+\frac{1}{16}+\frac{1}{25}+\cdots\right)$$

由此推出 $\frac{3}{4}\left(1+\frac{1}{4}+\frac{1}{9}+\frac{1}{16}+\frac{1}{25}+\frac{1}{36}+\frac{1}{49}+\cdots\right)=\left(1+\frac{1}{9}+\frac{1}{25}+\frac{1}{49}+\frac{1}{81}+\cdots\right)$

$=\frac{\pi^2}{8}$，所以 $1+\frac{1}{4}+\frac{1}{9}+\frac{1}{16}+\frac{1}{25}+\frac{1}{36}+\frac{1}{49}+\cdots=\frac{4}{3}\times\frac{\pi^2}{8}=\frac{\pi^2}{6}$。由此可见，伯努利难题的解只不过是欧拉的众多卓越成就之一而已。

引理中的下一个等式 $\sum\alpha_k^3=A^3-3AB+3C$ 产生了交错级数的求和公式：

$$1-\frac{1}{27}+\frac{1}{125}-\frac{1}{343}+\frac{1}{729}-\cdots$$
$$=\left(\frac{\pi}{4}\right)^3-3\left(\frac{\pi}{4}\right)\left(-\frac{\pi^2}{32}\right)+3\left(-\frac{\pi^3}{384}\right)=\frac{\pi^3}{32}$$

欧拉继续重复利用这个引理推出了一系列级数的求和公式，例如 $\sum_{k=1}^{\infty}\frac{1}{k^4}=\frac{\pi^2}{90}$，$\sum_{k=1}^{\infty}\frac{(-1)^{k+1}}{(2k-1)^5}=\frac{5\pi^5}{1536}$，等等。这个惊人的成就不禁让人想起 Ivor Grattan-Guinness 的评论："欧拉是求和崇拜中的大祭司，因为他在发明非正统的求和方法方面比其他任何人都聪明。"[17] 当然，这位大祭司还不能解决他的证明带来的难以捉摸的收敛问题。这样的问题不得不留到下一个世纪去解决。

另外一个突出的事实跃然纸上。虽然欧拉求出了诸如 $\sum_{k=1}^{\infty}\frac{1}{k^2}$ 和 $\sum_{k=1}^{\infty}\frac{1}{k^4}$

等表达式的值，但是他没有给出像 $\sum_{k=1}^{\infty}\dfrac{1}{k^3}$ 或者带奇次指数的其他级数的

显式求和公式。关于这些级数的和，欧拉写道："既不能用对数表示，又不能用圆周率π表示，也不能通过其他任何有限形式赋予一个值。"[18] 被这个恼人的问题难住以后，欧拉显然很受挫，一度承认进一步的研究对他来说是"没有意义的"。[19] 直到今天仍然不清楚，这些奇次幂的级数的性质，这在某种程度上说明他在分析上的直觉能力。有人猜想，既然欧拉没有找到简单的解，它就是不存在的。

我们以欧拉对分析学的另一项重要贡献来结束本章：将阶乘扩充到非整数值的欧拉思想。

伽玛函数

对一个包含自然数的公式进行**插值**是一个很有趣的数学练习。也就是说，我们寻找一个定义在更大范围内的表达式，当输入为正整数时结果同原有公式一致。

为清楚起见，我们考虑 Philip Davis 在一篇关于伽玛函数起源的文章中讨论的下述例子。[20] 对于任意正整数 n，我们令 $S(n)=1+2+3+\cdots+n$ 为前 n 个自然数的和。显然，$S(4)=1+2+3+4=10$。然而，谈论前**四又四分之一**（4.25）个自然数的和是没有意义的。

为越过这个障碍，我们引入由 $T(x)=\dfrac{x(x+1)}{2}$ 对所有实数 x 定义的函数 T，这个 T 是 S 的插值，因为当 n 取自然数时，有 $S(n)=1+2+3+\cdots+n=\dfrac{n(n+1)}{2}=T(n)$。然而，现在我们就**能够**计算 $T(4.25)=11.15625$。通过这种方式，函数 T 对 S 的表达式"填补了空隙"，或者如 Davis 所说，"这个公式把原来问题的定义域扩展到不同于原有范围的变量"。

事实上，这正是牛顿在他的广义二项展开式中采用的做法。牛顿不

是把自己限制在对 $(1+x)^n$ 的自然数的乘方上，转而研究指数为分数或负数的情况。当 n 为正整数时，这种方法与插值十分相似。

不倦探索的欧拉于 1729 年接受了求前 n 个自然数**乘积**的类似挑战。就是说，他要寻找一个对全部正实数定义的公式，而当输入 n 为正整数时，其结果正是 $1 \cdot 2 \cdot 3 \cdot \cdots \cdot n$。用现代术语表述，欧拉是寻找阶乘的插值。

他的第一个解出现在 1729 年 10 月致克里斯琴·哥德巴赫的信件中。[21] 他在信中给出了一个看似奇特的无穷乘积

$$\frac{1 \cdot 2^x}{1+x} \times \frac{2^{1-x} \cdot 3^x}{2+x} \times \frac{3^{1-x} \cdot 4^x}{3+x} \times \frac{4^{1-x} \cdot 5^x}{4+x} \times \cdots \tag{11}$$

在不同的时期，欧拉曾用 $\Delta(x)$ 和 $[x]$ 表示这个表达式。在本章余下部分，我们使用后面一种表示。从式（11）可以看出

$$[1] = \frac{1 \cdot 2}{2} \times \frac{1 \cdot 3}{3} \times \frac{1 \cdot 4}{4} \times \frac{1 \cdot 5}{5} \times \cdots = 1$$

$$[2] = \frac{1 \cdot 2 \cdot 2}{3} \times \frac{3 \cdot 3}{2 \cdot 4} \times \frac{4 \cdot 4}{3 \cdot 5} \times \frac{5 \cdot 5}{4 \cdot 6} \times \cdots = 2$$

$$[3] = \frac{1 \cdot 2 \cdot 2}{4} \times \frac{3 \cdot 3 \cdot 3}{2 \cdot 2 \cdot 5} \times \frac{4 \cdot 4 \cdot 4}{3 \cdot 3 \cdot 6} \times \frac{5 \cdot 5 \cdot 5}{4 \cdot 4 \cdot 7} \times \frac{6 \cdot 6 \cdot 6}{5 \cdot 5 \cdot 8} \times \cdots = 6$$

依此类推，其中无穷尽的消去使收敛问题模糊不清。尽管如此，这个无穷乘积看起来是符合要求的公式：如果 n 是自然数，那么 $[n] = n!$。

同时，$[x]$ 可以填补除整数以外的缺口。例如，我们考察 $[1/2]$，这个值应该是赋予 $(1/2)!$ 的插值的值。当欧拉代入 $x = 1/2$ 时，得到

$$\left[\frac{1}{2}\right] = \frac{1 \cdot \sqrt{2}}{3/2} \times \frac{\sqrt{2} \cdot \sqrt{3}}{5/2} \times \frac{\sqrt{3} \cdot \sqrt{4}}{7/2} \times \frac{\sqrt{4} \cdot \sqrt{5}}{9/2} \times \cdots$$

$$= \sqrt{\frac{2 \cdot 4}{3 \cdot 3} \times \frac{4 \cdot 6}{5 \cdot 5} \times \frac{6 \cdot 8}{7 \cdot 7} \times \frac{8 \cdot 10}{9 \cdot 9} \times \cdots}$$

根号下的表达式看似相识。他想起了 1655 年约翰·沃利斯导出的公式，沃利斯用他自己神秘的插值法证明了 $\dfrac{3 \cdot 3 \cdot 5 \cdot 5 \cdot 7 \cdot 7 \cdot 9 \cdot 9 \cdots}{2 \cdot 4 \cdot 4 \cdot 6 \cdot 6 \cdot 8 \cdot 8 \cdot 10 \cdots} = \dfrac{4}{\pi}$。[22] 利用

这个公式，欧拉推出了

$$\left[\frac{1}{2}\right] = \sqrt{\frac{\pi}{4}} = \frac{1}{2}\sqrt{\pi}$$

于是，我们不得不得出结论：$\left(\frac{1}{2}\right)!$ 的 "自然" 插值是非常不自然的 $\frac{1}{2}\sqrt{\pi}$。这是一个使人惊愕的结果。

这个答案给欧拉提供了一条有价值的线索。由于 π 出现在结果中，他推测某种与圆面积的联系可能隐藏在这个表面现象之下，这进而提示他把研究转向**积分**。[23] 他仅费少许工夫就得到了替代公式

$$[x] = \int_0^1 (-\ln t)^x \, \mathrm{d}t \tag{12}$$

这个结果远比式（11）简洁而且更为雅致。持怀疑态度的人可以通过分部积分、洛必达法则和数学归纳法等同样的手段证实，当 n 为自然数时，$\int_0^1 (-\ln t)^n \, \mathrm{d}t = n!$。

一旦有了可用的积分，欧拉就如鱼得水了。在几轮数学推导以后，他求出[24]

$$\left[\frac{1}{2}\right] = \sqrt{\int_0^1 \frac{x^2 \mathrm{d}x}{\sqrt{1-x^2}} \bigg/ \int_0^1 \frac{x \mathrm{d}x}{\sqrt{1-x^2}}}$$

只要用一点初等微积分知识就能证明 $\int_0^1 \frac{x^2 \mathrm{d}x}{\sqrt{1-x^2}} = \frac{\pi}{4}$ 和

$\int_0^1 \frac{x \mathrm{d}x}{\sqrt{1-x^2}} = 1$，所以这次不需要借助沃利斯的公式就能证实 $\left[\frac{1}{2}\right] = \sqrt{\frac{\pi}{4}} =$

$\frac{1}{2}\sqrt{\pi}$。

欧拉也认识到 $[x] = x \cdot [x-1]$，他充分利用这个关系导出像 $\left[\frac{5}{2}\right] = \frac{5}{2} \times \left[\frac{3}{2}\right] = \frac{5}{2} \times \frac{3}{2} \times \left[\frac{1}{2}\right] = \frac{15}{8}\sqrt{\pi}$ 这样的结果。[25] 然后，作为一名笃信模式的信徒，他向另外一个方向推导递归公式，得到 $\left[\frac{1}{2}\right] = \frac{1}{2} \times \left[-\frac{1}{2}\right]$，

所以 $\left[-\dfrac{1}{2}\right] = 2 \times \left[\dfrac{1}{2}\right] = \sqrt{\pi}$ 。换句话说， $\left(-\dfrac{1}{2}\right)!$ 的插值应该为 $\sqrt{\pi}$ 。至此，明显看出，直觉终究需要靠演算来验证。

现代数学家更倾向于遵循由阿德里安·马里·勒让德（1752—1833）推广而改进的欧拉思想。勒让德将 $y = -\ln t$ 代入式（12），得到 $[x] = -\displaystyle\int_{\infty}^{0} y^x \mathrm{e}^{-y}\mathrm{d}y = \int_{0}^{\infty} y^x \mathrm{e}^{-y}\mathrm{d}y$ ，然后将输入变量左移一个单位，得到由

$$\Gamma(x) \equiv [x-1] = \int_{0}^{\infty} y^{x-1}\mathrm{e}^{-y}\mathrm{d}y$$

定义的**伽玛函数**。但是，值得注意的是，这个特殊的积分也出现在欧拉的著作中。[26]

当然，伽玛函数继承了欧拉已经发现的有关[x]的特性，例如存在递归表达式 $\Gamma(x+1) = x\Gamma(x)$ 或者著名的恒等式 $\Gamma(1/2) = [-1/2] = \sqrt{\pi}$ 。这个函数可能出现在需要应用复杂的数学分析的任何场所，从概率论到微分方程，再到解析数论。如今，伽玛函数被看作是分析学中首屈一指的"高级函数"同时或许是最重要的"高级函数"。所谓"高级函数"是指在定义中需要用到微积分概念的函数。在刻画初等数学的特征方面，除代数函数、指数函数或三角函数之外，伽玛函数占据一席之地。此外，像许多别的发现一样，我们把这个函数归功于欧拉。

本章的种种结果，无论是微分还是积分，也无论是近似值还是插值，都展现了惊人的独创性。冯·诺伊曼把欧拉称为"他那个时代最杰出的数学家"，因为他提出了许多正确的问题，并且经常凭借惊人的敏捷头脑和直觉思维能力找到正确的答案。[27]毫无疑问，欧拉对分析学驾轻就熟，在分析学这个十全十美的舞台上展现的仿佛是他不拘一格的信条：沿着公式就能通向真理。

在分析学中，无出其右者。

参考文献

[1] Eric Temple Bell, *Men of Mathematics*, Simon & Schuster, 1937, p. 139。

[2] Leonhard Euler, *Foundations of Differential Calculus*, trans. John Blanton, Spriger-Verlag, 2000。

[3] 同[2], p. 51。

[4] 同[2], p. 52。

[5] 同[2], p. 52。

[6] 同[2], p. 116。

[7] 这些积分分别参见 Leonhard Euler, *Opera omnia*, ser. 1, vol. 17, p. 407, *Opera Omnia*, ser. 1, vol. 19, p. 227, *Opera omnia*, ser. 1, vol. 18, p. 8。

[8] Leonhard Euler, *Opera omnia*, ser. 1, vol. 18, p. 4。

[9] T. L. Heath (ed.), *The Works of Archimedes*, Dover, 1953, p. 93。

[10] Howard Eves, *An Introduction to the History of Mathematics*, 5th Ed., Saunders, 1983, p. 86。

[11] Leonhard Euler, *Opera omnia*, ser. 1, vol. 16B, p. 3。

[12] 同[11], pp. 14-16。

[13] 同[11], p. 277。

[14] Leonhard Euler, *Introduction to Analysis of the Infinite*, Book I, trans. John Blanton, springer-Verlag, 1988, p. 137。

[15] Leonhard Euler, *Opera omnia*, ser. 1, vol. 6, pp. 23-25。

[16] Leonhard Euler, *Introduction to Analysis of the Infinite*, Book 1, pp. 142-146。

[17] Ivor Grattan-Guinness, *The Development of the Foundations of Mathematical Analysis from Euler to Riemann*, MIT Press, 1970, p. 70。

[18] Leonhard Euler, *Opera omnia*, ser. 1, vol. 10, p. 616。

[19] Leonhard Euler, *Opera omnia*, ser. 1, vol. 4, p. 145。

[20] Philip Davis, "Leonhard Euler's Integral," *American Mathematical Monthly*, vol. 66 (1959), p. 851。

[21] P. H. Fuss (ed.), *Correspondance mathématigue et physique*, The Sources of Science, No. 35, Johnson Reprint Corp., 1968, p. 3。

[22] Leonhard Euler, *Opera omnia*, ser. 1, vol. 14, p. 3。

[23] 同[22], p. 13。

[24] Leonhard Euler, *Opera omnia*, ser. 1, vol. 16A, p. 154。

[25] 同[24], p. 155。

[26] Leonhard Euler, *Opera omnia*, ser. 1, vol. 18, p. 217。

[27] John von Neumann, *Collected Works*, vol. 1, Pergamon Press, 1961, p. 5。

第 **5** 章

第一次波折

　　莱昂哈德·欧拉于 1783 年辞世，这一年距莱布尼茨发表第一篇微积分论文一百周年仅差一年。无论按什么标准衡量，这一百年都是数学史上非同寻常的一个世纪。到目前为止我们考察的结果虽然只是这个世纪获得的丰硕成果中的一小部分，却说明已经有了巨大进展。牛顿、莱布尼茨、伯努利兄弟和欧拉致力于无穷量研究，发现了大量正确的而且时常是惊人的结果，同时确立了微积分作为数学中的**典范学科**分支的地位。让我们不由得对这些开拓者们肃然起敬。

　　头一个世纪的一个重要的发展趋势是人们把视点从几何转向分析。当问题变得越来越棘手时，它们的解对曲线几何性质的依赖越来越少，而对函数代数运算的依赖却越来越多。莱布尼茨在 1673 年证明他的变换定理所用的复杂的几何图解在 18 世纪中期欧拉的著作中已经无影无踪了。从这个意义上说，分析学已经具备了更现代的形态。

　　但是这门学科的其他常见内容却销声匿迹了。例如，很大的一个缺失是现代分析学的支柱——不等式。17 世纪和 18 世纪的数学家们主要处理**等式**。他们的工作倾向于利用巧妙的代换将一个公式变换成另一种想要的形式。虽然雅各布·伯努利对调和级数发散性的证明（见第 3 章）是以熟练地运用不等式为特征，但是这样的例子总体上是罕见的。

　　同样稀少的是对广泛函数类的分析。欧拉和他的前辈们擅长研究特定的积分或级数，但是他们对连续函数或可微函数这样的函数类的一般特性缺乏兴趣。把关注的焦点从特殊的函数转移到一般的函数将成为下一个世纪的标志。

早期微积分和当今微积分的另外一个显著差异是对逻辑基础的关注不同。正如我们所见，那个时期的数学家在使用结果时既不证明它们的正确性，在许多情况下，甚至也不考虑这个问题。一个例子是用积分的无穷级数代替无穷级数的积分的这种趋势，也就是说，把 $\int_a^b \left[\sum_{k=1}^{\infty} f_k(x) \right] \mathrm{d}x$ 和 $\sum_{k=1}^{\infty} \left[\int_a^b f_k(x) \mathrm{d}x \right]$ 看成是相等的。这里的两种运算（对函数积分和对级数求和）都包含无限的步骤，这种不加区别的交换可能会导致错误结果。只有在满足某些条件时这种交换才是可行的。在这方面，微积分的先驱们多半依靠直觉而不是根据推理进行运算。不可否认，他们的直觉通常是非常可靠的。特别是欧拉，他具有一种神奇的能力，在他陷入数学的深渊之前就准确知道自己可以走多远。

然而，微积分的基础依旧是令人怀疑的。作为一个例证，我们不妨回忆一下无穷小量所扮演的角色。为了解释这些称为无穷小的量，从莱布尼茨到欧拉，他们都作过尝试，但是从来没有给出令人满意的证明。像一条数学变色龙，无穷小看起来不可避免地同时既是零又不是零。从根本上说，它们的存在似乎是自相矛盾和违背直觉的。

数学家们将他们的结论建立在"逐渐消失的"量上不是什么好事。牛顿是这种动态方法的倡导者，对于醉心于运动研究的他来说，这或许是一种合理的主张。在引入我们现在所谓的导数的时候，他考察了逐渐消失的量的商，并且写道，他所指的这些逐渐消失的量的"最终比"，"既不是在它们消失之前的比，也不是在消失之后的比，而是正当这些量消失时的比"。[1] 除了想象一个量在消失（无论含义是什么）之后的概念以外，牛顿还要求他的读者想象当分子和分母噗的一声同时消失在稀薄空气中时的比。他的描述看起来给予非难者以可乘之机。

批评很快来临，而批评者是乔治·伯克莱（1685—1753）——英国著名的哲学家和克罗因教区的主教。伯克莱在他 1734 年所写的《分析学家》一文中，嘲笑那些谴责他依靠宗教信仰而不是理性行事的科学家们自己也在谈论着无穷小的量或逐渐消失的量。对伯克莱来说，这是最模糊的思想和最虚伪的行为。这一点隐含在文章长长的副标题中：

——致一位不信教的数学家的评论，其中剖析现代分析学的目标、原理和结论是否比宗教的神秘和教义有更清晰的构思或更缜密的推理。[2]

伯克莱的评论非常刻薄。对于这位主教来说，无论微积分是建立在牛顿的逐渐消失的量的概念上还是建立在莱布尼茨的无穷小的概念上，都没有多大差别。他得出结论："越是用心分析和追寻这些虚无飘渺的思想，越发陷入糊涂与迷茫的深渊。"[3]伯克莱以拷问牛顿的口吻，提出了当时闻名遐尔的质疑：

这些流数到底是什么？逐渐消失的增量的速度有多么大？这些相同的逐渐消失的增量是什么？它们既不是有限的量，也不是无穷小的量，更不是零。难道我们不能把它们称为消逝的量的鬼魂吗？[4]

伯克莱对莱布尼茨的无穷小量的概念也毫不客气。他嘲讽道，承认一个无穷小量的概念超出了"我的能力"，接受像 $(\mathrm{d}x)^2$ 这样的无穷小量的无穷小部分"对任何人而言都是无限困难的"。[5]

伯克莱并没有对数学家们从这些可疑的方法推出的结论提出质疑，他拒绝的是这些结论背后的逻辑。事实上，微积分是求切线和确定极大值或极小值的极好工具。但是，他争辩说，它的正确答案来自错误的思想，正如在某种错误补偿中某些错误抵消其他错误，从而掩盖其中隐藏的漏洞。他写道："错误也许能产生真理，但是决不会产生科学。"[6]

我们借助伯克莱的例子来说明他的观点，使用现代符号表示就是，当 $y = x^n$ 时，求 $\dfrac{\mathrm{d}y}{\mathrm{d}x}$。按照当时的方式，他先对 x 增加一个微小的非零增量 o，然后求微商

$$\frac{(x+o)^n - x^n}{o} = \frac{nx^{n-1}o + \dfrac{n(n-1)}{2}x^{n-2}o^2 + \cdots + nxo^{n-1} + o^n}{o}$$

$$= nx^{n-1} + \frac{n(n-1)}{2}x^{n-2}o + \cdots + nxo^{n-2} + o^{n-1}$$

到这一步为止，o 依然被假设为一个非零的量，伯克莱强调："如果没有这个条件，我就不能在下一步推出任何结果。"但是，随后 o 忽然变成了零，所以

$$\frac{\mathrm{d}y}{\mathrm{d}x} = nx^{n-1} + 0 + \cdots + 0 = nx^{n-1}$$

伯克莱不赞成的是第二个假设与第一个假设完全冲突，因此他否定由此推出的任何结论。毕竟，如果 o 是零，我们不仅不能把它作为分母，而且必须承认 x 根本就没有增加。所有的论据立刻土崩瓦解。伯克莱写道："当提到让增量消失时，前面那个增量为某种量的假设就被破坏了，然而，由这个假设所推出的结果，即由它获得的表达式却保留了下来。"[7]

对这位主教来说，这种推理方法是完全不能接受的，并且是"一种极端自相矛盾的讨论方式，而这种方式在上帝那里是不允许的"。[8] 在《分析学家》最具火药味的一段话中，伯克莱对比了他所说的微积分的错误逻辑与人类知识要求的高标准，"我相信在人类所有知识门类的任何一种知识中，人们都不会承认像在数学证明中所接受的这种推理"。[9]

伯克莱主教充分阐明了他的观点。即使微积分的结果似乎是正确的，并且当应用于像力学或光学中的实际现象时，得到的解答也和观测结果

一致，但是，如果基础不牢的话，这种结果依然一钱不值。

必须做些事情了！在其后的数十年中，很多数学家试图加固微积分摇摇欲坠的基础结构。让·勒朗·达朗贝尔（1717—1783）就是其中的一员。他是一位备受尊敬的学者，与德尼·狄德罗（1713—1784）一起在法国编纂《百科全书》。对于微积分的基础，达朗贝尔同意无穷小量或者逐渐消失的量是没有意义的。他毫不含糊地宣称："一个量或者是有，或者是没有。如果是有，它就还没有消失；如果是没有，它就确实消失了。假设存在介于这两者之间的中间状态，就只能是一头由狮头羊身和蛇尾构成的吐火怪物。"[10]

相反，达朗贝尔提出了建立在"极限"概念基础之上的微积分。在处理导数时，他把 $\frac{dy}{dx}$ 看成是有限项的商的极限。他将这个商表示为 $\frac{z}{u}$，而我们现在认为是 $\frac{y(x+\Delta x)-y(x)}{\Delta x}$。那么，$\frac{dy}{dx}$ 是"在我们假定 z 和 u 为实数并且不断减小时，比值 z/u 越来越接近的量。没有比这更清楚的定义了"。[11]

达朗贝尔取得了某些进展。他没有使用无限小，也没有使用逐渐消失的量，并且由于突出极限作为修补微积分薄弱基础的方法而理应受到称赞。

但是断言达朗贝尔扭转了乾坤，那是言过其实的。虽然他可能已经察觉到正确的路径，但是他没有在这条路径上走得很远。缺少的是"极限"的明确定义，以及没有从极限出发推导微积分的一些基本定理。最终，达朗贝尔不过是提出了走出困境的方法而已。这些思想的完全确立尚需等待一代人或者更长的时间。

与此同时，一位更卓越的数学家卷入了这个难题，并且提出一种完全不同的解答。他就是约瑟夫·路易·拉格朗日（1736—1813）——

18 世纪晚期在欧洲数学界有着重大影响的一位杰出数学家。对于这个基础性的问题，拉格朗日发誓要提供一个逻辑上完备的构架，使得微积分的宏伟大厦可以建立它的基础上。在他 1797 年所写的《解析函数论》一书中，他设想了一种"排除无穷小量、逐渐消失的量、极限以及流数所有因素在内"的微积分。[12]鉴于以往的任何合理性都不具备优势，拉格朗日宣誓要重新开始。

他的基本思想是把无穷级数作为微分的**源头**而不是结果。这就是说，拉格朗日从他要寻找导数的函数 $f(x)$ 开始，把 $f(x+i)$ 表示成 i 的无穷级数

$$f(x+i) = f(x) + ip(x) + i^2 q(x) + i^3 r(x) + \cdots \tag{1}$$

的形式，其中，正如他指出的那样，"p，q，r，$\cdots$ 将是从简单函数 x 导出的并且与 i 无关的新函数"。[13]于是，f 的（一阶）导数恰好就是 $p(x)$，在这个展开式中，$p(x)$ 为 i 的系数。

任何熟悉泰勒级数的人都会明白拉格朗日得到了什么，但是对他而言重要的是注意这个级数出现在先，而导数是作为它的一个结果，在现代分析学中导数出现在级数之前。

用一个例子可以说明这一点。假定我们想求 $f(x) = \dfrac{1}{x^3}$ 的导数 $f'(x)$。（顺便指出，"f'"这个记号来源于拉格朗日。）展开式（1）所示的函数，得到 $\dfrac{1}{(x+i)^3} = \dfrac{1}{x^3} + ip(x) + i^2 q(x) + i^3 r(x) + \cdots$，所以

$$i[p(x) + iq(x) + i^2 r(x) + \cdots] = \frac{1}{(x+i)^3} - \frac{1}{x^3} = \frac{-3x^2 i - 3xi^2 - i^3}{(x+i)^3 x^3}$$

因此

$$p(x) + iq(x) + i^2 r(x) + \cdots = \frac{-3x^2 i - 3xi^2 - i^3}{i(x+i)^3 x^3} = \frac{-3x^2 - 3xi - i^2}{(x+i)^3 x^3} \tag{2}$$

至此，拉格朗日在式（2）中令 $i = 0$，得到 $p(x) = \dfrac{-3x^2}{x^6}$。因此，

$f'(x) = \dfrac{-3}{x^4}$。对牛顿或莱布尼茨来说，这个结果自然是不足为奇的。

对拉格朗日而言，这个推导过程避免了无穷小量，同时也避免了那些湮灭不见的消逝的量的鬼魂。同样，他无需用达朗贝尔的没有确切定义的极限。当拉格朗日令 $i = 0$ 时，他的意思是严格的。在式（2）中不会遇到任何陷阱，因为在任何分母中都没有出现零。他认为这是解决导数问题的纯粹的分析方法，不需要任何曾经困扰他的先驱们的逻辑转换。这个方法竟然如此精致，如此整齐。

然而，果真是这样吗？举一个事例，可以说明用这种方式定义导数过于曲折。尽管牛顿和莱布尼茨的思想夹杂着曲线和三角形，并且建立在不牢固的基础之上，但是他们对研究对象的定义是直接的。在拉格朗日的思想中没有任何的图解，却把导数同切线斜率有关的事实完全掩盖了。

这还只是次要的毛病。更大的麻烦是在对待比上述函数更为复杂的函数如何求导数的问题上。在我们的例子中，问题的关键是展开并且简化 $\dfrac{1}{(x+i)^3} - \dfrac{1}{x^3}$，以便从结果中分解出因子 i。但是每个函数的可以展开和简化的保证在哪里？这样构造的级数是收敛的保证在哪里？而这样构造的一个**收敛**级数收敛到我们原始的函数的保证又在哪里？这些才是深层次的和重要的问题。

最终，拉格朗日的理论经不起如此严格的推敲。1822 年，法国数学家奥古斯丁·路易·柯西发表了一个例子，证实拉格朗日的思想存在致命缺陷。我们在下一章的主角柯西证明了函数

$$f(x) = \begin{cases} e^{-1/x^2}, & x \neq 0 \\ 0, & x = 0 \end{cases}$$

及其在 $x=0$ 的各阶导数为零。[14] 因此，作为原来函数的幂级数，$f(x) = 0 + 0 \cdot x + 0 \cdot x^2 + 0 \cdot x^3 + \cdots = 0$。这反过来说明，如果我们从函数 f 开

始，将它写成级数的形式，我们得到一个完全不同于开初的函数！作为一个级数，我们无法区分上面的函数 f 和常值函数 $g(x)=0$。柯西的两个不同的函数有一个共同幂级数的例子，说明分析学完全不能按照拉格朗日的设想来创建。

总之，基于级数的导数定义以及随之而来的基于级数的微积分的基础被抛弃了。虽然拉格朗日未能完成他的主要使命，但却作出了许多贡献，引导了新世纪的发展。首先，他将基础问题提升到更突出的位置，使之成为既有趣又重要的问题。其次，他试图从他的基本定义推导出微积分的种种定理，在这个过程中引入了不等式，并且对不等式的应用展现出熟练的技巧。最后，正如 Judith Grabiner 在她的《柯西的严密微积分的起源》一书中所说：

> 阅读拉格朗日的著作，人们总是会被他对普遍性的感悟所打动……，他对普遍性的极端钟情在那个年代是非同寻常的，与许多他同时代人专注于解决特定问题形成鲜明对比。他提出的微积分的代数基础与其普遍化的思想倾向是一致的。[15]

尽管数学家们作出了这么多贡献，在 18 世纪结束时，微积分的逻辑危机依然没有解决。达朗贝尔和拉格朗日以及其他致力于处理这些问题的数学家的工作没能平息批评的浪潮。伯克莱主教说过这么一句话："我要指出在其他每一种科学中，人们总是用他们的原理来证明结论，而不是用他们的结论来证明原理。"直到进入 19 世纪，他的话听起来还一直带有真实性的意味。[16]

但是一种解决方案近在咫尺了。在 19 世纪初期，正是认识到级数非唯一性的柯西，行将发现一个可以圆满解释微积分基础的方法。到他完成这个任务的时候，分析学就超越了他的前辈们所能设想的情景，成为远具普遍性、抽象性和充满不等式的学科。同时，这门学科将会越发严密。

现在我们就转向这位杰出的人物，转向他所进行的革命性的工作。

参考文献

[1] Dirk Struik(ed.), *A Source Book in Mathematics*, 1200-1800, Harvard University Press, 1969, p.300。

[2] George Berkeley, *The Works of George Berkeley*, vol. 4, Neison & Sons, London, 1951, p. 53。

[3] 同[2], p. 67。

[4] 同[2], p. 89。

[5] 同[2], p. 68。

[6] 同[2], p. 77。

[7] 同[2], p. 72。

[8] 同[2], p. 73。

[9] 同[2], p. 74。

[10] Carl Boyer, *The Concepts of the Calculus*, Hafner, 1949, p. 248。

[11] 同[1], p. 344。

[12] Joseph-Louis Lagrange, *Oeuvres*, vol. 9, Paris, 1813, p. 11(扉页)。

[13] 同[12], pp. 21-22。

[14] Augustin-Louis Cauchy, *Oeuvres*, ser. 2, vol. 2, Paris, pp. 276-278。

[15] Judith Grabiner, *The Origins of Cauchy's Rigorous Calculus*, MIT Press, 1981, p. 30。

[16] 同[2], p. 76。

第6章

柯西

奥古斯丁·路易·柯西（1789—1857）

传记作家 Eric Temple Bell 有时是轻描淡写地描绘数学家们的丰富多彩的人生的，在他的笔下，"柯西在现代数学中，扮演的角色没有远离舞台的中央"。[1]这个评价是个毋庸置疑的。奥古斯丁·路易·柯西在其一生中写作了大量的书籍和论文，现在出版的选集已超过 24 卷，其中收集的是有关组合数学、代数、微分方程、复变函数、力学以及光学的论文。同一个世纪之前的莱昂哈德·欧拉一样，奥古斯丁·路易·柯西对后世产生了长远的影响。

柯西在微积分历史上的影响尤其深远。他处于早期开拓者和现代数学家之间的位置上。前者凭借他们的聪明才智拓展了一个充满直觉与质朴的领域，而后者追求的逻辑标准是严格的、普遍的和不可或缺的。柯西没有完成从前者到后者的转变，因为他的思想还需要在随后数十年中进行重大的改进与调整。但是柯西展现的分析学与今天教科书中展现的分析学之间的相似性不能不给现代读者留下深刻印象。

本章对柯西的工作略作介绍。我们给出一些例子，涉及的范围从他的极限理论到中值定理，从他的积分定义到微积分基本定理，最后以级数收敛的判别法结束。本章取材于他的两本著名教科书：《皇家综合工科学院分析教程》（1821）和《皇室综合工科学院无穷小分析教程概论》。[2]

极限、连续性和导数

虽然柯西承认拉格朗日是一位年高德劭的数学家，但是他并不赞同拉格朗日提出的基于级数的导数定义。柯西写道："我拒绝通过无穷级数进行函数展开的作法。"他接着指出：

> 我并不忽视著名的拉格朗日已经将这个公式作为他的导函数理论的基础。尽管应对如此大的权威表示尊敬，但是多数几何学家如今都承认如果使用发散级数可能导致不确定的结果……而我本人还要补充一句，拉格朗日方法可能产生一个由收敛级数表示的函数展开，不过这个级数的和根本不同于原来的函数。[3]

后一种情况就是前一章中提到的柯西的反例。对他来说，拉格朗日的方案是一条死胡同。柯西希望提供逻辑上正确的另外一种选择，他断言："微分学的原理及其最重要的应用很容易不借助级数而建立起来。"

柯西认为，取代的办法是把全部微积分建立在**极限**思想的基础上。

他关于这个概念的定义成为数学上的一个经典：

> 当属于一个变量的相继的值无限地趋近某个固定值时，如果最
> 终同固定值之差可以随意地小，那么这个固定值就称为所有这
> 些值的极限。[4]

　　柯西以圆面积作为例子：当一个圆的内接正多边形的边数无限增加
时，多边形面积的极限就是这个圆的面积。自然不会有哪个多边形的面
积**等于**圆的面积。但是，对于任意给定的容差，能够找到一个内接正多
边形，它的面积以及那些边数更多的正多边形的面积比给定的容差更接
近圆的面积。多边形的面积持续地越来越接近圆的面积，这是柯西思想
的精髓。

　　现代读者或许会对他的定义的冗长和动态的形象描述以及没有使用
ε 和 δ 感到奇怪。如今，我们不会谈论数的一个"序列""趋近"什么，
而宁愿用"$\varepsilon > 0$"的符号功能来表达短语"像希望的那样小"。

　　然而，这是最重要的一个进展。柯西基于"接近"的思想避免了一
些早期尝试中的缺陷。特别是，他既没有对达到这个极限说什么，也没
有对超过这个极限说什么。正如伯克莱因过于兴奋而没有来得及指出的
那样，这个问题曾使柯西的许多前辈们陷入圈套。相形之下，柯西的所
谓"回避极限"的定义不提及无论怎样达到极限，仅仅是接近并保持接
近它。对他来说，这里没有消逝的量，于是伯克莱所谓消逝的量的鬼魂
也就不复存在了。

　　柯西引入的另一个相关概念或许会令使人产生疑虑。他写道："当一
个变量的连续数值无限减小（从而变得小于任何给定的值）时，这个变
量就称为……一个无穷小的量。"[5]他使用的"无穷小"这个词令人感到
不详的预兆，但是我们可以把这个定义简单地解释为收敛到零。

　　柯西下一步将他的注意力转移到连续性上。我们在直觉上的第一个

反应是，柯西似乎将顺序弄反了，应该将极限的思想建立在连续性上，而不是相反。但是柯西是对的。将这两件事"显而易见"的顺序颠倒过来是理解连续函数的关键。

从函数 $y = f(x)$ 开始，他令 i 为无穷小量（如上面定义的那样），然后考察当 x 用 $x + i$ 代替时函数的值。这使函数的值从 y 改变为 $y + \Delta y$，柯西将这个关系表示为

$$y + \Delta y = f(x + i) \quad \text{或者} \quad \Delta y = f(x + i) - f(x)$$

对于无穷小的 i，如果差值 $\Delta y = f(x + i) - f(x)$ 也是无穷小，柯西就称 f 为 x 的**连续函数**。[6]换句话说，如果自变量 x 增加一个无穷小量，因变量 y 相应地也增加一个无穷小量，那么函数在 x 连续。

再次指出，提到"无穷小"仅仅是指那些量的极限为零。按照这种观点，我们看出柯西所说的 f 在 x 连续是指 $\lim\limits_{i \to 0}[f(x + i) - f(x)] = 0$，同现代的定义 $\lim\limits_{i \to 0} f(x + i) = f(x)$ 等价。

作为一个例证，柯西考察了 $y = \sin x$。[7]他利用了 $\lim\limits_{x \to 0}(\sin x) = 0$ 这个事实以及三角恒等式 $\sin(\alpha + \beta) - \sin \alpha = 2\sin(\beta/2) \cdot \cos(\alpha + \beta/2)$。于是，对于无穷小量 i，他得到

$$\Delta y = f(x + i) - f(x) = \sin(x + i) - \sin x = 2\sin(i/2)\cos(x + i/2) \quad (1)$$

由于 $i/2$ 是无穷小量，所以 $\sin(i/2)$ 是无穷小量，因此式（1）右端的积也是无穷小量。根据柯西的定义，正弦函数在任意 x 是连续的。

我们注意到，柯西还发现了连续函数的另一个最重要的性质：它们保存序列的极限。这就是说，如果 f 在 a 连续，并且 $\{x_k\}$ 是满足 $\lim\limits_{k \to \infty} x_k = a$ 的序列，那么，$\lim\limits_{k \to \infty} f(x_k) = f\left[\lim\limits_{k \to \infty} x_k\right] = f(a)$。我们随后将会见到他对这个原理的利用。

柯西然后考察"导函数"。他把微商定义为

$$\frac{\Delta y}{\Delta x} = \frac{f(x+i) - f(x)}{i}$$

其中 i 为无穷小量。采用拉格朗日的写法，柯西将导数记为 y' 或 $f'(x)$，并声称对于像

$$y = r \pm s,\ rx,\ r/x,\ x^r,\ A^x,\ \log_A x,\ \sin x,\ \cos x,\ \arcsin x,\ \arccos x$$

这样一些简单函数，求导数是"很容易的"。我们将只讨论这些函数中的对数函数：$y = \log_A x$，其底 $A > 1$，柯西用 $L(x)$ 表示这个对数函数。[8]

他从微商 $\dfrac{\Delta y}{\Delta x} = \dfrac{f(x+i) - f(x)}{i} = \dfrac{L(x+i) - L(x)}{i}$ 入手，其中 i 为无穷小量，并引进也是无穷小量的辅助变量 $\alpha = \dfrac{i}{x}$。利用对数法则并进行无拘束的代换，柯西推出

$$\frac{\Delta y}{\Delta x} = \frac{L(x+i) - L(x)}{i} = \frac{L\left(\dfrac{x+i}{x}\right)}{i} = \frac{L\left(\dfrac{x+\alpha x}{x}\right)}{\alpha x}$$

$$= \frac{\dfrac{1}{\alpha} L(1+\alpha)}{x} = \frac{1}{x} L(1+\alpha)^{1/\alpha} \tag{2}$$

对于无穷小的 α，他确定最后一个表达式为 $\dfrac{1}{x} L(e)$。现今我们需要借助对数函数的连续性和 $\lim\limits_{\alpha \to 0} (1+\alpha)^{1/\alpha} = e$ 这个事实来证明这一步。柯西从式 (2) 得出结论，在任何情况下，$L(x)$ 的导数是 $\dfrac{1}{x} L(e)$。作为一个推论，他指出自然对数 $\ln(x)$ 的导数为 $\dfrac{1}{x}\ln(e) = \dfrac{1}{x}$。

显然，微分学已经处于他的完全驾驭之下。

介值定理

柯西在分析学领域的声誉不仅仅来自他对极限所作的定义。赢得这种声誉，至少与他察觉如下事实同样有关：微积分的大量定理必须用这

个定义去证明。尽管早先的数学家们已经接受了某些结果，因为它们的正确性或者同直觉相符，或者得到图解的支持，但是柯西对此并不认同，除非可以提出一种代数论证来证明它们。他指出："仅仅通过几何例证或直觉证据就认为可以获得必然结果是一种严重的错误。"[9]这时，人们对他的重要学术地位已经坚信不疑。

他的基本观点表现在介值定理的一个证明中。这个著名的定理从一个在 x_0 和 X（柯西更喜欢指定为一个区间的端点）之间连续的函数 f 开始。如果 $f(x_0) < 0$ 且 $f(X) > 0$，介值定理断言，这个函数在 x_0 和 X 之间**必定**在一个或多个点等于零。

对那些相信眼见为实的人来说，这是再明显不过的事。当某个移动的物体从一个负值连续地达到一个正值时，必然在**某处**穿越 x 轴。如图 6-1 所示，这个介值出现在点 $x = a$，此时 $f(a) = 0$。这不禁使人要问："有什么值得大惊小怪的？"

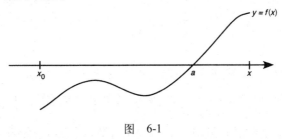

图 6-1

自然，无须大惊小怪之处在于数学家们希望通过分析摆脱直觉的危险和几何图解的诱惑。对柯西来说，即使是显而易见的事实也必须用无可争辩的推理过程证明。

柯西以这种精神开始他对介值定理的证明，首先令 $h = X - x_0$，选定一个自然数 $m > 1$。[10]然后他把从 x_0 到 X 的区间用点 $x_0, x_0 + h/m, x_0 + 2h/m, \cdots, X - h/m, X$ 分成 n 个相等的子区间，并且考虑相关的函数值的序列

$$f(x_0), \ f(x_0 + h/m), \ f(x_0 + 2h/m), \ \cdots, \ f(X - h/m), \ f(X)$$

由于序列的第一项为负值，而最后一项为正值，他指出，当我们从左至右进行时，将会发现具有相反符号的两个相邻的函数值。更确切地说，对于某个自然数 n，有

$$f(x_0 + nh/m) \leqslant 0, \qquad \text{且} \qquad f(x_0 + (n+1)h/m) \geqslant 0$$

我们沿用柯西的记法，把这两个分点表示成 $x_0 + nh/m \equiv x_1$ 和 $x_0 + (n+1)h/m \equiv X_1$。显然，$x_0 \leqslant x_1 < X_1 \leqslant X$，并且从 x_1 到 X_1 的区间的长度为 h/m。

现在他对从 x_1 到 X_1 的较小区间重复这个过程。就是说，将这个小区间分成 m 个相等的子区间，每个子区间的长度为 h/m^2，并且考察函数值的序列

$$f(x_1), \ f(x_1 + h/m^2), \ f(x_1 + 2h/m^2), \ \cdots, \ f(X_1 - h/m^2), \ f(X_1)$$

同前面一样，最左边的值小于或等于零，而最右边的值大于或等于零，所以，必然存在距离为 h/m^2 的两个相邻的点 x_2 和 X_2，其函数值 $f(x_2) \leqslant 0$ 而 $f(X_2) \geqslant 0$。到这一步，我们得到 $x_0 \leqslant x_1 \leqslant x_2 < X_2 \leqslant X_1 \leqslant X$。那些熟悉用对分法对方程式求近似解的人会对柯西的论证过程非常熟悉。

继续运用这种方式，他产生了一个非减序列 $x_0 \leqslant x_1 \leqslant x_2 \leqslant x_3 \leqslant \cdots$ 和一个非增序列 $\cdots \leqslant X_3 \leqslant X_2 \leqslant X_1 \leqslant X$，其中所有的函数值 $f(x_k) \leqslant 0$ 而 $f(X_k) \geqslant 0$，同时 x_k 和 X_k 的间隔为 $X_k - x_k = h/m^k$。当 k 增加时，这个间隔显然减小并趋近零。柯西由此得出结论，递增序列和递减序列必定收敛于一个共同的极限 a。换句话说，存在一点 a，使得 $\lim_{k \to \infty} x_k = a = \lim_{k \to \infty} X_k$。

我们暂不对最后一步作解释。柯西在此为我们现在称为实数完备性性质假设了另外一种形式。柯西已经理所当然地认定，由于序列 $\{x_k\}$ 和 $\{X_k\}$ 的项随意地相互接近，它们必定收敛于一个共同的极限。也许有人

会争辩说他相信这个 a 点的存在，那就如同一开始就简单地相信介值定理一样，是相信一种没有经过检验的直觉。但是这样的评判未免过于苛刻。柯西即使引用了未经检验的假设，他至少已将论证深深地推进到这些中心定理。如果说他未能扫清前进道路上的所有障碍的话，那么，他至少扔掉了大部分碍事的扫帚。

为了完成证明，柯西指出（没有证明）点 a 落在从 x_0 到 X 的原始区间内，然后他利用 f 的连续性得出结论，用现代的表示法，就是

$$f(a) = f\left[\lim_{k \to \infty} x_k\right] = \lim_{k \to \infty} f(x_k) \leqslant 0$$

$$f(a) = f\left[\lim_{k \to \infty} X_k\right] = \lim_{k \to \infty} f(X_k) \geqslant 0$$

用柯西的话说，这两个不等式证实"$f(a)$ 的值……不能不等于零"。因此，他证明了在 x 和 X 之间**存在**一个数 a，满足 $f(a) = 0$。介值定理的一般形式，即连续函数 f 取介于 $f(x_0)$ 和 $f(X)$ 之间的**所有值**，是由此推出的一个简单推论。

这是一个显著的成就。柯西已经通过分析方法在很大程度上成功地证明了"不言而喻的"定理。正如 Judith Grabiner 所说："虽然证明的技巧简单，而证明的基本思想却是革命性的。柯西把这种逼近方法改变成完全不同的东西：证明极限的存在。"[11]

中值定理

我们现在转到微积分的另外一个主题——导数的中值定理。[12]柯西在《无穷小分析》一书中，是从下面的预备定理开始的。

引理   如果函数 f 在 x_0 到 X 之间连续，令 A 为 f' 在这个区间上的最小值，B 为 f' 在这个区间上的最大值，那么

$$A \leqslant \frac{f(X) - f(x_0)}{X - x_0} \leqslant B$$

证明 我们注意，柯西提到 f'，因此他未明说的假设是 f 可微——保证 f 是连续函数。此外，他直接假设导数在区间 $[x_0, X]$ 上达到最大值和最小值。现代的证明方法会更谨慎地对待这些假设。

如果柯西的陈述看起来未免罕见的话，那么他的证明则是从众所周知的环节开始的，因为柯西引入了两个"非常小的数"——δ 和 ε。选择如此小的数 δ 和 ε，使得对于 $i < \delta$ 的所有正数和介于 x_0 和 X 的任意 x 有

$$f'(x) - \varepsilon < \frac{f(x+i) - f(x)}{i} < f'(x) + \varepsilon \tag{3}$$

这是柯西对他的 δ 选择假定的一致性条件。导数的存在无疑意味着，对于任意的 $\varepsilon > 0$ 和任意固定的 x，都存在一个大于零的 δ 使得式（3）的不等式成立。但是这个 δ 既与 ε 有关，又与特定的点 x 有关。如果没有附加的结果或假设，柯西就不能证明所选择的单个 δ 对于整个区间上的所有的 x 都是适合的。

尽管如此，柯西下一步选择点

$$x_0 < x_1 < x_2 < \cdots < x_{n-1} < X$$

细分区间，其中，$x_1 - x_0$，$x_2 - x_1$，…，$X - x_{n-1}$ "具有小于 δ 的值"。对于这些细分重复应用式（3）和 $A \leq f'(x) \leq B$ 的事实，得到

$$A - \varepsilon < f'(x_0) - \varepsilon < \frac{f(x_1) - f(x_0)}{x_1 - x_0} < f'(x_0) + \varepsilon < B + \varepsilon$$

$$A - \varepsilon < f'(x_1) - \varepsilon < \frac{f(x_2) - f(x_1)}{x_2 - x_1} < f'(x_1) + \varepsilon < B + \varepsilon$$

$$\vdots$$

$$A - \varepsilon < f'(x_{n-1}) - \varepsilon < \frac{f(X) - f(x_{n-1})}{X - x_{n-1}} < f'(x_{n-1}) + \varepsilon < B + \varepsilon$$

柯西然后指出："如果用这些分子的和除以这些分母的和，就得到介于极限 $A - \varepsilon$ 和 $B + \varepsilon$ 之间的一个**平均**分数。"这里他利用了如下事实：如

果 $b_k > 0$ （$k=1, 2, \cdots, n$），并且对所有的 k 有 $C < \dfrac{a_k}{b_k} < D$，那么

$C < \sum_{k=1}^{n} a_k \Big/ \sum_{k=1}^{n} b_k < D$。将这个结果应用于上述不等式，他求出

$$A - \varepsilon < \frac{f(x_1) - f(x_0) + f(x_2) - f(x_1) + \cdots + f(X) - f(x_{n-1})}{(x_1 - x_0) + (x_2 - x_1) + \cdots + (X - x_{n-1})} < B + \varepsilon$$

化简后得到 $A - \varepsilon < \dfrac{f(X) - f(x_0)}{X - x_0} < B + \varepsilon$。柯西用下面的话结束了证明：

"由于这个结果对于无论怎样小的数 ε 都成立，可以断言表达式 $\left[\dfrac{f(X) - f(x_0)}{X - x_0} \right]$ 的值将被限定在 A 和 B 之间。" ■

这是一个有趣的论证，这个被一致性问题困扰的论证还展示了一位天才如何处理不等式和利用现在无处不在的 ε 和 δ 得到期望的结论。如果在牛顿和莱布尼茨的早期就达到这种程度的普遍性和具备一定程度的严格性，那么就不会有人感到困惑了。

柯西随后使用这个引理证明他的中值定理。

定理 如果函数 f 及其导数 f' 在 x_0 和 X 之间连续，那么对于介于 0 和 1 之间的某个 θ，我们有

$$\frac{f(X) - f(x_0)}{X - x_0} = f'[x_0 + \theta(X - x_0)]$$

证明 根据一般形式的介值定理，f' 连续性的假设保证了 f' 的值必定取介于它的最小值(A)和最大值(B)之间的任何值。按照引理，数值 $\dfrac{f(X) - f(x_0)}{X - x_0}$ 就是这样一个介值，所以，正如柯西对它的说明"存在介于 0 和 1 之间的一个值 θ，足以满足等式

$$\frac{f(X) - f(x_0)}{X - x_0} = f'[x_0 + \theta(X - x_0)]"$$ ■ (4)

式 (4) 中的结论与现代教科书中的结论的不同之处仅在于书写习惯

上的差别，现在用 c 代替柯西的 $x_0 + \theta(X - x_0)$，其中 $0 < \theta < 1$ 自然意味着 $x_0 < c < X$。

这就是导数的中值定理，尽管是在柯西的导数连续性的假设下证明的，这个假设保证 f' 取介于 A 和 B 之间的所有中间值。事实上，这个假设是没有必要的，中值定理的现代证明没有用这个假设，也是非常精彩的。此外，不论导数是否连续，它们都取所有中间值，这是我们将在第 10 章证明的一个引人注目的结果。

在 19 世纪 20 年代，这些绚丽的结果尚不清晰，而柯西的见识在他那个时代是重要的，但是并非定论。不过，他已经确定了中值定理作为严格的微积分发展的中心位置，这种位置一直保留至今。

积分和微积分基本定理

同柯西的极限方法一样，他的积分定义也将在整个微积分的发展历史中掀起轩然大波。我们回忆一下，当初莱布尼茨将积分定义为无限多个无穷小的被加数的和并用符号 $\int$ 表示。看起来也许奇怪，直到 19 世纪初，还没有人从这个角度来理解积分。相反，人们一直把积分主要看成微分的逆过程，使其在数学概念的殿堂中处于次要位置。例如，欧拉在他影响深远的关于**积分学**的三卷教科书中是以下述定义开始的。

定义 积分学是从给定微分的变量寻找变量自身的方法，产生这种变量的运算称为积分。[13]

欧拉认为积分依赖于微分并且因此而从属于微分。

柯西不同意这种观点。他认为积分必须是独立存在的，并且有相应的定义。因此，在 19 世纪即将消逝的时候，他发起了一次变革，将积分置于分析学的聚光灯下。

他从区间 $[x_0, X]$ 上的连续函数 f 着手。[14]虽然连续性对于柯西的定义是至关重要的，但是他显然没有假设 f 是某个其他函数的导数。他把区间细分为他所谓的"单元" $x_1 - x_0$， $x_2 - x_1$， $x_3 - x_2$， ⋯， $X - x_{n-1}$，并且令

$$S = (x_1 - x_0)f(x_0) + (x_2 - x_1)f(x_1) + (x_3 - x_2)f(x_2)$$
$$+ \cdots + (X - x_{n-1})f(x_{n-1})$$

我们知道，这是这些子区间上函数图形下方的左侧矩形面积之和，但是在柯西的《无穷小分析》中，没有提及此处的几何意义，也没有给出现在惯用的图解。然而，他指出"S 的值显然依赖于：(1) 把差值 $X - x_0$ 细分成单元的个数 n；(2) 由采用的划分方式决定的这些单元的值"。他进一步宣称："值得注意的是，如果单元的数值差别非常小，而单元数 n 非常大，那么细分的方式对 S 值的影响就微乎其微了。"

柯西给出了支持最后这个论断的一个论证。这个论证假定了函数的一致连续性，这就是还没有被认识的"一个 δ 适合于一切场合"的条件。通过这种方式，他相信自己已经证明了下面的结果。

> 如果在增加单元的数量时，我们无限地减小这些单元的值[即 $x_1 - x_0$， $x_2 - x_1$， $x_3 - x_2$， ⋯， $X - x_{n-1}$ 的值]，那么 S 的值最终将趋近某个确定的极限，此极限仅依赖于函数 $f(x)$ 的表达式和变量 x 所能取的极端值 x_0 和 X。这个极限就是我们所说的定积分。

柯西继承了约瑟夫·傅里叶（1768—1830）采用 $\int_{x_0}^{X} f(x)\mathrm{d}x$ 作为所论及极限的"最简单的"记号。

柯西的定义远非完美，多半是因为它仅仅适用于连续函数。尽管如此，它仍然是具有重大意义的进展，使得在两个关键问题上再无悬念：(1) 积分是一种**极限**，(2) 积分的存在同反微分法无关。

按照柯西的一贯做法，他用定义证明基本的结果。其中一部分是一般法则，例如和的积分等于积分的和这样的事实。其他是一些特殊的公

式，例如 $\int_{x_0}^{X} x\mathrm{d}x = \dfrac{X^2 - x_0^2}{2}$ 或 $\int_{x_0}^{X} \dfrac{\mathrm{d}x}{x} = \ln\left(\dfrac{X}{x_0}\right)$。柯西证实，对于连续函数 f，存在一个介于 0 和 1 之间的值 θ 使等式

$$\int_{x_0}^{X} f(x)\mathrm{d}x = (X - x_0)f[x_0 + \theta(X - x_0)] \tag{5}$$

成立。读者会认出这就是积分的中值定理。

　　甚至在不提出导数的情况下就走了这么远，这时，柯西作好了把绝妙的微分思想和积分思想结合在一起的准备。统一的结果就是我们所说的微积分基本定理。作为所有数学中的重要定理之一，由历史上最卓越的分析学家之一证明，这个定理确实值得我们关注。[15]

　　柯西照常从连续函数 f 开始，但是这一次，他在考虑它的积分时令积分的上限为变量。就是说，他定义了函数 $\Phi(x) = \int_{x_0}^{x} f(x)\mathrm{d}x$，不过为清楚起见我们现在将它表示为 $\Phi(x) = \int_{x_0}^{x} f(t)\mathrm{d}t$。柯西证明

$$\begin{aligned}
\Phi(x+\alpha) - \Phi(x) &= \int_{x_0}^{x+\alpha} f(x)\mathrm{d}x - \int_{x_0}^{x} f(x)\mathrm{d}x \\
&= \int_{x_0}^{x} f(x)\mathrm{d}x + \int_{x}^{x+\alpha} f(x)\mathrm{d}x - \int_{x_0}^{x} f(x)\mathrm{d}x \\
&= \int_{x}^{x+\alpha} f(x)\mathrm{d}x
\end{aligned}$$

此外，由式（5）可知，存在介于 0 和 1 之间的 θ，使得

$$\int_{x}^{x+\alpha} f(x)\mathrm{d}x = (x+\alpha-x)f[x+\theta(x+\alpha-x)] = \alpha f(x+\theta\alpha)$$

总之，对 θ 的某个值有 $\Phi(x+\alpha) - \Phi(x) = \alpha f(x+\theta\alpha)$。

　　对柯西来说，最后一个等式说明 Φ 是连续的，因为 x 增加一个无穷小量就导致 Φ 增加一个无穷小量。或者，我可以把它写成

$$\begin{aligned}
\lim_{\alpha\to 0}\left[\Phi'(x+\alpha) - \Phi(x)\right] &= \lim_{\alpha\to 0}\alpha f(x+\theta\alpha) = \lim_{\alpha\to 0}\alpha \cdot \lim_{\alpha\to 0} f(x+\theta\alpha) \\
&= \lim_{\alpha\to 0}\alpha \cdot f(\lim_{\alpha\to 0}[x+\theta\alpha]) = 0 \cdot f(x) = 0
\end{aligned}$$

其中，函数 f 在 x 连续意味着 $\lim\limits_{\alpha\to 0} f(x+\theta\alpha) = f(x)$。因此，$\lim\limits_{\alpha\to 0}\Phi(x+\alpha)$

$= \Phi(x)$，所以 Φ 在 x 连续。

但是柯西在追求更大的目标，因为进一步推出

$$\Phi'(x) = \lim_{\alpha \to 0}\left[\frac{\Phi(x+\alpha) - \Phi(x)}{\alpha}\right] = \lim_{\alpha \to 0}\frac{\alpha f(x+\theta\alpha)}{\alpha}$$

$$= \lim_{\alpha \to 0} f(x + \theta\alpha) = f(x)$$

为了保证不使人误解，柯西将上式改写成

$$\frac{\mathrm{d}}{\mathrm{d}x}\int_{x_0}^{x} f(x)\mathrm{d}x = f(x) \tag{6}$$

这正是微积分基本定理的"最初形式"。在式（6）中，微分和积分的反向性质跃然纸上。

对积分进行微分之后，柯西下一步说明如何对导数积分。他从一个他称之为"问题"的简单而重要的结果入手。

问题 如果 ω 的是一个导数处处为零的函数，那么 ω 是常值函数。

证明 我们在函数定义域中固定一点 x_0。如果 x 是定义域中另外一点，那么中值定理（4）保证在 0 和 1 之间存在一个 θ 使得

$$\frac{\omega(x) - \omega(x_0)}{x - x_0} = \omega'\left[x_0 + \theta(x - x_0)\right] = 0$$

所以，$\omega(x) = \omega(x_0)$。柯西继续他的证明，对于所有的 x，"如果指定常量 $\omega(x_0)$ 为 c，那么 $\omega(x) = c$"。总之，ω 正如要求的那样为常值函数。∎

他现在作好了建立微积分基本定理第二种形式的准备。柯西假设函数 f 是连续函数，而 F 是对所有 x 具有 $F'(x) = f(x)$ 的函数。如果 $\Phi(x) = \int_{x_0}^{x} f(x)\mathrm{d}x$，他从式（6）知道 $\Phi'(x) = f(x)$。令 $\omega(x) = \Phi(x) - F(x)$，柯西推导出

$$\omega'(x) = \Phi'(x) - F'(x) = f(x) - f(x) = 0$$

因此，存在一个常数 c 使得 $c = \omega(x) = \Phi(x) - F(x)$。他将 $x = x_0$ 代入最后这个等式，得到

$$c = \Phi(x_0) - F(x_0) = \int_{x_0}^{x_0} f(x)\mathrm{d}x - F(x_0) = 0 - F(x_0) = -F(x_0)$$

它推出 $\int_{x_0}^{x} f(x)\mathrm{d}x = \Phi(x) = F(x) + c = F(x) - F(x_0)$。将积分上限改成 X 以后，柯西得到了他想要的结果：

$$\int_{x_0}^{X} f(x)\mathrm{d}x = F(X) - F(x_0) \tag{7}$$

---

(16) $$\mathfrak{f}(x) = \int_{x_0}^{x} f(x)\, dx = \mathbf{F}(x) + \varpi(x).$$

Si, de plus, les fonctions $f(x)$ et $F(x)$ sont l'une et l'autre continues entre les limites $x = x_0$, $x = \mathrm{X}$, la fonction $\mathfrak{f}(x)$ sera elle-même continue, et par suite $\varpi(x) = \mathfrak{f}(x) - \mathbf{F}(x)$ conservera constamment la même valeur entre ces limites, entre lesquelles on aura

$$\varpi(x) = \varpi(x_0),$$

$$\mathfrak{f}(x) - \mathbf{F}(x) = \mathfrak{f}(x_0) - \mathbf{F}(x_0) = -\mathbf{F}(x_0), \qquad \mathfrak{f}(x) = \mathbf{F}(x) - \mathbf{F}(x_0),$$

(17) $$\int_{x_0}^{x} f(x)\, dx = \mathbf{F}(x) - \mathbf{F}(x_0).$$

Enfin, si dans l'équation (17) on pose $x = \mathrm{X}$, on trouvera

(18) $$\int_{x_0}^{\mathrm{X}} f(x)\, dx = \mathbf{F}(\mathrm{X}) - \mathbf{F}(x_0).$$

柯西对微积分基本定理的证明（1823）

为了看出反向关系，我们仅需用 $F'(x)$ 代替 $f(x)$，并将式（7）写成 $\int_{x_0}^{X} F'(x)\mathrm{d}x = F(X) - F(x_0)$。基本定理的这种形式对导数进行积分，因此是对它先前形式的补充。

所以，当对从 x_0 到 X 的区间上的连续函数 f 积分时，**如果求出一个反导数** F，那么我们可以简化柯西给出的用区间上的"单元"以及求和与求极限的复杂的定义。在这种适宜的条件下，求积分的值变成轻而易举的事情，只需将 x_0 和 X 代入 F 即可。甚至可以说式（7）代表全部数学中最大的简化。

虽然基本定理在微积分的任何严格推导中都是名副其实的顶峰，但是我们还是要从分析学的另外一隅来结束本章，就是柯西有着重大影响的领域：无穷级数。

两个收敛判别法

像牛顿、莱布尼茨和欧拉这些前辈们一样，柯西也是一位无穷级数的大师。但是与他的前辈们不同，他认识到必须谨慎对待收敛和发散的问题，以免发散级数把数学家们引入歧途。柯西处在这样一个位置上，提供级数收敛判别法似乎是他义不容辞的责任，而柯西在这条战线上果然不负重望。

首先我们必须就柯西对无穷级数之和的定义说几句话。早期的数学家们在计算特殊级数中具有令人惊异的智慧，在处理这些级数时往往从整体上把它们当作单个表达式，这种表达式的特性或多或少地同对应的有限项级数相似。对柯西来说，$\sum_{k=0}^{\infty} u_k$ 的意义非常微妙。它需要有一个精确的定义，以便不但确定它的值，而且确定它是否确实**存在**。

柯西的方法如今是众所周知的。他引入了部分和序列

$$S_1 = u_0, \ S_2 = u_0 + u_1, \ S_3 = u_0 + u_1 + u_2, \ \text{一般形式为} S_n = \sum_{k=0}^{n-1} u_k$$

然后把无穷级数的值定义为这个序列的极限，即 $\sum_{k=0}^{\infty} u_k \equiv \lim_{n \to \infty} S_n = \lim_{n \to \infty} \sum_{k=0}^{n-1} u_k$，只要极限存在，而在这种情况下，"级数称为**收敛的**，极限……称为级数的和"。[16] 同柯西对导数和积分的处置一样，他在极限的牢固基础上建立了无穷级数理论。

这是一个富有独创性的见解，尽管在这个过程中柯西犯了一个疏忽

的错误。他根据部分和相互越来越接近的事实，就一次又一次地断言部分和的极限存在。他所说的越来越接近是指对于任意 $\varepsilon > 0$，存在一个下标 N，使得对于所有的 $k \geqslant 1$，S_N 和 S_{N+k} 之间的差都小于 ε。出于对他的敬意，我们现在把具有这种特性的序列称为"柯西序列"。

然而，他并没有对项之间相互任意接近的序列就一定收敛于某个极限的思想提供证明。正如上面指出的，这个条件是完备性性质的另一种形式，是极限理论的逻辑基础，因此现在是支撑微积分理论的基础。对现代数学家来说，完备性是必须得到解决的，不论是从一个更基本的实数定义导出它还是把它作为一个公理接受。人们可能认为，柯西或多或少是采用后面一种做法，尽管在显式假定某件事（作为一个公理）或者隐式包含它（作为一种失误）之间存在差别。

在任何情况下，他都将柯西序列收敛作为不需证明的事实。具有讽刺意味的是对于我们用他的名字命名的序列，他却没有完全理解。但是这个讽刺不但没有降低他的声望，反倒增强了我们先前的看法，就是难解的思想需要假以时日才能臻于成熟。

以这段开场白作为开端，我们现在考察柯西用于证实无穷级数收敛的两个检验法。这两个证明都是基于对非负项级数的比较检验法，这个检验法说明，如果对所有的 k 都有 $0 \leqslant a_k \leqslant b_k$，并且如果 $\sum_{k=0}^{\infty} b_k$ 收敛，那么 $\sum_{k=0}^{\infty} a_k$ 也收敛。现在，比较检验法是通过前面提及的完备性性质证明的，并且它仍旧是证实级数收敛的最容易的方法之一。

柯西将我们的第一个结果——根检验法叙述如下。

定理　对于无穷级数 $u_0 + u_1 + u_2 + u_3 + \cdots + u_k + \cdots$，求出表达式 $|u_k|^{1/k} = \sqrt[k]{|u_k|}$ 收敛到的一个极限或一些极限，并且令 λ 为这些极限中的最大者。那么，当 $\lambda < 1$ 时级数收敛，当 $\lambda > 1$ 时，级数发散。[17]

在继续进行之前，我们需要澄清几点事实。第一，柯西没有像我们这样用绝对值记号。他用 ρ_k 表示 u_k 的"数值"或者"模"，并且通过 ρ_k 表示根检验法的结构。自然，这无非是一种符号约定，没有实质性差别。

也许鲜为人知的是他把 λ 称为极限中的最大者。同样，我们如今对 λ 有一个术语**上极限**，并且用 $\lambda = \limsup |u_k|^{1/k}$ 或 $\lambda = \overline{\lim} |u_k|^{1/k}$ 代替柯西的文字描述。

对于不熟悉这个概念的读者，举个例子会有助于理解。假定我们考察无穷级数 $\sum_{k=0}^{\infty} u_k = 1 + \frac{1}{3} + \frac{1}{4} + \frac{1}{27} + \frac{1}{16} + \frac{1}{243} + \frac{1}{64} + \frac{1}{2187} + \cdots$，其中的项交替为 3 的某个乘方的倒数和 2 的某个乘方的倒数。可以看出，级数的项 $u_0, u_1, u_2, u_3, \cdots$ 服从下述规则：

$$\begin{cases} u_{2k} = \dfrac{1}{2^{2k}}, \ k = 0, \ 1, \ 2, \ \cdots \\ u_{2k+1} = \dfrac{1}{3^{2k+1}}, \ k = 0, \ 1, \ 2, \ \cdots \end{cases}$$

如果仅看偶数下标项，发现它们的根的极限为 $\lim\limits_{k \to \infty} \sqrt[2k]{1/2^{2k}} = \dfrac{1}{2}$，然而如果仅看奇数下标项，我们得到根的极限为 $\lim\limits_{k \to \infty} \sqrt[2k+1]{1/3^{2k+1}} = \dfrac{1}{3}$。用现代的说法，序列 $\left\{ |u_k|^{1/k} \right\}$ 有一个收敛于 $\dfrac{1}{2}$ 的子序列和另一个收敛于 $\dfrac{1}{3}$ 的子序列。在这个例子中，λ 的较大值是 $\lambda = \dfrac{1}{2}$。

柯西在《无穷小分析》一书中对根检验法的证明同现代教科书中的证明实质上是一样的。他从 $0 < \lambda < 1$ 的情况开始，然后固定一个数 μ，使得 $\lambda < \mu < 1$。他的关键发现是如果 $|u_k|^{1/k}$ 的"最大值最终不变得小于 μ"，那么"就不能无限地趋近极限 λ"。作为一个推论，他知道存在这样一个整数 m，使得对所有的 $k \geqslant m$，我们有 $|u_k|^{1/k} < \mu$，所以 $|u_k| < \mu^k$。然后，他考察两个无穷级数

$$\left|u_m\right|+\left|u_{m+1}\right|+\left|u_{m+2}\right|+\cdots\leqslant\mu^m+\mu^{m+1}+\mu^{m+2}+\cdots$$

其中，右边的等比级数由于 $\mu<1$ 而收敛。根据比较检验法，柯西推出 $\sum_{k=0}^{\infty}\left|u_k\right|$ 收敛，因此 $\sum_{k=0}^{\infty}u_k$ 也收敛。总之，如果 $\lambda<1$，那么级数收敛。例如，级数 $1+\dfrac{1}{3}+\dfrac{1}{4}+\dfrac{1}{27}+\dfrac{1}{16}+\dfrac{1}{243}+\dfrac{1}{64}+\dfrac{1}{2187}+\cdots$ 收敛，因为 $\lambda=1/2$。

他对级数发散情况（$\lambda>1$）下的证明是相似的。为了显示根检验法的重要性，柯西应用它确定我们现在所说的麦克劳林级数 $\sum_{k=0}^{\infty}\dfrac{f^{(k)}(0)}{k!}x^k$ 的收敛半径，而从那里一种幂级数的严格理论呼之欲出了。

还有一些其他的收敛检验法分散在柯西的选集中，例如比率检验法（归功于达朗贝尔）和柯西并项检验法。[18] 后面一种检验法从级数 $\sum_{k=0}^{\infty}u_k$ 着手，其中 $u_0\geqslant u_1\geqslant u_2\geqslant\cdots\geqslant0$ 是正项的非增序列。柯西证明了原级数与"并项的"级数 $u_0+2u_1+4u_3+8u_7+\cdots+2^k u_{2^k-1}+\cdots$ 同时收敛或者同时发散。在这种情况下，对一些项的子集选择的某些倍数告诉我们全部需要知道的原始无穷级数的特性。这似乎太奇妙了，以至令人难以置信。

在结束本节时我们介绍柯西成就中一个不太知名的收敛检验法。这个检验法再次展示他在这个主题上无穷的魅力。[19]

定理　如果 $\sum_{k=1}^{\infty}u_k$ 是一个正项级数，它的项满足 $\lim_{k\to\infty}\dfrac{\ln(u_k)}{\ln(1/k)}=h>1$，那么级数收敛。

证明　同根检验法一样，柯西找到一个在 1 与 h 之间的"缓冲区"，并选择其间的一个实数 a（$1<a<h$）。这保证存在一个正整数 m，使得对于所有的 $k\geqslant m$，有 $\dfrac{\ln(u_k)}{\ln(1/k)}>a$。由此，他注意到

$$a<\frac{\ln(u_k)}{\ln(1/k)}=\frac{-\ln(u_k)}{\ln k}，\quad\text{所以}\quad a\ln k<\ln\left(\frac{1}{u_k}\right)$$

对不等式两端取幂，他推导出 $k^a < \dfrac{1}{u_k}$。所以对于所有的 $k \geqslant m$ 都有

$u_k < \dfrac{1}{k^a}$。但是，由于 $a>1$，$\sum\limits_{k=m}^{\infty}\dfrac{1}{k^a}$（现在称为 p 级数）收敛，所以由比

较检验法可知原级数 $\sum\limits_{k=1}^{\infty}u_k$ 收敛。∎

作为一个例子，考察级数 $\sum\limits_{k=1}^{\infty}\dfrac{\ln(k)}{k^p}$，其中 $p>1$。柯西检验法要求我

们求 $\lim\limits_{k\to\infty}\dfrac{\ln[\ln(k)/k^p]}{\ln(1/k)}$，这进而提示我们首先对商

$$\frac{\ln[\ln(k)/k^p]}{\ln(1/k)}=\frac{\ln[\ln(k)]-p\ln(k)}{-\ln(k)}=-\frac{\ln[\ln(k)]}{\ln(k)}+p$$

进行简化。根据洛必达法则，$\lim\limits_{k\to\infty}\left(-\dfrac{\ln[\ln(k)]}{\ln(k)}+p\right)=p>1$，由柯西检验

法确定 $\sum\limits_{k=1}^{\infty}\dfrac{\ln(k)}{k^p}$ 收敛。这是一个很有趣的结果。

在告别奥古斯丁·路易·柯西之前，我们要略表歉意并且作一点展望。我们致歉是因为这一章读起来宛如一本分析学教科书的概要。事实上，对于柯西的影响力的证明，莫过于他取得的那些"最大的成果"如今成为分析学这门学科的核心和灵魂。依据极限的思想，他建立了初等实分析，所用的方法人们至今还在效仿。正如 Eric Temple Bell 作出的恰如其分的评论，柯西处于舞台的中央，这也是这一章成为本书最长一章的原因。很难有别的选择。

这把我们的目光引向未来。所有这些赞赏不是暗示我们，柯西之后探索就终止了。至少在三个前沿领域尚有工作有待完成。这便是接下来的几章将要讨论的题材。

首先，他的定义可以用更一般的形式给出，而他的证明可以按更严格的方式进行。例如，积分的一个圆满的定义应该不限于对连续函数，

并且一致性的困扰问题必须得到澄清和解决。这些任务将主要落到德国数学家格奥尔格·弗雷德里希·波恩哈德·黎曼和卡尔·魏尔斯特拉斯两人的肩上。在一定的意义上，他们对数学的精确性给出了权威的诠释。

其次，柯西提出的关于连续性、可微性和可积性更具理论意义的研究方法，激励着那些继续寻找这几种概念之间的内在联系的人。这样的联系在整个 19 世纪将使数学家们魂牵梦绕，而他们得到的定理和反例将会带来大量的惊奇。

最后，出于理解实数完备性的需要，提出了关于实数根本性质的问题。这些问题的答案同后来的集合论的结合，将要改变分析学的面貌，尽管，活跃在 1840 年前后的数学家们并没有意识到一场革命即将来临。

但是，**任何**活跃在 1840 年前后的数学家都知道柯西。关于这个方面，我们要引用数学史专家 Carl Boyer 的权威性评论，他在其微积分发展史研究的经典著作中写道："柯西通过[他的]研究成果，对这门学科产生的影响超越了当今任何其他人。"[20]

从很实际的意义上说，所有后来的人都算是他的门徒。

参考文献

[1] Eric Temple Bell, *Men of Mathematics*, Simon & Schuster, 1937, p. 292。

[2] 《分析教程》（*Cours d'analyse*）可见于 Cauchy, *Oeuvres*, ser. 2, vol. 3；《无穷小分析教程概论》（*Calcul infinitésimal*）收入 Augustin-Louis Cauchy, *Oeuvres*, ser. 2, vol. 4。

[3] Augustin-Louis Cauchy, *Oeuvres*, ser. 2, vol. 4, 收入 *Advertisement of the Calcul infinitésimal*。

[4] 同[3], p. 13。

[5] 同[3], p. 16。

[6] 同[3], p. 20。

[7] 同[3], p. 19。

[8] 同[3], p. 23。

[9]   Morris Kline, *Mathematical Thought from Ancient to Modern Times*, Oxford University Press, 1972, p. 947。

[10] Augustin-Louis Cauchy, *Oeuvers*, ser. 2, vol. 3, pp. 378-380。或者参见 Judith Grabiner, *The Origins of Cauchy's Rigorous Calculus*, MIT Press, 1981, pp. 167-168 (英译本)。

[11] Judith Grabiner,*The Origins of Cauchy's Rigorous Calculus*, MIT Press, 1981, p. 69。

[12] Augustin-Louis Cauchy, *Oeuvres*, ser. 2, vol. 4, pp. 44-46。

[13] Leouhard Euler, *Opera omnia*, ser. 1,vol. 11, p. 5。

[14] 柯西的积分论出自 Cauchy, *Oeuvres*, ser. 2, vol. 4, pp. 122-127。

[15] 同[14], pp. 151-155。

[16] 同[14], p. 220。

[17] 同[14], pp. 226-227。

[18] Augustin-Louis Cauchy, *Oeuvres*, ser. 2, vol. 3, p. 123。

[19] 同[18], pp. 137-138。

[20] Carl Boyer, *The Concepts of Calculus*, Hafner, 1949, p. 271。

第7章

黎 曼

格奥尔格·弗雷德里希·波恩哈德·黎曼（1826—1866）

在我们的故事叙述到这里的时候，"函数"已经在分析学中占据了举足轻重的位置。乍看起来，它像是一个简单的甚至平淡无奇的概念。但是，当函数大家族繁衍得越来越复杂和越来越奇特时，数学家们意识到他们只不过抓到了一只函数概念老虎的尾巴。

为清楚地勾勒这一演化过程，我们简要地回顾一下函数的起源。正如我们所看到的，像牛顿和莱布尼茨这样一些 17 世纪的学者们相信，他们创立的新学科的原始研究材料就是曲线，这个来自于几何或直观方法的概念将会被后来的分析学家们摒弃。

在很大程度上由于欧拉的影响，人们的注意力才从曲线转移到函数。这一观点上的重大转变是从他的《无穷小分析引论》一书出版开始的，书中把实分析学定位为对函数及其特性的研究。

欧拉对这个问题的论述最早出现在这本《引论》中。他首先区分了**常量**（"始终保持同一个值"的量）和**变量**（"不确定的或通用的可以取任何值的量"），然后提出如下定义：变量的函数是由变量与数值或常量以任何方式构成的解析表达式。[1] 他给出了一些函数例子，像 $a+3z$，$az+b\sqrt{a^2-z^2}$ 以及 c^z。

这些思想对于"曲线"来说是一种巨大的进步，并且代表着代数方法对于几何方法取得的成功。然而，他的定义需要通过解析表达式来界定函数，即用**公式**表示函数。这样一种界定方式使数学家们陷入某些稀奇古怪的困境。例如，图 7-1 所示的函数 $f(x)=\begin{cases} x, & x\geq 0 \\ -x, & x<0 \end{cases}$ 曾被认为是不连续的，这不是因为它的图形跳变而是因为它的**公式**跳变。自然，按照现代的（即柯西的）定义，这个函数是完全连续的。更糟糕的是，像柯西所说的那样，我们还可以把这个函数用单一的公式 $g(x)=\sqrt{x^2}$ 表示。

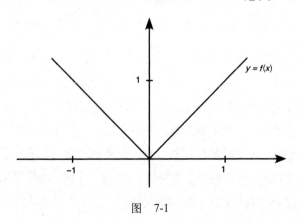

图　7-1

看起来有充足的理由对于函数究竟是什么采用某种更加开放和宽松的观点。欧拉在给出上述定义几年之后，朝这个方向迈出了一步。他在 1755 年的《微分学基础》这本教材中写道：

那些依赖于其他量的量……，即那些当其他量变化时随之改变的量，称为这些量的函数。这个定义适用的范围更宽，并且包含一个量可以由其他量确定的所有方式。[2]

重要的是要注意，欧拉这一次没有明确提出解析表达式，尽管他在函数的例子中再次给出像 $y = x^2$ 这样大家熟悉的公式。

斗转星移，当历史从 18 世纪进入 19 世纪的时候，函数重新出现在现实世界的弦振动和热扩散等一些问题的研究中。这个故事已经被重复讲述过多次了（例如，参见[3]和 [4]），因此，我们在这里仅关注函数演义中的关键人物——约瑟夫·傅里叶。他开始相信定义在 $-a$ 和 a 之间的任何函数（无论它代表一条弦的位置，还是一根杆中的热分布，甚至某种完全"任意的"东西）都可以表示成我们现在所谓的傅里叶级数：

$$f(x) = \frac{1}{2}a_0 + \sum_{k=1}^{\infty} \left(a_k \cos \frac{n\pi x}{a} + b_k \sin \frac{n\pi x}{a} \right)$$

其中系数 a_k 和 b_k 由

$$a_k = \frac{1}{a} \int_{-a}^{a} f(x) \cos \frac{n\pi x}{a} \mathrm{d}x \quad \text{和} \quad b_k = \frac{1}{a} \int_{-a}^{a} f(x) \sin \frac{n\pi x}{a} \mathrm{d}x \quad (1)$$

给定。为了不使他的读者对这种表示的普遍性程度产生错觉，傅里叶解释他的结果适用于"一个完全任意的函数，也就是说，一组连续的已知值，不论它们是否服从某个共同的定律"。他接着将函数 $y = f(x)$ 的值描述为一个接一个的值，它们"以任何可能的方式出现，并且其中的每个值如同一个单一的量给出"。[5]

这个解释扩展了"已故欧拉"对于函数的见解：函数可以在定义域的任何点上随意取值。在另一方面，并不清楚式（1）中的公式是否总是成立。系数 a_k 和 b_k 为积分式，但是，我们怎么知道这些积分对一般函数都是有意义的？傅里叶在这里至少隐讳地提出了定积分的**存在**问题，或者按现代的术语，函数是否可积的问题。

如前所述，傅里叶错误地夸大了他的例子，因为不是所有函数都可以表示成傅里叶级数，也不是所有函数都可以按式（1）的需求积分。此外，他同以前的欧拉一样，实际上把自己限制在一些很常规的和具备良好特性的函数的例子上。若是要理解一个真正"任意的"函数的概念，那么必须有人给出一个这样的函数。

狄利克雷函数

此人就是彼得·古斯塔夫·勒热纳·狄利克雷（1805—1859），他是一位才华横溢的数学家，曾在德国师从高斯，在法国向傅里叶学习。狄利克雷在其一生中对数学的很多分支作出过贡献，从数论到分析，再到这两门学科的奇妙结合——我们可以把它恰如其分地称为解析数论。

这里我们仅考察狄利克雷 1829 年的论文"论三角级数的收敛性，这种级数表示一个介于已知界限之间的任意函数"中的一部分。[6] 在这篇论文中，他讨论了函数的可表示性问题，用像式（1）那样的一个傅里叶级数表示函数，以及其中隐含的决定系数的那些积分是否存在的问题。

回忆一下，柯西是对于定义在区间 $[\alpha, \beta]$ 上的连续函数定义他的积分的。用我们现在所谓的"反常积分"，柯西将其思想扩展到在区间 $[\alpha, \beta]$ 上具有有限个不连续点的函数。例如，若函数 f 在区间 $[\alpha, \beta]$ 内除了一个点 r 外连续（如图 7-2 所示），那么柯西将积分定义为

$$\int_\alpha^\beta f(x)\mathrm{d}x = \int_\alpha^r f(x)\mathrm{d}x + \int_r^\beta f(x)\mathrm{d}x \equiv \lim_{t \to r^-} \int_\alpha^t f(x)\mathrm{d}x + \lim_{t \to r^+} \int_t^\beta f(x)\mathrm{d}x$$

其中假设所有的极限存在。如果 f 在 $r_1 < r_2 < r_3 < \cdots < r_n$ 不连续，我们将积分类似地定义为

$$\int_{\alpha}^{\beta} f(x)\mathrm{d}x \equiv \int_{\alpha}^{r_1} f(x)\mathrm{d}x + \int_{r_1}^{r_2} f(x)\mathrm{d}x + \int_{r_2}^{r_3} f(x)\mathrm{d}x + \cdots + \int_{r_n}^{\beta} f(x)\mathrm{d}x$$

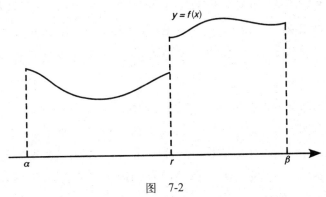

图　7-2

　　然而，如果函数在区间 $[\alpha, \beta]$ 上具有**无限多**不连续点，柯西积分就不适用了。狄利克雷提出可以用一种新的包容性更强的积分理论来处理此类函数，这种理论同"无穷小量分析的基本原理"相关。他从来没有在这个方面提出过什么思想，也从来没有指出过如何对高度不连续的函数积分。但是，他给出了一个说明这种情况存在的例子。

　　他写道："假定当自变量 x 取有理数时，函数 $\phi(x)$ 等于一个确定的常数 c，当自变量 x 取无理数时，函数 $\phi(x)$ 等于另一个确定的常数 d。"[7]这就是我们现在所说的狄利克雷函数，它可简单地表示成

$$\phi(x) = \begin{cases} c, & x \text{ 为有理数} \\ d, & x \text{ 为无理数} \end{cases} \tag{2}$$

　　根据傅里叶的定义，ϕ 当然是一个函数：对于每一个 x 都存在一个对应的 y，虽然这种对应不是来自（显式的）解析公式。但是，由于在数轴上无理数与有理数完全掺合在一起——在任意两个有理数之间必然存在一个无理数，反之亦然——所以，不可能画出这个函数的图形来。因此当我们从任何区间上移动时，不论这个区间多么小，ϕ 的图形总是在 c 和 d 之间无限地来回跳变。这样的情况是不能画出图形的，甚至是

无法想象的。

更糟糕的是，ϕ 根本不存在连续的点。这同样是由于有理数和无理数的混杂造成的。回忆一下，柯西用 $\lim_{i \to 0}\big[\phi(x+i)-\phi(x)\big]=0$ 定义 ϕ 在一点 x 连续。当 i 向 0 移动时，它穿越无限多有理数点和无理数点。因此，$\phi(x+i)$ 急剧地来回跳变，所以论及的极限不仅不等于零，甚至也不存在。由于对于任意的 x 都是这种情况，所以这个函数没有连续的点。

这个例子的意义是双重的。首先，它表明傅里叶的任意函数的思想已经成为处理它的有效方法。在狄利克雷之前，即使是那些支持更普通的函数概念的人，按照数学史家 Thomas Hawkins 的说法，"也没有认真理解这种思想的含义"。[8]对比之下，狄利克雷指出函数范围比任何人想象的都更为广阔。其次，他的例子显示了柯西方法对积分的不足之处。也许，应该重建积分的定义，以免将数学家们仅仅局限于对连续函数的积分或者对只有有限多个不连续点的函数的积分。

正是狄利克雷的优秀学生，有着长长名字的格奥尔格·弗雷德里希·波恩哈德·黎曼（1826—1866）接受了这个挑战。黎曼试图找到不需要预先假设函数必须如何连续就定义积分的途径。使可积性同连续性分离是一种大胆的、极有创见的思想。

黎曼积分

黎曼在 1854 年为获得德国大学的教授职位而写的"大学执教资格讲演"这篇高水平的学术论文中，把这个问题简单地陈述为："如何理解 $\int_a^b f(x)\mathrm{d}x$？"[9]他假定函数 f 在闭区间 $[a,b]$ 是有界的，由此提出他的答案。

首先，他在区间 $[a,b]$ 内取任意一系列值 $a < x_1 < x_2 < \cdots < x_{n-1} < b$。这样一个细分现在称之为**划分**。他把得到的子区间的长度用 $\delta_1 = x_1 - a$，$\delta_2 = x_2 - x_1$，$\delta_3 = x_3 - x_2$，$\cdots$，$\delta_n = b - x_{n-1}$ 表示。下一步，黎曼令 ε_1，ε_2，$\cdots$，

ε_n 为 0 和 1 之间的一系列值，这样，对每一个 ε_k，数 $x_{k-1}+\varepsilon_k\delta_k$ 位于 $x_{k-1}+0\cdot\delta_k=x_{k-1}$ 和 $x_{k-1}+1\cdot\delta_k=x_{k-1}+(x_k-x_{k-1})=x_k$ 之间。换句话说，$x_{k-1}+\varepsilon_k\delta_k$ 落在子区间 $[x_{k-1},x_k]$ 内。然后，他引入

$$S=\delta_1 f(a+\varepsilon_1\delta_1)+\delta_2 f(x_1+\varepsilon_2\delta_2)+\delta_3 f(x_2+\varepsilon_3\delta_3)$$
$$+\cdots+\delta_n f(x_{n-1}+\varepsilon_n\delta_n)$$

读者会认出这正是我们现在（恰当地）所称的黎曼和。如图 7-3 所示，它是不同子区间上的所有矩形面积的总和，其中第 k 个矩形的底为 δ_k，高为 $f(x_{k-1}+\varepsilon_k\delta_k)$。

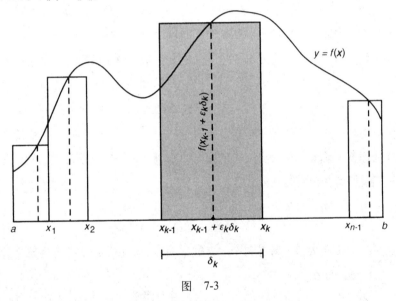

图　7-3

至此，黎曼就给出他的关键定义：

如果这个和具有这样的性质：无论怎样选择 δ_k 和 ε_k，当 δ_k 趋近无穷小时它无限地接近一个固定值 A，那么，我们称这个固定值为 $\int_a^b f(x)\mathrm{d}x$。如果这个和不具备这样的性质，那么 $\int_a^b f(x)\mathrm{d}x$ 没有意义。[10]

这是黎曼积分的首次出现，而现在在任何微积分学教程中，甚至在任何实分析引论中，它都占据着突出的位置。很明显，这个定义没有对连续性作**任何**假设。与柯西不同，对黎曼来说，连续性并不成为一个问题。

回到函数 f 和划分 $a < x_1 < x_2 < \cdots < x_{n-1} < b$，黎曼引入 D_1 作为函数在 a 和 x_1 之间的"最大振幅"。用他的话说，D_1 是"在这个区间内函数 f 的最大值和最小值之差"。同样，D_2，D_3，$\cdots$，D_n 是函数 f 在子区间 $[x_1, x_2]$，$[x_2, x_3]$，$\cdots$，$[x_{n-1}, b]$ 上的最大振幅，同时他令 D 为函数 f 在整个区间 $[a, b]$ 上的最大值与最小值之差。显然 $D_k \leqslant D$，因为函数 f 在子区间上的振幅不可能超过它在整个区间 $[a, b]$ 上的振幅。

现代数学家也许会更谨慎地定义这些振幅。由于假设函数 f 是有界的，我们从极端重要的实数完备性性质可知实数集 $\{f(x) \mid x \in [x_{k-1}, x_k]\}$ 同时具有最小上界和最大下界。然后令 D_k 为这两者之间的差。然而，在 19 世纪中叶，这个方法并不可行，因为最小上界和最大下界——我们现在分别称为上确界和下确界——的概念尚未确立，即使已经发现它们，也只不过停留在模糊的几何直觉上。

虽然如此，黎曼引入了新的和

$$R = \delta_1 D_1 + \delta_2 D_2 + \delta_3 D_3 + \cdots + \delta_n D_n \tag{3}$$

如图 7-4 所示，R 是函数在每个子区间上的最大值和最小值之差所确定的阴影区域的面积。

下一步，他令 $d > 0$ 为一个正数，并且考察区间 $[a, b]$ 上所有满足 $\max\{\delta_1, \delta_2, \delta_3, \cdots, \delta_n\} \leqslant d$ 的划分。就是说，他考察那些最宽子区间的长度为 d 或者小于 d 的划分。回到现代术语，我们把一个划分的范数定义为划分的最大子区间的宽度，所以，黎曼在这里考察范数小于或等于 d 的所有划分。然后，他引入 $\Delta = \Delta(d)$ 为式 (3) 中范数小于或等于 d 的划分产生的所有和 R 的"最大值"。（今天，我们会定义 $\Delta(d)$ 为一个上确界。）

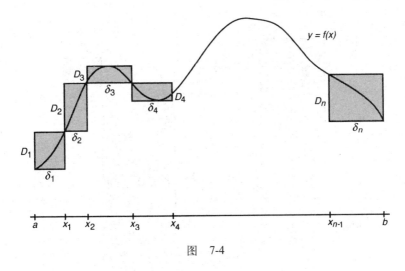

图 7-4

对黎曼来说，显然，当且仅当 $\lim_{d \to 0} \Delta(d) = 0$ 时，积分 $\int_a^b f(x)\mathrm{d}x$ 存在。在几何学上，这意味着当我们越来越细分区间 $[a, b]$ 时，图 7-4 中的最大阴影区域的面积将减小到零。

然后，他提出了关键问题："在何种情况下函数可以积分，在何种情况下函数不能积分？"同以前一样，他轻而易举地给出了答案——这就是我们现在所说的黎曼可积性条件——虽然使用的记号显得颇为累赘。由于这些思想在分析学的历史中占有重要地位，我们再略作讨论。

首先，他令 $\sigma > 0$ 为一个正数。对于一给定的划分，他在子区间中考察函数振幅大于 σ 的那些子区间。为了说明，我们参考图 7-5，其中显示出函数、它的带阴影的那些矩形以及位于左侧的一个 σ 值。比较 σ 和各个矩形的高，看出只有两个子区间 $[x_1, x_2]$ 和 $[x_4, x_5]$ 的振幅超过 σ。我们把这两个子区间称为"A 型"子区间，把其他振幅小于或等于 σ 的子区间称为"B 型"子区间。在图 7-5 中，B 型子区间为 $[a, x_1]$，$[x_2, x_3]$，$[x_3, x_4]$ 和 $[x_5, b]$。

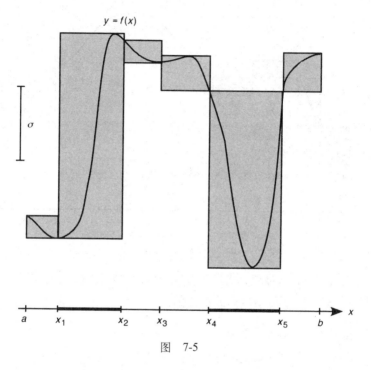

图 7-5

作为最后一个约定，黎曼令 $s = s(\sigma)$ 为对于给定 σ 的所有 A 型子区间的**总长度**，即 $s(\sigma) \equiv \sum_{\text{A型}} \delta_k$ 。对我们的例子来说， $s(\sigma) = (x_2 - x_1) + (x_5 - x_4)$ 。以这个表示法作后盾，黎曼很容易证明有界函数在 $[a, b]$ 上可积的一个充分必要条件。

黎曼可积性条件 $\int_a^b f(x)\mathrm{d}x$ 存在的充分必要条件是，对于任意的 $\sigma > 0$ ，A 型子区间的总长度在 $d \to 0$ 时可以达到任意小。

显然，到这一步还有很长的路程。就是说，这表明 f 为可积的充分必要条件是：对于无论怎样小的 σ ，我们可以找到这样一个范数，对于 $[a, b]$ 上具有同样小或更小范数的所有划分来说，函数振幅大于 σ 的子区间的总长度是微不足道的。我们分别考查黎曼条件的必要性和充分性的证明。

必要性　如果 $\int_a^b f(x)\mathrm{d}x$ 存在并取固定的值 $\sigma > 0$，那么 $\lim_{d \to 0} s(\sigma) = 0$。

证明　黎曼从范数 d 不确定的一个划分开始，考察式（3）的 $R = \delta_1 D_1 + \delta_2 D_2 + \delta_3 D_3 + \cdots + \delta_n D_n$。他注意到 $R \geqslant \sum_{A型} \delta_k D_k$，这是因为右端的和包括所有 A 型子区间的项而遗漏其他的项。但是，对于每一个 A 型子区间，f 的振幅超过 σ，这自然就是怎样首先确定 A 型子区间。所以，回忆 $s(\sigma)$ 的定义，我们得到

$$R \geqslant \sum_{A型} \delta_k D_k \geqslant \sum_{A型} \delta_k \sigma = \sigma \cdot \sum_{A型} \delta_k = \sigma \cdot s(\sigma)$$

另一方面，由于 $\Delta(d)$ 是范数小于或等于 d 的所有划分的最大值，所以 $R = \delta_1 D_1 + \delta_2 D_2 + \delta_3 D_3 + \cdots + \delta_n D_n \leqslant \Delta(d)$。

黎曼将这两个不等式结合起来，得到 $\sigma \cdot s(\sigma) \leqslant R \leqslant \Delta(d)$。忽略中间项，并除以 σ，他推出

$$0 \leqslant s(\sigma) \leqslant \frac{\Delta(d)}{\sigma} \tag{4}$$

回忆在证明必要性时，他假定了函数 f 是可积的，而这意味着当 $d \to 0$ 时 $\Delta(d) \to 0$。由于 σ 为固定值，所以 $\frac{\Delta(d)}{\sigma} \to 0$。由式（4）可知，当 d 趋近零时，$s(\sigma)$ 的值也必定趋近零。∎

这正是黎曼寻求的结论：函数振幅大于 σ 的子区间的总长度 $s(\sigma)$ 的值，正如他写出的那样，可以达到"同 d 的相应值那样的任意小"。这是成功的一半。下面要证明反过来的结论。

充分性　如果对任意 $\sigma > 0$，我们有 $\lim_{d \to 0} s(\sigma) = 0$，那么 $\int_a^b f(x)\mathrm{d}x$ 存在。

证明　这次黎曼从指出下述结论着手：对任意 $\sigma > 0$，我们有

$$R = \delta_1 D_1 + \delta_2 D_2 + \delta_3 D_3 + \cdots + \delta_n D_n = \sum_{A型} \delta_k D_k + \sum_{B型} \delta_k D_k \tag{5}$$

他在这里依据区间为 A 型（其中函数振幅大于 σ）或者 B 型（其中函数振幅不大于 σ）简单地将和分成两部分。然后，他分别处理这两个和式。

对于第一个和式，他回到以前的结论 $D_k \leqslant D$，其中 D 是函数 f 在整个区间 $[a,b]$ 上的振幅。因此

$$\sum_{\text{A型}} \delta_k D_k \leqslant \sum_{\text{A型}} \delta_k D = D \cdot \sum_{\text{A型}} \delta_k = D \cdot s(\sigma) \tag{6}$$

对于第二个和式，我们知道在每个 B 型子区间有 $D_k \leqslant \sigma$，所以

$$\sum_{\text{B型}} \delta_k D_k \leqslant \sum_{\text{B型}} \delta_k \sigma = \sigma \cdot \sum_{\text{B型}} \delta_k \leqslant \sigma \cdot \sum_{k=1}^{n} \delta_k = \sigma(b-a) \tag{7}$$

其中我们用全体子区间的长度之和 $b-a$ 这个较大的值代替了 B 型子区间的长度之和。

此时黎曼把式（5）、式（6）和式（7）汇集在一起，得到不等式

$$R = \sum_{\text{A型}} \delta_k D_k + \sum_{\text{B型}} \delta_k D_k \leqslant Ds(\sigma) + \sigma(b-a) \tag{8}$$

由于式（8）对于任意的正数 σ 成立，所以可以固定一个 σ 值，使 $\sigma(b-a)$ 达到我们希望的那样小。对于这个固定的 σ，回忆假设，当 $d \to 0$ 时 $s(\sigma)$ 也趋近零。于是，我们可以选择 d 使得 $Ds(\sigma)$ 也为任意小。由式（8）可知，R 对应的值可以达到任意小，所以这些黎曼所谓的 $\Delta(d)$ 的**最大值**同样可以任意地小。这意味着 $\lim\limits_{d \to 0} \Delta(d) = 0$，由此说明，按照黎曼方法函数 f 在区间 $[a, b]$ 上是可积的。　　　　　　　　　　　　　　　■

这个复杂的论证过程原封不动地取自黎曼 1854 年的论文。虽然符号显得复杂，而基本思想却很简单：为了使一个函数具有黎曼积分，它的振幅必须受到限制。跳变过于频繁过于剧烈的函数是不可积的。按照几何的观点，在这样一种函数图形的下方看起来没有可以定义的面积。

黎曼可积性条件是证明有界函数是否可积的方便工具。再回过头来考察式（2）的狄利克雷函数。为明确起见，我们取 $c=1$ 和 $d=0$，并将我们的注意力集中在单位区间 $[0, 1]$ 上。于是，我们有

$$\phi(x) = \begin{cases} 1, & x \text{ 为有理数} \\ 0, & x \text{ 为无理数} \end{cases}$$

问题在于，根据黎曼的定义，积分 $\int_0^1 \phi(x)\mathrm{d}x$ 是否存在。

正如我们所看到的那样，可积性条件将这个问题转换成涉及函数振幅的问题。假设 $\sigma = 1/2$，考察任意划分 $0 < x_1 < x_2 < \cdots < x_{n-1} < 1$ 和所产生的任意一个子区间 $[x_k, x_{k+1}]$。由于不管这个子区间多么狭窄，总会包含无限多有理数和无限多无理数，所以 ϕ 在区间 $[x_k, x_{k+1}]$ 上的振幅为 $1 - 0 = 1 > 1/2 = \sigma$。由此可知，划分的**每一个**子区间都属于 A 型子区间。所以 $s(1/2) = \sum_{\text{A型}} \delta_k = 1$，为区间 $[0, 1]$ 的总长度。简而言之，对于 $[0, 1]$ 的**任何**划分，都有 $s(1/2) = 1$。

为使 ϕ 是可积的黎曼条件要求，$s(1/2) = \sum_{\text{A型}} \delta_k$ 可以通过选择区间 $[0, 1]$ 的适当划分而达到我们希望的那样小。但是，正如我们所看到的，无论怎样拼凑划分，$s(1/2)$ 的值都等于 1。因此，我们确实无法令其小于某个数，例如 0.01。由于不满足可积性条件，这个函数是不可积的。按照黎曼的说法，$\int_0^1 \phi(x)\mathrm{d}x$ 没有意义。

在直观上，狄利克雷函数是如此彻底地不连续，以至是不可积的。这个现象提出了一个基本问题：按照黎曼积分的定义，一个函数不连续到何种程度依然是可积的？虽然这个谜团直到 20 世纪才解开，但是黎曼本人给出了一个函数，提供可望解决这个问题的一个证据。

黎曼病态函数

正如我们指出的那样，黎曼没有事先给出关于连续性的任何假设，因此暗示着某些异常奇特的函数——如他提到的，那些"常常无限不连续"的函数——也许是可积的。"由于这样的函数尚未被人们研究过，"他写道，"最好是提供一个特定的例子。"[11]

首先，他令 $(x) = x - n$，其中 n 是最接近 x 的整数。因此，$(1.2) = (-1.8) = 0.2$，而 $(1.7) = (-1.3) = -0.3$。如果 x 位于两个整数的中间，像 4.5 或 -0.5，那么他置 $(x) = 0$。函数 $y = (x)$ 的图形显示在图 7-6 中。很明显，函数在每个 $x = \pm m/2$ 处具有一个长度为 1 的跳变不连续性，其中 m 是奇自然数。

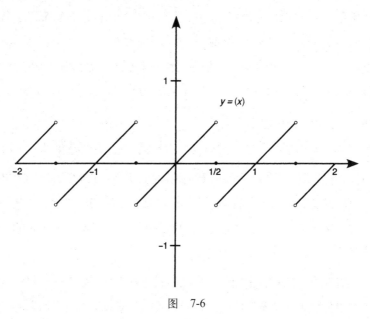

图 7-6

黎曼接着考察了 $y = (2x)$，这个函数在水平方向上将图 7-6 的图形"压缩"，产生图 7-7 的图形。这时长度为 1 的跳变出现在 $x = \pm m/4$ 处，其中 m 是奇自然数。

这个压缩过程用函数 $y = (3x)$，$y = (4x)$ 等继续进行下去，直至黎曼将这些函数组合成一个有趣的函数：

$$f(x) = \frac{(x)}{1} + \frac{(2x)}{4} + \frac{(3x)}{9} + \frac{(4x)}{16} + \cdots = \sum_{k=1}^{\infty} \frac{(kx)}{k^2}$$

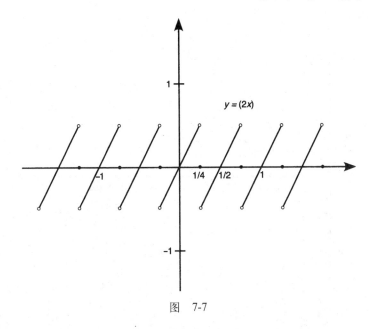

图 7-7

为了获得对函数 f 的某种感性认识，我们在图 7-8 中画出了它在区间 $[0, 1]$ 上的第 7 个部分和的图形，即 $\frac{(x)}{1} + \frac{(2x)}{4} + \frac{(3x)}{9} + \frac{(4x)}{16} + \frac{(5x)}{25} + \frac{(6x)}{36}$ $+ \frac{(7x)}{49}$ 的图形。即使在这一步，也显现出函数 f 的不连续性在迅速累积。我们注意到，对所有的 x，有 $|(kx)| \leqslant \frac{1}{2}$，所以，通过用 $\sum_{k=1}^{\infty} \frac{1}{2k^2}$ 的比较检验法，可知这个无穷级数处处收敛。黎曼在没有给出完整证明的情况下断言，函数 f 在每个单独的函数 $y = (kx)$ 为连续的点是连续的，这包括所有的无理数。但是，他也同时断言，如果 $x = \frac{m}{2n}$，其中 m 和 n 是互素的整数，那么函数 f 在 x 有一个长度为 $\frac{1}{n^2}\left(1 + \frac{1}{9} + \frac{1}{25} + \frac{1}{49} + \frac{1}{81} + \cdots\right)$ $= \frac{\pi^2}{8n^2}$ 的跳变。（这里我们已经利用第 4 章中欧拉的结果对级数求和。）

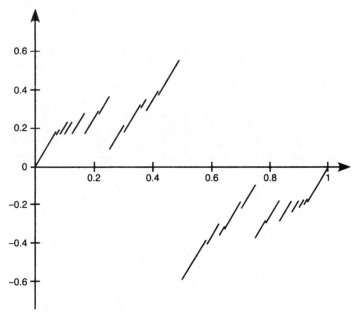

图 7-8

这样，黎曼函数在像 $\dfrac{55}{14}$ ，$\dfrac{-3}{38}$ 和 $\dfrac{81}{1000}$ 这样的点处具有不连续性。在任意两个实数之间存在无限多这种点，所以，他的函数在任何有限区间内具有无限多不连续的点。这对于任何人的标准来说都是"高度不连续的"。

然而，令人惊异的是 $\displaystyle\int_0^1 f(x)\mathrm{d}x$ 存在。黎曼借助于上面的可积性条件证明了这一点。他是从任意的 $\sigma > 0$ 开始的，不过为了简化讨论，我们指定 $\sigma = \dfrac{1}{20}$ 。我们必须找出函数振幅超出 $\dfrac{1}{20}$ 的那些点，而这种点是形如 $x = \dfrac{m}{2n}$ 的有理数。但是在这种点的跳变幅度是 $\dfrac{\pi^2}{8n^2}$ ，所以，我们仅需考虑不等式 $\dfrac{\pi^2}{8n^2} > \dfrac{1}{20}$ 。由此推出 $n < \dfrac{\pi}{2}\sqrt{10} \approx 4.967$ ，并且由于 n 为正整数，

所以，唯一的选择是 $n=1$，2，3 或 4。注意到 m 和 n 没有公因子和 $0 \leqslant \dfrac{m}{2n} \leqslant 1$，我们推断仅有有限个这样的候选点。在这种情况下，函数在区间 $[0,1]$ 内的振幅超过 $\dfrac{1}{20}$ 的点有：$\dfrac{1}{8}$，$\dfrac{1}{6}$，$\dfrac{1}{4}$，$\dfrac{1}{3}$，$\dfrac{3}{8}$，$\dfrac{1}{2}$，$\dfrac{5}{8}$，$\dfrac{2}{3}$，$\dfrac{3}{4}$，$\dfrac{5}{6}$ 和 $\dfrac{7}{8}$。

由于仅需处理有限个点，我们可以建立区间 $[0,1]$ 的一个划分，将这些点中的每一个都置于一个非常狭窄的子区间内，其总长度可以达到任意小。例如，为使得包含上述 11 个点的子区间的**总长度**小于 1/100，我们可以从

$$0 < x_1 = \frac{1}{8} - \frac{1}{10\,000} = \frac{1\,249}{10\,000} < x_2 = \frac{1}{8} + \frac{1}{10\,000} = \frac{1\,251}{10\,000}$$

开始划分，由此将不连续点 $x = \dfrac{1}{8}$ 嵌入总长度为 $\delta_1 = \dfrac{1\,251}{10\,000} - \dfrac{1\,249}{10\,000} = \dfrac{1}{5\,000}$ 的子区间内。如果我们把对于 $\sigma = \dfrac{1}{20}$ 的每个 A 型点都嵌入同等狭窄的子区间中，那么 $s\left(\dfrac{1}{20}\right) = 11 \times \left(\dfrac{1}{5\,000}\right) < \dfrac{1}{100}$。

这里关键问题在于振幅超过给定 σ 的点为有限个。黎曼将这种情况总结如下："在所有不包含这些跳变点的子区间内，函数的振幅小于 σ，并且……包含这些跳变点的子区间的总长度可以随意地小。"[12]

黎曼构造了一个满足他的可积性条件的函数，这个函数在任意区间内具有无限多不连续的点。这是一个独特的创造，我们现在称为黎曼病态函数，其中的形容词在某种意义下带有"不正常的"内涵。

自然，黎曼没有回答如下问题："可积函数可以不连续到何种程度？"但是他证明了可积函数可以极度地不连续。对于那些嘲笑这个与黎曼病态函数一样怪异的例子并无实际用处的批评论调，黎曼提出了具有说服力的

反驳："这个主题与无穷小分析原理有最紧密的联系，并且有助于使这些原理更为清晰和精确。在这一点上，这个主题具有直接的意义。"[13]黎曼病态函数恰好具有这个作用，纵然这是对数学家们的直觉的一次打击。正如我们将要看到的，更多足以摧毁直觉的例证会出现在 19 世纪的分析学家们面前。

黎曼重排定理

毋庸置疑，黎曼正是因为他的积分理论而闻名于世的。不过，我们要以分析学中同黎曼有关的另一个主题来结束本章，虽然黎曼得到的这个结果不如想象中的那么重要，但是初次接触的人对其结果必定会惊奇不已。

我们从回忆第 2 章的莱布尼茨级数即级数 $1 - \dfrac{1}{3} + \dfrac{1}{5} - \dfrac{1}{7} + \dfrac{1}{9} - \cdots$ 开始。

假定我们按照下述方式重新排列这个级数中的项：把第一个负值项排在前面两个正值项的后面；把第二个负值项排在随后两个正数值项的后面；依此类推。在进行三项一组的重排分组后，我们得到

$$\left(1 + \frac{1}{5} - \frac{1}{3}\right) + \left(\frac{1}{9} + \frac{1}{13} - \frac{1}{7}\right) + \left(\frac{1}{17} + \frac{1}{21} - \frac{1}{11}\right) + \left(\frac{1}{25} + \frac{1}{29} - \frac{1}{15}\right) + \cdots \quad (9)$$

稍加思索就会发现，圆括号内的表达式可以表示为

$$\frac{1}{8k-7} + \frac{1}{8k-3} - \frac{1}{4k-1}, \quad k = 1, 2, 3, 4, \cdots$$

并且可以组合成 $\dfrac{24k-11}{(8k-7)(8k-3)(4k-1)}$。

由于 $k \geqslant 1$，所以最后这个分数的分子和分母都是正数，于是，式 (9) 中每一个三项分组都是正值。由此我们可以得出关于重排级数的下述结果：

$$\left(1 + \frac{1}{5} - \frac{1}{3}\right) + \left(\frac{1}{9} + \frac{1}{13} - \frac{1}{7}\right) + \left(\frac{1}{17} + \frac{1}{21} - \frac{1}{11}\right) + \left(\frac{1}{25} + \frac{1}{29} - \frac{1}{15}\right) + \cdots$$

$$\geqslant \left(1 + \frac{1}{5} - \frac{1}{3}\right) + 0 + 0 + 0 + 0 + \cdots = \frac{13}{15} = 0.8666\cdots$$

另一方面，莱布尼茨证明了原来的级数 $1-\dfrac{1}{3}+\dfrac{1}{5}-\dfrac{1}{7}+\dfrac{1}{9}-\cdots=\dfrac{\pi}{4}\approx$ 0.785 4。我们得到了不可避免的结论：重排的级数的和大于 0.866 6，不能收敛于原来的级数的相同值。我们通过变更级数中项的位置而不改变其项值就改变了级数的和。这看起来是非常离奇的。

事实上，它的后果更为严重，因为黎曼证明了莱布尼茨级数竟然可以重排成收敛于任何数值的级数！

通过引进某些术语和几个著名的定理可以加速他的推理过程。如我们见过的那样，正是柯西说明了无穷级数 $\sum\limits_{k=1}^{\infty}u_k$ 收敛的含义。当然，一个一般的级数可能同时包含正值项和负值项，这就提示我们忽略项的符号而考察 $\sum\limits_{k=1}^{\infty}|u_k|$。如果后面这个级数收敛，我们就说 $\sum\limits_{k=1}^{\infty}u_k$ **绝对**收敛。如果 $\sum\limits_{k=1}^{\infty}u_k$ 收敛，但是 $\sum\limits_{k=1}^{\infty}|u_k|$ 不收敛，就说原来的级数**条件**收敛。

作为一个例子，我们回到莱布尼茨原来的级数。这个级数的和为 $\dfrac{\pi}{4}$，但是它的绝对值的级数发散，因为

$$1+\frac{1}{3}+\frac{1}{5}+\frac{1}{7}+\frac{1}{9}+\cdots\geqslant\frac{1}{2}+\frac{1}{4}+\frac{1}{6}+\frac{1}{8}+\frac{1}{10}+\cdots$$
$$=\frac{1}{2}\left[1+\frac{1}{2}+\frac{1}{3}+\frac{1}{4}+\frac{1}{5}+\cdots\right]$$

其中我们看出括号内是发散的调和级数。这意味着莱布尼茨级数是条件收敛级数。

习惯上，在处理混合符号的级数时分别考虑正值项和负值项的级数。沿用黎曼的记号，我们将级数写成 $(a_1+a_2+a_3+a_4+\cdots)+(-b_1-b_2-b_3-b_4-\cdots)$ 的形式，其中所有 a_k 和 b_k 都是非负的项。黎曼知道，如果原来的级数绝对收敛，那么两个级数 $\sum\limits_{k=1}^{\infty}a_k$ 和 $\sum\limits_{k=1}^{\infty}b_k$ 都收敛；如果原来的级数

发散，那么两个级数 $\sum\limits_{k=1}^{\infty} a_k$ 和 $\sum\limits_{k=1}^{\infty} b_k$ 之一发散至无穷大；如果原来的级数

条件收敛，那么两个级数 $\sum\limits_{k=1}^{\infty} a_k$ 和 $\sum\limits_{k=1}^{\infty} b_k$ 都发散至无穷大。

正是狄利克雷证明了一个绝对收敛级数的任何重排必定收敛于原来级数的同一个和。[14]对于绝对收敛级数，重排它的项不会对和产生任何影响。

但是对于条件收敛级数，我们得到了迥然不同的结果：如果一个级数条件收敛，那么可以把它重排为收敛于我们希望的任意值。用某种押头韵的表达方式我们可以把这个结果称为"黎曼惊人的重排结果"①。下面介绍他的证明的思想。

令 C 为一个固定数——可以说我们的"靶子"——黎曼于是这样开始："以交替的方式，首先取级数足够多的正值项使其和超过 C，然后取足够多的负值项使总和小于 C。"[15]为了看清得到了什么，我们规定 C 为正数。从正值项开始，我们求出使 $a_1 + a_2 + a_3 + \cdots + a_m > C$ 的最小 m。由于 $\sum\limits_{k=1}^{\infty} a_k$ 发散至无穷大，这样一个下标值必定是存在的。下一步考虑负值项，并且选择使 $a_1 + a_2 + a_3 + \cdots + a_m - b_1 - b_2 - \cdots - b_n < C$ 的最小 n。同样，由于发散级数 $\sum\limits_{k=1}^{\infty} b_k$ 最终必定超过 $(a_1 + a_2 + a_3 + \cdots + a_m) - C$，我们知道存在这样一个下标值。但是 $a_1 + a_2 + a_3 + \cdots + a_m - b_1 - b_2 - \cdots - b_n$ 是原来级数的项的重排，其和与 C 的差不超过 b_n。然后重复这一过程，加上某些 a_k，再减去某些 b_k，使得这些重排后的项之和与 C 的差小于某个 b_p。由于原来级数收敛，可知它的通项趋近零，所以也有 $\lim\limits_{r \to \infty} b_r = 0$。同前面的断言一样，用这种交替方案进行的重排级数将收敛于 C。太奇妙了！

---

① 指 Riemann's Remarkable Rearrangement Result（"黎曼惊人的重排结果"）一语中，第一个音节的辅音字母都是 R。——译者注

为了说明起见，假定我们寻找莱布尼茨级数的一个重排使之收敛于
1.10 。我们从找出足够多的正值项使其和超过 1.10 开始：
$1+\dfrac{1}{5}=1.2>1.10$ 。接着我们减去一个负值项，使其差小于 1.10：

$$\left(1+\frac{1}{5}\right)-\frac{1}{3}=0.8666\cdots<1.10$$

然后我们再加上某些正值项使其和超过 1.10，接着再减去某些负值项使
其差小于 1.10，依此类推。用这种方法，重排后收敛于 1.10 的莱布尼茨
级数将从下面的项开始：

$$\left(1+\frac{1}{5}\right)-\frac{1}{3}+\left(\frac{1}{9}+\frac{1}{13}+\frac{1}{17}\right)-\frac{1}{7}+\left(\frac{1}{21}+\frac{1}{25}+\frac{1}{29}+\frac{1}{33}\right)-\frac{1}{11}+\cdots$$

骤然一看，黎曼的证明过程似乎是不言而喻的。虽然如此，他的级数重
排定理以引人注目的形式证明了无穷级数求和是一个微妙的问题。通过
简单地重新排列级数中的项，我们可以戏剧性地改变答案。正如前面看
到的那样，无穷过程的研究或者说分析，可能使我们陷入困境。

在介绍这些事迹后，我们告别格奥尔格·弗雷德里希·波恩哈德·黎
曼，虽然整个 19 世纪的分析学不能离开他半步。他超越了任何人，作为
微积分事业的一位首要参与者建立了积分。他的思想将成为亨利·勒贝
格的起点，我们在最后一章会看到勒贝格从黎曼止步的地方出发，建立
起他自己革命性的积分理论。

参考文献

[1]　Leonhard Euler, *Introduction to Analysis of the Infinite*, Book 1, pp. 2-3。

[2]　Leonhard Euler, *Foundations of Differential Calculus*, p. vi。

[3]　Israel Kleiner, "Evolution of the Function Concept: A Brief Survey", *College Mathematics Journal*, vol. 20 (1989), pp. 282-300。

[4]　Thomas Hawkins, *Lebesgue's Theory of Integration*, Chelsea, 1975, pp. 3-8。

[5]　同[4], pp. 5-6。

[6]   G. Lejeune Dirichlet, *Werke*, vol. 1, Georg Riemer Verlag, 1889, p. 120。

[7]   同[6], pp. 131-132。

[8]   同[4]，p. 16。

[9]   Bernhard Riemann, *Gesammelte Mathematische Werke*, Springer-Verlag, 1990, p. 27。

[10]   同[9], p. 271。

[11]   同[9], p. 274。

[12]   同[9], p. 274。

[13]   同[9], p. 270。

[14]   同[6], p. 318。

[15]   同[9], p. 267。

第 8 章

刘 维 尔

约瑟夫·刘维尔（1809—1882）

普遍性成为现代分析学的核心，这是在柯西极限定理或黎曼积分中已经明显呈现的一种潮流。这两位超越他们前辈的数学家定义了包容一切的关键性概念，并且在此基础上引出普遍性结论，这些结论不仅对于一两个孤立事例成立，而且对于数量庞大的事例群体也是正确的。这是分析学中一项最有意义的进展。

此外，人们在 17 世纪还目睹了看起来仿佛相反的一种现象，那就是明显的例子和特殊的反例在分析学中的重要性日益增加。同前面几章讨论的普遍性定理一样，这种趋势同样值得我们注意。在这一章，我们首先考察约瑟夫·刘维尔于 1851 年发现的第一个超越数；在下一章再探讨卡尔·魏尔斯特拉斯在 1872 年提出的令人惊讶的病态函数。这两个结果分别是它们所处时代的巨大成就，并且提醒我们，在分析学的结论中，只要没有由独特的例子提供的说明，那么就是不完全的。

为了研究超越数，我们需要对这一问题的背景有所了解，考察一下它是从哪里提出来的，在以往的数十年中是如何得到提炼的，以及它的解决为什么成为一项如此重大的成就。按照微积分自身的演进过程，我们从 17 世纪开始。

代数数与超越数

似乎莱布尼茨是首次提出超越量概念的人，因为他在一个数学分类方案中使用了"超越的"这个术语。在论及他新发明的微分法时，莱布尼茨指出它的应用范围包括分式、根式以及类似的代数量，但是接着就补充道："显然，我们的方法也适用于超越曲线，这种曲线不能通过代数运算加以简化，或者没有特定的次数，因此，这种方法是一种行之有效的最普遍的方法。"[1] 从这里看出，莱布尼茨想要把那些属于代数范畴的对象，因而是相当简单明了的实体，同那些在本质上更为复杂的对象区分开来。

这种区分在 18 世纪由欧拉进一步完善。欧拉在其著名的《无穷小分析引论》一书中，把"加法、减法、乘法、除法、自乘和求根"以及"方程求解"列为所谓的代数运算，而把其他任何运算归入超越运算，如像那些涉及"指数和对数的运算，以及积分学中提供的其他大量运算"。[2] 他甚至走得更远，直到提出**超越量**，并且举出"不是基数乘方的数的对数"作为超越量的一个例子，不过他没有提供严谨的定义，也没有给出严格的证明。[3]

我们的数学先哲们往往具有正确的思想，即使他们未能把那种思想准确地表达出来。对于他们而言，某些数学对象，例如曲线、函数或者数字，明显是可以通过基本代数运算得到的，而其他的对象则是异常复杂的，以至全然超越了代数运算，并因此而获得"超越"这个名称。

到 18 世纪后期，在勒让德这样一些数学家的著作中，出现了一种无歧义的定义。一个实数如果是某个具有整系数的多项式方程的解，就把它称为**代数数**。这就是说，对于一个数 x_0，如果存在一个多项式 $P(x) = ax^n + bx^{n-1} + cx^{n-2} + \cdots + gx + h$，其中 $a, b, c, \cdots, g$ 和 h 为整数，满足 $P(x_0) = 0$，那么 x_0 是一个代数数。例如，$\sqrt{2}$ 是代数数，因为它是整系数二次方程 $x^2 - 2 = 0$ 的一个解。$\sqrt{2} + \sqrt[3]{5}$ 也是代数数，不过，这看起来不是那么明显，因为它是整系数 6 次方程 $x^6 - 6x^4 - 10x^3 + 12x^2 - 60x + 17 = 0$ 的一个解。

从几何学观点看，一个代数数乃是函数 $y = P(x)$ 的图形的 x 截距，其中 P 是一个具有整系数的多项式（参见图 8-1）。如果设想在同样的坐标系中画出系数为整数的所有线性式、二次式和三次式以及一般情况下的所有多项式的图形，那么它们的 x 截距的无穷集合都是代数数。

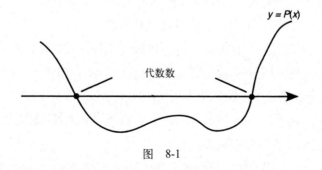

图 8-1

这就提出一个显而易见的问题：还存在任何其他代数数吗？为了考虑这种可能性，我们姑且说，一个实数只要不是代数数，那么它就是**超**

越数。单纯从逻辑上说，任何实数必定属于这两类数中的一类。

然而，果真存在超越数吗？毕竟，定义一个术语并不能就保证它的实体的存在。正如一位哺乳动物学家，完全可以把一头栖息于水中的海豚定义为"代数海豚"，而把不在水中生活的海豚定义为"超越海豚"。这里，超越海豚这个名称在概念上是无歧义的，但是并不存在这样一个物种。

数学家们必须面对同样的可能性。那么，超越数是否只是全凭想象而精心定义的一种虚构的数呢？要是这样，所有代数数的 x 截距能够完全布满 x 轴这条直线吗？如果不能，我们又从哪里去寻找一个不等于任何整系数多项式方程的 x 截距的数呢？

作为走向答案的第一步，我们注意到，一个超越数必定是无理数。这是因为，如果 $x_0 = a/b$ 是有理数，那么 x_0 显然满足一次方程 $bx - a = 0$，它的系数 b 和 $-a$ 为整数。事实上，有理数恰好就是满足整系数线性方程的那些代数数。

自然，并非每个代数数都是有理数，从前面提到的无理数 $\sqrt{2}$ 和 $\sqrt{2} + \sqrt[3]{5}$ 这样的代数数中，我们清楚地看出这一点。因此，代数数代表着有理数的某种扩充，其中取消它们作为一次整系数多项式方程之解的条件，但是仍然保留多项式系数为整数的限制。

由此可见，如果超越数存在，它们必定隐藏在无理数中间。从古希腊起，人们就知道像 $\sqrt{2}$ 这样的方程的根是无理数，而到 18 世纪末，e 和 π 这两个常数为无理数分别由欧拉于 1737 年和约翰·兰伯特（1728—1777）于 1768 年证实。[4] 不过，同证明一个数是超越数比较起来，证明一个数是无理数要容易得多。

正如我们所提到的，欧拉曾经猜测 $\log_2 3$ 是超越数，而勒让德相信 π 也是超越数。[5] 然而，无论数学家们的信念多么强烈，却未能找到证明。直到 19 世纪中后期，甚至没有取得存在一个超越数的证明。到那时，依然有这样的可能性，这种超越数或许就像那些"超越海豚"一样，无非是臆想中的空中楼阁而已。

最终，法国数学家约瑟夫·刘维尔提供了超越数的一个例子。如今的大学生们可能从微分方程的斯图姆-刘维尔理论或者从复分析中的刘维尔定理（"一个有界的整函数为常数"）记起他的名字。刘维尔在电学和热力学这样的应用科学领域也作出了重大贡献，同时他在 1848 年法国二月革命后的动荡年代投身政治活动，并且被选为法兰西议会议员，活跃在一个完全不同的舞台上。此外，他还创办了数学史上一本最具影响力的杂志，这本杂志原名为《纯粹数学与应用数学杂志》，但是人们通常简单地称之为《刘维尔杂志》。他主编这本杂志长达 39 年。刘维尔采用这种方式担负起向整个欧洲以及世界各地的同行传播数学思想的责任。[6]

在实分析领域，刘维尔以其两项重大发现而被人们永志不忘。第一，他证明了某些初等函数不可能存在初等原函数。任何学习过微积分的人都会记起运用一些巧妙的方法求不定积分。虽然这样的方法不再像以往那样是人们孜孜以求的，但是微积分教程仍然讲诸如分部积分法和部分分式积分法一类的方法，以便使我们能够计算像

$$\int x^2 \mathrm{e}^{-x} \mathrm{d}x = -x^2 \mathrm{e}^{-x} - 2x\mathrm{e}^{-x} - 2\mathrm{e}^{-x} + C$$

这样的原函数，或者像

$$\int \sqrt{\tan x}\,\mathrm{d}x = \frac{1}{\sqrt{8}} \ln \left| \frac{\tan x - \sqrt{2\tan x} + 1}{\tan x + \sqrt{2\tan x} + 1} \right|$$
$$+ \frac{1}{\sqrt{2}} \arctan \left(\frac{\sqrt{2\tan x}}{1 - \tan x} \right) + C$$

这种远非不言自明的原函数。请注意，在这两种情况下，被积函数和它们的原函数都是由标准欧拉函数集中的代数函数、三角函数、对数函数

以及它们的反函数构成的。这样的积分都是原函数为"初等"函数的"初等"积分。

可惜的是，即使最勤奋的求积者，当他们欲求作为简单函数的有限组合的 $\int \sqrt{\sin x}\, dx$ 时，都会陷入困境。刘维尔找到了这个问题的原因。他在 1835 年的一篇文章中，证明了为什么某些积分不可能具备最终形式的答案。他写道，例如，"人们凭借我们的方法，很容易确信积分 $\int \dfrac{e^x}{x} dx$ 不可能存在有限形式的原函数，而这个积分曾使几何学家们忙得不可开交"。[7] 从此，简单函数必然存在简单原函数的希望化为泡影。

我们在这一章的目标是考察刘维尔的另外一项重大的贡献，那就是存在超越数的证明。他的最初证明是在 1844 年给出的，不过他在 1851 年的一篇经典性论文中对结果作了改进和简化（这篇论文自然是发表在他创办的杂志上），我们从中摘出证明。[8] 在刘维尔给出他的闻所未闻的超越数例子之前，他必须首先证明一个重要的不等式，这个不等式涉及代数数无理数同它们邻近的有理数之间的关系。

刘维尔不等式

正如我们指出的那样，如果一个实数是某个整系数多项式方程的解，那么它就是一个代数数。但是，这样一个方程的任何解，都是无限个方程的解。例如，$\sqrt{2}$ 是二次方程 $x^2 - 2 = 0$ 的解，它又是三次方程 $x^3 + x^2 - 2x - 2 = (x^2 - 2)(x + 1) = 0$ 的解，同样也是四次方程 $x^4 + 4x^3 + x^2 - 8x - 6 = (x^2 - 2)(x + 1)(x + 3) = 0$ 的解，等等。于是，我们首先规定使用一个次数最低的多项式。所以，对于代数数 $\sqrt{2}$ 而言，我们将采用上面的二次式而不是次数更高的同类多项式。

假定 x_0 是一个**无理数**代数数。按照刘维尔的表示法，我们用

$$P(x) = ax^n + bx^{n-1} + cx^{n-2} + \cdots + gx + h \tag{1}$$

表示它的次数最低的多项式，其中 a, b, c, $\cdots$, g, h 为整数，$n \geqslant 2$（如果 $n=1$，如像上面指出的那样，那么代数数是有理数）。由于 $P(x_0) = 0$，用因式分解定理可以得到

$$P(x) = (x - x_0)Q(x) \tag{2}$$

其中 $Q(x)$ 是一个 $n-1$ 次多项式。刘维尔希望对于 $|Q(x)|$ 的值（至少对于 Q 在 x_0 邻近的 x 的值）确定一个上界。我们先给出他的证明，然后提供一个更简单的替代证明。

刘维尔不等式 如果 x_0 是次数最低的整系数多项式 $P(x) = ax^n + bx^{n-1} + cx^{n-2} + \cdots + gx + h$ $(n \geqslant 2)$ 的一个无理数代数数，那么存在这样一个实数 $A>0$，只要 p/q 是区间 $[x_0 - 1, x_0 + 1]$ 内的一个有理数，就有 $\left| \dfrac{p}{q} - x_0 \right| \geqslant \dfrac{1}{Aq^n}$。

证明 这个不等式的证明有其独特之处，我们从式（2）引入的实系数多项式 $Q(x)$ 着手。Q 在任何有限闭区间上是连续的，因而是有界的，所以存在一个 $A>0$，对于区间 $[x_0 - 1, x_0 + 1]$ 内的所有 x，满足

$$|Q(x)| \leqslant A \tag{3}$$

现在考虑区间 $[x_0 - 1, x_0 + 1]$ 内的任何一个有理数 p/q，其中我们要求这个有理数是最简形式，并且分母为正整数（即 $q \geqslant 1$）。由式（3）看出 $|Q(p/q)| \leqslant A$，同时可以断言 $P(p/q) \neq 0$，因为在相反的情况下能够分解因式，得到 $P(x) = \left(x - \dfrac{p}{q} \right) R(x)$，并且可以证明 $R(x)$ 是一个 $n-1$ 次整系数多项式。于是有 $0 = P(x_0) = \left(x_0 - \dfrac{p}{q} \right) R(x_0)$，并且有 $\left(x_0 - \dfrac{p}{q} \right) \neq 0$（因为有理数 p/q 不同于无理数 x_0），我们由此断定 $R(x_0) = 0$。但是，这使 x_0 成为 $R(x)$ 的一个根，而 R 是次数小于 P 的一个整系数多项式，违反 P 是最低次多项式这个假定条件。这样推出 p/q 不是 $P(x) = 0$ 的根。

刘维尔回到式（1）中的最低次多项式，并且给出定义 $f(p,q) \equiv q^n P(p/q)$。请注意，

$$\begin{aligned} f(p,q) &= q^n P(p/q) \\ &= q^n[a(p/q)^n + b(p/q)^{n-1} + c(p/q)^{n-2} + \cdots + g(p/q) + h] \\ &= ap^n + bp^{n-1}q + cp^{n-2}q^2 + \cdots + gpq^{n-1} + hq^n \end{aligned} \qquad (4)$$

他从式（4）作出两条简单然而具有说服力的说明。

第一，$f(p,q)$ 是一个整数，因为在其表达式中 $a, b, c, \cdots, g, h$ 以及 p 和 q 都是整数。第二，$f(p,q)$ 不会为零，若不然，如果 $0 = f(p,q) = q^n P(p/q)$，那么就有 $q = 0$ 或者 $P(p/q) = 0$。前一种情况是不可能出现的，因为 q 是一个分母；至于后一种情况，从上面的讨论看出同样是不可能的。因此，刘维尔知道 $f(p,q)$ 是一个**非零整数**，他由此推出

$$|q^n P(p/q)| = |f(p,q)| \geqslant 1 \qquad (5)$$

定理证明的剩余部分很快就会得到。根据式(3)和式(5)以及 $P(x) = (x - x_0)Q(x)$，他断定

$$1 \leqslant |q^n P(p/q)| = q^n |p/q - x_0| |Q(p/q)| \leqslant q^n |p/q - x_0| A$$

因此 $|p/q - x_0| \geqslant 1/Aq^n$，而定理的证明得以完成。

在刘维尔的证明中，不等式所起的作用是引人瞩目的。所以人们有时把现代分析学称为"不等式的科学"，这是对分析学特征的恰如其分的表述，并且随着这个世纪的前进，这个特征日益显现出来。

我们前面说过对刘维尔定理给出一种替代证明。这一次，柯西中值定理在证明中扮演主角。[9]

我们把刘维尔不等式重述如下，然后给出新的证明。

刘维尔不等式 如果 x_0 是具有最低次数的整系数多项式 $P(x) = ax^n + bx^{n-1} + cx^{n-2} + \cdots + gx + h$ 和次数 $n \geqslant 2$ 的一个无理数代数数，那么存在这

样一个实数 $A > 0$，只要 p/q 为区间 $[x_0 - 1, x_0 + 1]$ 内的一个有理数，就有 $\left| \dfrac{p}{q} - x_0 \right| \geqslant \dfrac{1}{Aq^n}$。

证明 对多项式 P 求导，我们得到 $P'(x) = nax^{n-1} + (n-1)bx^{n-2} + (n-2)cx^{n-3} + \cdots + g$。这个 $(n-1)$ 次多项式在区间 $[x_0 - 1, x_0 + 1]$ 上是有界的，所以存在一个 $A > 0$，使得 $P'(x)$ 在 $[x_0 - 1, x_0 + 1]$ 上以 A 为界，即对于所有 $x \in [x_0 - 1, x_0 + 1]$ 有 $|P'(x)| \leqslant A$。令 p/q 是 $[x_0 - 1, x_0 + 1]$ 内的一个有理数，并且对 P 应用柯西中值定理，可知在 x_0 和 p/q 之间存在一点 c，满足

$$\frac{P(p/q) - P(x_0)}{p/q - x_0} = P'(c) \tag{6}$$

已知 $P(x_0) = 0$，而 $c \in [x_0 - 1, x_0 + 1]$，由式（6）看出

$$|P(p/q)| = |p/q - x_0| \cdot |P'(c)| \leqslant A|p/q - x_0|$$

由此得到 $|q^n P(p/q)| \leqslant Aq^n|p/q - x_0|$。但是，正如前面指出的那样，$q^n P(p/q)$ 是一个非零整数，所以 $1 \leqslant Aq^n|p/q - x_0|$。这就推出刘维尔不等式。∎

在此，举一个例子或许有助于理解。我们考虑无理数代数数 $x_0 = \sqrt{2}$。这时最低次多项式为 $P(x) = x^2 - 2$，它的导数是 $P'(x) = 2x$。显然，在区间 $[\sqrt{2} - 1, \sqrt{2} + 1]$ 上 P' 以 $A = 2\sqrt{2} + 2$ 为界。刘维尔不等式表明，如果 p/q 是这个闭区间内的任何有理数，那么 $\left| \dfrac{p}{q} - \sqrt{2} \right| \geqslant \dfrac{1}{(2\sqrt{2} + 2)q^2}$。

这一点可望从数值趋势上得到证实，例如，对于 $q = 5$ 的情形，不等式变为 $\left| \dfrac{p}{5} - \sqrt{2} \right| \geqslant \dfrac{1}{(50\sqrt{2} + 50)} \approx 0.008\,28$。然后，我们检验区间 $[\sqrt{2} - 1, \sqrt{2} + 1]$ 内所有 "1/5" 处的点。所幸这样的分数仅有 10 个，而且它们全部满足刘维尔不等式：

$p/5$	$\left| p/5-\sqrt{2} \right|$
3/5=0.60	0.8142
4/5=0.80	0.6142
5/5=1.00	0.4142
6/5=1.20	0.2142
7/5=1.40	0.0142
8/5=1.60	0.1858
9/5=1.80	0.3858
10/5=2.00	0.5858
11/5=2.20	0.7858
12/5=2.40	0.9858

这个例子同时也暗示：通常我们可以取消要求 p/q 接近 x_0 的限制。就是说，我们指定 A^* 为大于 1 和 A 的数，其中 A 是像上面那样确定的。如果 p/q 是 $[x_0-1, x_0+1]$ 内的一个有理数，那么由于 $A^* \geqslant A$ 而有

$$\left| \frac{p}{q} - x_0 \right| \geqslant \frac{1}{Aq^n} \geqslant \frac{1}{A^* q^n}$$

另一方面，如果 p/q 是区间 $[x_0-1, x_0+1]$ 之外的一个有理数，那么由于 $A^* \geqslant 1$ 和 $q \geqslant 1$，同样有 $\left| \frac{p}{q} - x_0 \right| \geqslant 1 \geqslant \frac{1}{A^*} \geqslant \frac{1}{A^* q^n}$。最后这项结果说明，存在一个 $A^* > 0$ 满足 $\left| \frac{p}{q} - x_0 \right| \geqslant \frac{1}{A^* q^n}$，而同 p/q 对 x_0 的接近程度无关。

通俗地讲，刘维尔不等式向我们表明，有理数作为无理数代数数的邻居，其数量是少得可怜的，因为在一个无理数 x_0 同任何有理数 p/q 之间必定至少存在一个大小为 $\frac{1}{A^* q^n}$ 的空隙。我们很难想象刘维尔是怎样注意到这一点的。他走到了这一步，并且提供了一个巧妙的证明，这是他的卓越数学才能的一次展现。然而，倘若他不再迈出下面这一步，这一切也许早已被人们遗忘：他利用他获得的结果找到了世界上第一个超越数。

刘维尔超越数

我们首先提出关于推理策略的一个词汇——"不相容"。刘维尔找到的是一个同上述不等式的结论**不相容**的无理数。这个无理数因而违反刘维尔不等式的假定，这就意味着它不是代数数。只要刘维尔能够完成这项艰巨的任务，他就捕捉到一个特定的超越数。令人非常吃惊的是，他恰好做到了这一点。[10]

定理 实数

$$x_0 \equiv \sum_{k=1}^{\infty} \frac{1}{10^{k!}} = \frac{1}{10} + \frac{1}{10^2} + \frac{1}{10^6} + \frac{1}{10^{24}} + \frac{1}{10^{120}} + \cdots$$

是超越数。

证明 有三个问题有待解决，我们依次一步处理一个问题。

第一步，我们断言定义 x_0 的级数是收敛的。这个结论很容易从判别级数收敛的比较检验法推出。也就是说，$k! \geqslant k$ 保证 $\frac{1}{10^{k!}} \leqslant \frac{1}{10^k}$，而这个条件使级数 $\sum_{k=1}^{\infty} \frac{1}{10^{k!}}$ 成为收敛级数，因为 $\sum_{k=1}^{\infty} \frac{1}{10^k} = \frac{1/10}{1-1/10} = \frac{1}{9}$ 是收敛级数。简而言之，x_0 是一个实数。

第二步，我们断言 x_0 是无理数。这一点是明显的，因为它的十进制小数表示为 $0.110001000000\cdots$，其中的非零位分别是由 1 占据的小数后的第 1 位，第 2 位，第 6 位，第 24 位，第 120 位，等等，这些日渐孤单的 1 由越来越长的一串 0 分隔开来。显而易见，在这种十进制小数的展开式中，没有一段有限的数字是重复的，所以 x_0 是无理数。

最后一步，证明刘维尔定义的数是超越数。这也是最困难的一步。为此，我们反过来假定 x_0 是一个代数数无理数，它具有次数为 $n \geqslant 2$ 的最低次多项式。根据刘维尔不等式，必定存在这样一个 $A^* > 0$，使得对于任意有理数 p/q，有 $\left| \frac{p}{q} - x_0 \right| \geqslant \frac{1}{A^* q^n}$，因此，

$$0 < \frac{1}{A^*} \leqslant q^n \left| \frac{p}{q} - x_0 \right| \tag{7}$$

我们现在选择一个任意的自然数 $m > n$，并且考察部分和 $\displaystyle\sum_{k=1}^{m} \frac{1}{10^{k!}} = \frac{1}{10} + \frac{1}{10^2} + \frac{1}{10^6} + \cdots + \frac{1}{10^{m!}}$。如果合并这些分式，它们的公分母将是 $10^{m!}$，所以我们可以把这个和式写成 $\displaystyle\sum_{k=1}^{m} \frac{1}{10^{k!}} = \frac{p_m}{10^{m!}}$，其中 p_m 是一个自然数。因此，$\dfrac{p_m}{10^{m!}}$ 当然是有理数。

把这个数同 x_0 比较，我们看出

$$\left| \frac{p_m}{10^{m!}} - x_0 \right| = \sum_{k=m+1}^{\infty} \frac{1}{10^{k!}} = \frac{1}{10^{(m+1)!}} + \frac{1}{10^{(m+2)!}} + \frac{1}{10^{(m+3)!}} + \cdots$$

由归纳法证实，对于任何自然数 $r \geqslant 1$，$(m+r)! \geqslant (m+1)! + (r-1)$ 成立，所以有 $\dfrac{1}{10^{(m+r)!}} \leqslant \dfrac{1}{10^{(m+1)!+r-1}} = \dfrac{1}{10^{(m+1)!}} \left[\dfrac{1}{10^{r-1}} \right]$。结果得到

$$\begin{aligned}
\left| \frac{p_m}{10^{m!}} - x_0 \right| &= \frac{1}{10^{(m+1)!}} + \frac{1}{10^{(m+2)!}} + \frac{1}{10^{(m+3)!}} + \cdots \\
&\leqslant \frac{1}{10^{(m+1)!}} + \frac{1}{10^{(m+1)!} \times 10} + \frac{1}{10^{(m+1)!} \times (10^2)} \\
&\quad + \frac{1}{10^{(m+1)!} \times (10^3)} + \cdots \\
&= \frac{1}{10^{(m+1)!}} \left[1 + \frac{1}{10} + \frac{1}{100} + \frac{1}{1000} + \cdots \right] \\
&= \frac{1}{10^{(m+1)!}} \left[\frac{10}{9} \right] < \frac{2}{10^{(m+1)!}}
\end{aligned} \tag{8}$$

这样立即导致一个矛盾，因为

$$0 < \frac{1}{A^*} \leqslant (10^{m!})^n \left| \frac{p_m}{10^{m!}} - x_0 \right| \qquad (由式 (7))$$

$$< (10^{m!})^n \cdot \frac{2}{10^{(m+1)!}} \qquad\qquad \text{（由式（8））}$$

$$= \frac{2}{10^{(m+1)!-n(m!)}} = \frac{2}{10^{m!(m+1-n)}} < \frac{2}{10^{m!}}$$

其中最后一步推导是由于 $m>n$ 蕴含 $m+1-n>1$。

这一长串不等式表明，就上面引入的 A^* 的值而言，对于所有 $m>n$，我们有 $\frac{1}{A^*} < \frac{2}{10^{m!}}$，或者简单地说，对于所有 $m>n$，有 $2A^* > 10^{m!}$。这样一个不等式是荒谬的，因为 $2A^*$ 是一个固定的数，而 $10^{m!}$ 当 m 增大时趋向无穷大。刘维尔（最终）导出一个矛盾。

至此，可能需要略微提醒一下读者出现了什么矛盾。已经假定无理数 x_0 是一个代数数。然而，最终得到的却是另外一种结果，所以只有一种可能：x_0 必定是超越数。这样一个数的存在，就是约瑟夫・刘维尔试图证明的结论。■

刘维尔在 1851 年发表的一篇文章中指出，尽管许多人推测超越数的存在，"我不相信已经给出过任何证明"。[11] 如今，终于有了一个证明。

说来奇怪，对于取得的这个成就，刘维尔认为还不能算是完全成功，因为他的初衷是希望证明 e 是一个超越数。[12] 像刘维尔所做的那样，**构造**一个数，然后证明它是超越数，这是一回事；而对于"已经存在的"如 e 那样的数，证明它是超越数，则是另一回事。对于这一点，Eric Temple Bell 以其特有的鉴别力作出下面的评论：

> 证明一个**特定的**猜测，如像 e 或 π 是超越数或者不是超越数，同构造一类无穷的超越数相比，是困难得多的问题：……在这种情况下，被猜测的数是主导者，而数学家只能听命于它。[13]

我们姑且可以这样说，刘维尔证明了过去无人关心的一个数的超越性，但是对于无处不在的常数 e 未能给出同样的证明，而这个数的超越性又是使数学家们魂牵梦绕的。超越数是在刘维尔之前的先驱们徒劳地寻找了一百年的东西，当他找到超越数后，如果仍然对他贴上失败的标签，无疑是荒唐可笑的。

刘维尔最初提出的目标很快将由他的继承者们实现。在 1873 年，查尔斯·埃尔米特（1822—1901）证明了 e 确实是一个超越数。九年之后，费尔登兰德·林德曼（1852—1939）对 π 证明了同样的结果。众所周知，林德曼曾经证实用圆规和直尺求圆的面积是不可能的，这是古希腊人提出的著名的"化圆为方"问题，历经**几千年**而非几十年或几百年不得其解。[14]在埃尔米特和林德曼的结果中，包含着令人叹为观止的推理步骤，而这种推理是建立在刘维尔的开拓性研究工作之上的。

时至今日，确定某个给定的数是不是超越数，在数学中仍然属于最困难的问题之列。在这方面已经取得了很大进展，很多重要的定理已经获得证明；然而，据我们了解，仍然留下大量的盲区。在已经得到的巨大成就中，我们不能不提出阿什波维奇·盖尔方德（1906—1968）在 1934 年的证明，其中他一举证实了一族完整的超越数。他证明，如果 a 是一个不同于 0 或 1 的代数数，而 b 是一个**无理数**代数数，那么 a^b 必定是超越数。这个深奥的结果，保证例如 $2^{\sqrt{2}}$ 或 $(\sqrt{2}+\sqrt[3]{5})^{\sqrt{7}}$ 这样的数是超越数。如今已经知道，在超越数候选者之列的还有 e^π，$\ln(2)$ 和 $\sin(1)$。

然而，直到写作本书时，像 π^e，e^e 和 π^π 这样一些看似"简单的"数的性质尚有待证实。更为严重的是，尽管数学家们对 $\pi + e$ 和 $\pi \times e$ 是超越数深信不疑，但是尚无人给出实际证明。[15]我们再重复一遍：证明一个数的超越性是非常非常困难的。

回到本章的主题，我们看出，到 19 世纪中期数学家们已经走了多远。刘维尔在处理不等式时表现出的学术才华以及他在如何攻克如此困难的问题方面的广阔视野，的确是令人难忘的。分析学已经步入它的成熟期。

在第 11 章将要证明关于实数完备性的一个里程碑式的定理，刘维尔这里的证明将同那个定理的证明形成鲜明的对照。在那里我们将会看到格奥尔格·康托尔如何找到一条明显的捷径，仅做少量的工作就得到刘维尔的结论。康托尔以这种方式改变了数学分析的方向。刘维尔和康托尔的相互影响将是一笔巨大财富，昭示我们如何使数学的活力延续下去。

不过，暂时不得不把康托尔的工作搁置一下。我们的下一个目标是展现 19 世纪分析学所追求的严格性的终点：卡尔·魏尔斯特拉斯的数学以及分析学中最著名的反例。

参考文献

[1]   Dirk Struik, "The origin of l'Hospital's rule", *Mathematics Teacher*, vol. 56 (1963), p. 276。

[2]   Leonhard Euler, *Introduction to Analysis of the Infinite*, Book I, p. 4。

[3]   同[2], p. 80。

[4]   Morris Kline, *Mathematical Thought from Ancient to Modern Times*, Oxford University Press, 1972, pp. 459-460。

[5]   同[4], p. 593。

[6]   刘维尔的这些工作以及他在其他方面的工作，在 Jesper Lützen 所写的科学家传记 *Joseph Liouville 1809—1882: Master of Pure and Applied Mathematics* (Springer-Verlag, 1990)中有详尽论述。

[7]   E. Hairer and G. Wanner, *Analysis by Its History*, Springer-Verlag, 1996, p. 125。

[8]   J. Liouville, "Sur des classes très-étendues de quantités don't la valeur n'est ni algébrique, ni même réductible à des irrationnelles algébriques", *Journal de mathématiques pures et appliqués*, vol. 16 (1851), pp. 133-142。

[9]   这个证明是从 George Simmons, *Calculus Gems*, McGraw-Hill, 1992, pp. 288-289 改写成的。

[10]   同[8], pp. 133-142。

[11]   同[8], p. 140。

[12]   同[6], pp. 79-81。

[13]   Eric Temple Bell, *Men of Mathematics*, Simon & Schuster, 1937, p. 463。

[14]   例如，参见 William Dunham, *Journey through Genius*, Wiley, 1990, pp. 24 -26 中的讨论。

[15]   Andrei Shidlovskii, *Transcendental Numbers*, de Gruyter, 1989, p. 442。

第 *9* 章

魏尔斯特拉斯

卡尔·魏尔斯特拉斯（1815—1897）

正如我们所知，在 19 世纪，数学家们将微积分的严格性提高到一个新的水平。然而，按照我们今天的标准，这些成就并不是无可挑剔的。当你拜读那个时期的数学文献时，犹如聆听音乐大师肖邦在一架三两琴键失调的钢琴上演奏乐章，固然能够怡然自得地鉴赏音乐的神韵，不过间或也会听到些许畸变之音。只有在微积分中消除不精确性的最后痕迹，分析论证变成对于一切实用目的都是无可置疑的时候，数学的新纪元才能到来。魏尔斯特拉斯是实现这个最后转变的最大功臣。

魏尔斯特拉斯沿着一条非传统的道路崭露头角。他在学生时代，成绩并不优异，却热衷于狂饮啤酒和击剑。到 30 岁时，魏尔斯特拉斯成为德国一所偏僻的**大学预科**学校（高级中学）的教师，这所学校远离欧洲的学术中心。在白天，他对学生讲授算术和书法，只有在课余且批改完学生的作业之后，年轻的魏尔斯特拉斯方能致力于他的数学研究。[1]

这位名不见经传的来自德国一个不知名小镇的中学教师，在 1854 年发表了一篇关于阿贝尔积分的论文。凡是读过这篇文章的数学家，无不惊讶万分。很明显，这篇论文的作者，必定是具有非凡天赋的奇才。不出两年，魏尔斯特拉斯在柏林大学谋求到一个职位，受聘为这所大学的教授，并跻身于世界杰出数学家的行列。他的事迹，算得上是一个真实灰姑娘的故事。

魏尔斯特拉斯对分析学作出的贡献是极为显著的，正如他的教学方法是举世闻名的一样。随着他的赫赫名声在德国和欧洲的传播，这位数学大师吸引着渴望师从他的年轻数学家们。在他的门下云集了一大批追随者。那时人们可以见到这样一种真实的场景，患有严重眩晕症的魏尔斯特拉斯坐在一把安乐椅上授课，而由一名指派的学生把他的话写在黑板上。（这样一种讲课方式令后来的教授们羡慕不已，然而是几乎无法重现的。）

如果说魏尔斯特拉斯的执教风格是异乎寻常的话，那么他对待发表研究成果的态度也是与众不同的。尽管他的讲课充满了新颖的观点和重要概念，但是他疏于发表文章，而是经常让别人从他们自己的著述中去传播这样的知识。因此人们发现，他的成果是笼统地属于魏尔斯特拉斯学派的。那些信仰"不发表就是毁灭"的现代学者们，很难理解这种非占有式的学术观念。魏尔斯特拉斯以**创立**具有重大意义的数学为己任，宁愿去冒毁灭的风险。

魏尔斯特拉斯学派通过魏尔斯特拉斯本人或者他的门生们发表的研

究成果，对分析学赋予逻辑上的一种无与伦比的精确性。他矫正了许多难以捉摸的错误概念，证明了大量重要的定理，并且构造出一个令数学家们惊叹不已的处处连续而又不可微的函数的反例。在这一章，我们会了解到卡尔·魏尔斯特拉斯为什么被誉为"现代分析学之父"。[2]

回到基本问题

不妨回忆一下，柯西是怎样在极限的基础上建立他的微积分的。在他给出的定义中有这样一句话：

> 当属于一个变量的相继值无限地趋近某个固定值时，如果以这样一种方式告终，变量值同固定值之差小到我们希望的任意小，那么这个固定值就称为其他所有值的极限。

对于我们而言，这句话的某些方面，例如"趋近"这个行动，似乎不是一种令人满意的表达方式。趋近是指某种实际的动作吗？如果是这样，那么在谈论极限之前我们必须考虑时间和空间的概念吗？此外，这个过程"告终"的含义是什么？总之，所有这一切尚需作最后修订。

魏尔斯特拉斯重新给出极限的定义：

$$\lim_{x \to a} f(x) = L，当且仅当对于任意 \varepsilon > 0，存在一个 \delta > 0，$$
$$使得只要 0 < |x-a| < \delta，就有 |f(x)-L| < \varepsilon \tag{1}$$

这个完美的定义同柯西对极限所说的话形成鲜明对比。在这里，没有任何动作，而且不涉及时间。这是一个静态的而非动态的定义，同时又是一个代数的而非几何的定义。定义的核心是一个关于不等式的断言。并且，可以把这个定义作为证明各种极限定理的基础，例如，用它给出"和的极限等于极限的和"的确切证明。至此，对于这样的定理可以进行像欧几里得命题那样完全严格的证明。

　　有人可能提出这样的观点：需要为精确性付出某种代价，因为魏尔斯特拉斯提出的严格定义缺乏直觉的魅力和几何上的直观性。毫无疑问，还需要慢慢适应像式（1）这样的陈述。除此之外，几何直观是值得怀疑的，而魏尔斯特拉斯给出的这个纯粹的分析定义丝毫不牵涉空间与时间。

　　魏尔斯特拉斯除了重新阐明各种关键性概念外，还领会到了这些概念的含义，这是他的前辈们未能做到的。一个例子就是一致连续性，柯西同这种函数性质失之交臂。我们回忆一下，柯西在逐点的基础上定义了连续性，他指出，如果 $\lim\limits_{x \to a} f(x) = f(a)$，那么 f 在 a 是连续的。采用魏尔斯特拉斯的语言，这意味着对于每个 $\varepsilon > 0$，存在一个对应的 $\delta > 0$，使得只要 $0 < |x-a| < \delta$，就有 $|f(x)-f(a)| < \varepsilon$。因此，对于一个固定的"靶子" ε 和一个已知的 a，我们能够求出所需的 δ。但是此处的 δ **同时依赖** ε **和** a。当考虑一个不同的 a 值时，我们如果保持同一个 ε，一般而言，必须调整对 δ 的选择。

　　爱德华·海涅（1821—1881）在出版物中首次作出这种区分，不过他暗示"这个普遍概念"是他的良师益友魏尔斯特拉斯传授给他的。[3] 海涅给出了**一致连续**的定义：如果对于每个 $\varepsilon > 0$，存在一个 $\delta > 0$，使得函数 f 的定义域内的任意两点 x 和 y，只要它们的距离小于 δ，就有 $|f(x)-f(y)| < \varepsilon$，那么 f 在其定义域上是一致连续的。在本质上，这意味着"一个 δ 适用于所有 x"，所以在这个一致距离之内的点，它们之间的函数值之差将在 ε 的范围内。

　　显然，一个一致连续的函数，在每个单独的点是连续的。但是，相反的结论并不成立，典型的反例是定义在开区间（0, 1）上的函数 $f(x) = 1/x$，如图 9-1 所示。这个函数在（0, 1）内的每个点无疑是连续的，但是它不符合海涅的一致连续判别准则。我们考察一下何以如此。令 $\varepsilon = 1$，我们断定不会存在一个 $\delta > 0$，使得当从（0, 1）选择满足 $|x-y| < \delta$

的 x 和 y 时，有 $|f(x)-f(y)|=\left|\dfrac{1}{x}-\dfrac{1}{y}\right|<1$。这是因为，对于给定的 δ，我们可以选择一个整数 $N>\max\{1/\delta,\ 1\}$，并且令 $x=1/(N+2)$ 和 $y=1/N$。在这种情形下，x 和 y 同属于区间 $(0,1)$，并且有

$$|x-y|=\left|\frac{1}{N+2}-\frac{1}{N}\right|=\frac{2}{N(N+2)}<\frac{N+2}{N(N+2)}=\frac{1}{N}<\delta$$

然而 $\left|\dfrac{1}{x}-\dfrac{1}{y}\right|=\left|\dfrac{1}{1/(N+2)}-\dfrac{1}{1/N}\right|=2\not<1=\varepsilon$。一致连续的条件不满足。

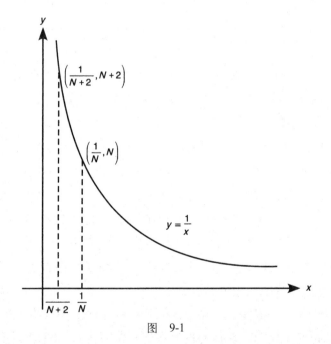

图 9-1

回顾第 6 章，不禁使我们想起柯西曾经论述过连续函数，同时，在他的某些证明中实际上使用了**一致**连续性。值得庆幸的是，当海涅在 1872 年证明了一个有界闭区间 $[a,b]$ 上的连续函数必定是一致连续函数时，一场逻辑推理上的灾难得以避免。就是说，如果我们把函数限制在闭区间

$[a, b]$ 上，那么连续性同一致连续性之间的差异将随之消失。（请注意，在上面举出的反例中，函数是定义在一个开区间上的。）所以，对于有界闭区间上的函数，当在证明中出现柯西的错误概念时，多亏海涅的结果，这使他的证明是"可补救的"。

魏尔斯特拉斯认识到一种更为重要的区分，那就是点态收敛同一致收敛之间的差异。为了考察这两种收敛概念，我们有必要暂且离开一下正题。

假定我们有一个**函数序列** $f_1, f_2, f_3, \cdots, f_k, \cdots$ ，它们具有相同的定义域。如果在这个定义域中固定一点 x ，并且把它代入每个函数，遂产生一个**数列** $f_1(x), f_2(x), f_3(x), \cdots, f_k(x), \cdots$ 。假定对于每个单独的 x ，这个数列收敛。在这种情况下，在每个点 x 建立了由 $f(x) \equiv \lim\limits_{k \to \infty} f_k(x)$ 定义的新函数。我们把 $f(x)$ 称为 $\{f_k(x)\}$ 的"点态极限"。

例如，考虑在区间 $[0, \pi]$ 上定义的函数序列：

$$f_1(x) = \sin x, f_2(x) = (\sin x)^2, f_3(x) = (\sin x)^3, \cdots, f_k(x) = (\sin x)^k, \cdots$$

这个序列的前三个函数的图形在图 9-2 中画出。

我 们 看 出， 对 于 所 有 $k \geq 1$ ， $f_k\left(\dfrac{\pi}{2}\right) = \left(\sin\dfrac{\pi}{2}\right)^k = 1$ ，所以 $\lim\limits_{k \to \infty} f_k\left(\dfrac{\pi}{2}\right) = \lim\limits_{k \to \infty} 1 = 1$ 。另一方面，如果 x 在区间 $[0, \pi]$ 内，但是 $x \neq \dfrac{\pi}{2}$ ，那么 $\sin x = r$ ，其中 $0 \leq r < 1$ ，所以 $\lim\limits_{k \to \infty} f_k(x) = \lim\limits_{k \to \infty} (r^k) = 0$ 。因此，这个点态极限为

$$f(x) = \lim_{k \to \infty} f_k(x) = \begin{cases} 0, & 0 \leq x < \pi/2 \\ 1, & x = \dfrac{\pi}{2} \\ 0, & \pi/2 < x \leq \pi \end{cases}$$

它的图形显示在图 9-3 中。

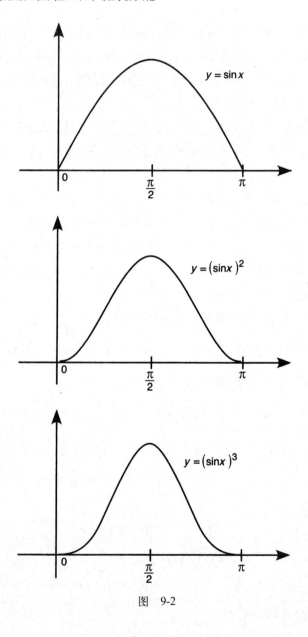

图 9-2

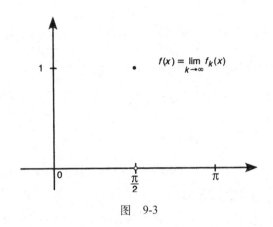

图 9-3

这个例子引出分析学中的一个重大问题：如果函数序列 $\{f_k\}$ 中的每个函数具有某种确定的性质，而 f 是这个函数序列的点态极限，那么 f 本身必须具备这种性质吗？用数学语言表述，就是问函数的一种特性是否由点态极限**继承**。如果每个 f_k 是连续函数，f 必定是连续函数吗？如果每个 f_k 是可积的，f 必定是可积的吗？

要是单凭直觉，可能回答"是的，为什么不是呢！"可惜，世间的事物并非如此简单。例如，连续性就不是点态极限函数继承的特性，这正是使过去的柯西和其他数学家迷惑不解的根源。[4] 我们只需考察一下上面的例子就会明白，函数 $f_k(x) = (\sin x)^k$ 是处处连续的，然而它们在图 9-3 中的点态极限 $f(x)$ 在 $x = \pi/2$ 就是不连续的。这个例子同样说明，可微性也不是点态极限继承的特性。

关于积分又如何呢？在本书中我们已经多次见过，数学家们一度认为

$$\lim_{k \to \infty} \int_a^b f_k(x)\mathrm{d}x = \int_a^b \left[\lim_{k \to \infty} f_k(x) \right] \mathrm{d}x$$

从这个等式断定，我们可以万无一失地交换两种重要的微积分运算：先积分然后取极限，或者先取极限然后积分。

为了看出这同样是错误的，我们在区间 [0, 1] 上定义一个由函数

$$f_k(x) = \begin{cases} 0, & 0 \leqslant x < \dfrac{1}{2k} \\[2mm] (16k^2)x - 8k, & \dfrac{1}{2k} \leqslant x < \dfrac{3}{4k} \\[2mm] (-16k^2)x + 16k, & \dfrac{3}{4k} \leqslant x < \dfrac{1}{k} \\[2mm] 0, & \dfrac{1}{k} \leqslant x < 1 \end{cases}$$

表示的序列 $\{f_k(x)\}$。这个函数表达式尽管看起来也许令人生畏，不过图 9-4 中的 f_1，f_2 和 f_3 的图形显示，这些函数是非常平常的。每个 $f_k(x)$ 都是连续函数，它们的"尖峰"在越来越靠近原点的区域上变得越来越高，但宽度越来越小。

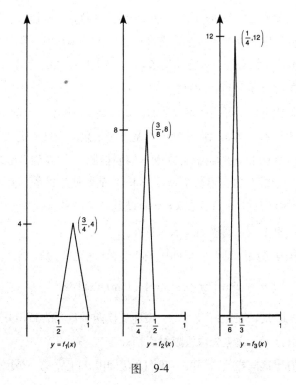

图 9-4

由于 f_k 是连续函数，对它们可以求积分，而它们的积分作为图 9-5 中的三角形的面积是很容易计算的：

$$\int_0^1 f_k(x)\mathrm{d}x = 三角形面积 = \frac{1}{2}b\times h = \frac{1}{2}\left(\frac{1}{2k}\right)\times(4k)=1$$

所以，当这些三角形区域的底边变得越来越小时，它们的高以三角形的面积保持不变这样一种方式增加。于是，显然有

$$\lim_{k\to\infty}\int_0^1 f_k(x)\mathrm{d}x = \lim_{k\to\infty}1 = 1 \tag{2}$$

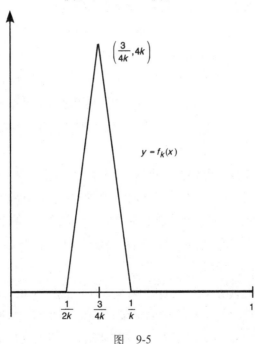

图 9-5

另一方面，我们断言 $\{f_k\}$ 的点态极限在区间[0, 1]上处处为零。毫无疑问，$f(0)=0$，因为对于每个 k 有 $f_k(0)=0$。同时，如果 $0<x\leqslant 1$，我们选择一个满足 $\frac{1}{N}<x$ 的自然数 N，并且考察所有位于其后的函数，

即所有满足 $k \geqslant N$ 的 f_k，其"尖峰"已经移动到 x 的左侧，致使 $f_k(x) = 0$。因此也有 $f(x) \equiv \lim_{k \to \infty} f_k(x) = 0$。我们由此看出

$$\int_0^1 \left[\lim_{k \to \infty} f_k(x) \right] \mathrm{d}x = \int_0^1 f(x)\mathrm{d}x = \int_0^1 0 \cdot \mathrm{d}x = 0$$

把这个结果同式（2）比较，就显现令人沮丧的事实：函数序列积分的极限不一定等于极限函数的积分。用符号表示，我们得到 $\lim_{k \to \infty} \int_0^1 f_k(x)\mathrm{d}x \neq \int_0^1 \left[\lim_{k \to \infty} f_k(x) \right] \mathrm{d}x$。再次看到，这个函数序列的点态极限不具备一种"优美的"解析特性，这是颇为遗憾的。

魏尔斯特拉斯在 1841 年之前就察觉到这种情况，并且提出一种解决方法。[5]但是，以他固有的与众不同的方式，他直到 1894 年才把自己的思想公诸于世，这已是在半个世纪之后的事情——好在他的学生们很早以前就把这种思想传播出去了。他的想法是引进一种更强的收敛形式，称为**一致收敛**，在这种收敛概念下，函数序列中个体函数的主要性质将会传递给它的极限函数。

仿效他的做法，我们给出一致收敛的下述定义：倘若对于每个 $\varepsilon > 0$，存在一个自然数 N，如果 $k \geqslant N$ 而 x 为定义域中的任意点，那么有 $|f_k(x) - f(x)| < \varepsilon$，这时就说函数序列 $\{f_k\}$ 在共同定义域上一致收敛于函数 f。联想到一致连续性，这表明在函数 $f_k(x)$ 的定义域内"一个 N 适合于一切 x"。

对于这种收敛方式，可以作出几何解释。给定 $\varepsilon > 0$，我们画一条包围 $y = f(x)$ 图形的宽度为 ε 的带状区域，如图 9-6 所示。依据一致收敛，我们必定达到这样一个下标 N，致使序列 $\{f_k\}$ 中的 f_N 以及其后的所有函数**全部**落入这个带状区域。正如一致收敛这个名称所显示的，这样一些函数在区间$[a, b]$上一致逼近 f。

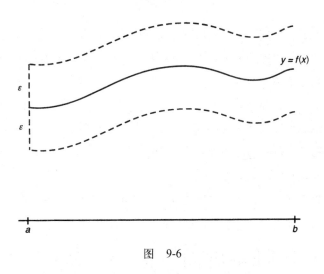

图　9-6

　　不难看出，如果一个函数序列 $\{f_k\}$ 一致收敛于函数 f，那么 $\{f_k\}$ 点态收敛于 f，但是相反的命题不成立。例如，前面描述的"尖峰"函数序列在区间[0,1]上点态收敛于零值函数，但是不一致收敛于零值函数。同仅仅是点态收敛相比，一致收敛算是一种更强的和限制更大的收敛形态。

　　出于几点原因，我们在这里脱离了主题。首先，在本章的主要结果中需要用到一致收敛的概念。其次，这些思想在本书其余部分反复出现。最后，这样一些成熟的见解足以说明，在微积分的历史上魏尔斯特拉斯何以占有如此重要的地位。Victor Katz 对于他的工作作出这样的评价：

　　在魏尔斯特拉斯给出的定义中，他不仅绝对清楚某些量是如何依赖于其他量的，而且完成了不用像"无穷小"这样一些术语的转变。从此以后，凡是涉及这类概念的定义，全部都是用算术方式给出的。[6]

四个重要定理

魏尔斯特拉斯不仅重新审视分析学中的各种定义，同时他还是应用它们证明重要定理的大师。下面我们给出他获得的四个涉及一致收敛的结果，不过不予证明。

前面两个定理解决上面提及的一个题目：在一致收敛条件下，函数的重要的解析性质从函数序列 $\{f_k\}$ 的个体项传递给它们的极限函数 f。

定理 1 如果 $\{f_k\}$ 是在区间 $[a, b]$ 上一致收敛于 f 的连续函数的序列，那么 f 本身也是连续函数。

定理 2 如果 $\{f_k\}$ 是在区间 $[a, b]$ 上一致收敛于 f 的有界黎曼可积函数的序列，那么 f 在 $[a, b]$ 上是黎曼可积的，并且

$$\lim_{k \to \infty}\left[\int_a^b f_k(x)\mathrm{d}x\right] = \int_a^b \left[\lim_{k \to \infty} f_k(x)\right]\mathrm{d}x = \int_a^b f(x)\mathrm{d}x$$

根据定理 2，对于一致收敛的函数序列，允许进行取极限与求积分的交换。

第三个定理如今称为魏尔斯特拉斯逼近定理。这个定理在连续函数同多项式之间提供一种始料未及的联系。

定理 3（魏尔斯特拉斯逼近定理） 如果 f 是定义在有界闭区间 $[a, b]$ 上的连续函数，那么存在一个在 $[a, b]$ 上一致收敛于 f 的多项式的序列 $\{P_k\}$。

这个定理如此令人着迷，原因在于有的连续函数可能是特性极差的（事实上，这正是我们马上要考察的魏尔斯特拉斯反例的特点）。相比之下，多项式却是非常平和的函数。后者竟然可能一致逼近前者，这仿佛是一桩奇妙的天赐良缘。

这三个定理都与一致收敛有关。它们使连续性和可积性从函数序列的个体函数传递给它们的极限函数，并且提供一种用多项式逼近连续函

数的手段。但是首先要问，存在确定一致收敛的简单方法吗？

判别一致收敛的一种途径是用所谓的魏尔斯特拉斯 M 检验法，这是我们初步结果中的最后一个定理。像前面那样，我们从在一个共同定义域上定义的函数序列 $\{f_k\}$ 开始，不过 M 检验法引进一种新奇的方法：我们把序列的前 n 项**相加**，建立部分和 $S_n(x) = \sum_{k=1}^{n} f_k(x) = f_1(x) + f_2(x) + \cdots + f_n(x)$。如果部分和的序列 $\{S_n\}$ 一致收敛于一个函数 f，我们就说函数项的无穷级数 $\sum_{k=1}^{n} f_k(x)$ 一致收敛于 $f(x)$。在这个基础上，现在我们来陈述下述结果。

定理 4（魏尔斯特拉斯 M 检验法） 设 $\{f_k(x)\}$ 是定义在一个共同定义域上的函数序列。如果对于每个 k，存在一个正数 M_k，使得对于定义域内的所有 x，有 $|f_k(x)| \leqslant M_k$，并且如果无穷级数 $\sum_{k=1}^{\infty} M_k$ 收敛，那么函数项级数 $\sum_{k=1}^{\infty} f_k(x)$ 一致收敛。

这个检验法相当于函数级数与数值级数之间的一个比较检验法，其中**数值级数**的收敛蕴含函数级数的一致收敛。例如，考虑区间 $[0, 1]$ 上由

$$f(x) = \sum_{k=1}^{\infty} \frac{x^k}{(k+1)^3} = \frac{x}{2^3} + \frac{x^2}{3^3} + \frac{x^4}{4^3} + \cdots$$

定义的函数。这里，对于 $[0, 1]$ 内的所有 x，我们有 $|f_k(x)| = \left| \dfrac{x^k}{(k+1)^3} \right|$ $\leqslant \dfrac{1}{(k+1)^3} \leqslant \dfrac{1}{k^2}$，而根据第 4 章欧拉关于雅各布·伯努利难题的结果，可知 $\sum_{k=1}^{\infty} \dfrac{1}{k^2} = \dfrac{\pi^2}{6}$。由 M 检验法立即推出函数 $f(x)$ 一致收敛。此外，如果对部分和 $S_n(x)$ 应用定理 1 和定理 2，可知 f 本身也是连续函数，因为每个部分和函数是连续的，并且

$$\int_0^1 f(x) \mathrm{d}x = \int_0^1 \left[\lim_{n \to \infty} S_n(x) \mathrm{d}x \right] = \lim_{n \to \infty} \left[\int_0^1 S_n(x) \mathrm{d}x \right]$$

$$= \lim_{n \to \infty} \left[\int_0^1 \left(\sum_{k=1}^{n} \frac{x^k}{(k+1)^3} \mathrm{d}x \right) \right]$$

$$= \lim_{n \to \infty} \left[\sum_{k=1}^{n} \int_0^1 \left(\frac{x^k}{(k+1)^3} \mathrm{d}x \right) \right] = \lim_{n \to \infty} \left[\sum_{k=1}^{n} \frac{1}{(k+1)^4} \right]$$

$$= \sum_{k=1}^{\infty} \frac{1}{(k+1)^4} = \left[\sum_{k=1}^{\infty} \frac{1}{k^4} \right] - 1 = \frac{\pi^4}{90} - 1$$

其中再次得益于欧拉关于级数 $\sum\limits_{k=1}^{\infty} \dfrac{1}{k^4}$ 的结果。至此，对于交换取极限与求积分的无限过程，无论情况多么复杂，我们已经提示所有的干预步骤。魏尔斯特拉斯 M 检验法使我们能够断定 $f(x)$ 是连续函数，并且准确地求出它的积分值，这是一个具有重大意义的成就。

我们终于完成了一切准备工作，搭建起数学史上行将演绎的一个轰动事件的舞台。

魏尔斯特拉斯病态函数

数学家们早就知道，一个可微的（"光滑的"）函数必定是连续的（"不间断的"）函数，但是，反之不然。例如，一个像 $y = |x|$ 这样的 V 字型函数是处处连续的函数，但是它在 $x = 0$ 处是不可微的，它的图形在那里突然改变方向，形成一个拐角。

然而，人们曾经认为连续函数必定"多半"是光滑的。赫赫有名的安德烈·马里·安培（1775—1836）对连续函数通常是可微的命题曾经提出过一个证明，而且在 19 世纪整个前半期，微积分学教科书都支持这种见解。[7]

这无疑是有吸引力的。任何人可以想象这样一幅连续的"锯齿"状图形，平滑地上升到一个齿角，然后下降到下一个齿角，接着再上升到另一个齿角，如此延续下去。当我们压缩"锯齿"时，得到越来越多不可微的点。尽管如此，似乎必定继续存在使函数图形从一个齿角平滑地上升或者下降到另一个齿角的区间。由此可见，几何图形表明，任何连续函数必定存在大量可微的点。

因此，当魏尔斯特拉斯构造出处处连续但是无处可微的函数时，引起巨大震惊，这是一个稀奇古怪的函数实体，它看起来是连续的，却是处处参差不齐的。这个函数被大多数人视为难以想象的，它不仅推翻了安培的"定理"，而且把几何直观作为微积分的可靠基础的主张逐出了历史舞台。

人们普遍认为，魏尔斯特拉斯是在 19 世纪 60 年代构造出他的例子的，并且在 1872 年 7 月 18 日把这个例子提交给柏林科学院。按照以往的习惯，魏尔斯特拉斯没有匆忙公布他的发现；直到 1875 年，这个病态函数才由保罗·杜布瓦·雷蒙（1831—1889）首次发表。

毋庸置疑，一个如此特殊的函数自然远非初等函数。就其学术上的复杂程序而言，它或许是本书中要求最苛刻的结果。但是，由于这个函数独具的违反直觉的特性，努力构造它是非常值得的，更不用说它具有的历史意义了。下面我们仿效魏尔斯特拉斯的论证，但是改变了他的记号，同时为了清晰起见，间或添加了某些细节。

我们从一个引理开始，这个引理是魏尔斯特拉斯在证明中需要使用的。他用一个三角恒等式证明这个引理，但是我们给出利用微积分的一个证明。

引理　如果 $B > 0$，那么

$$\left| \frac{\cos(A\pi + B\pi) - \cos(A\pi)}{B} \right| \leqslant \pi$$

证明　令 $h(x) = \cos(\pi x)$ 是区间 $[A, A + B]$ 上的函数。根据中值定理，在 A 和 $A + B$ 之间存在一点 c，使得

$$\frac{h(A+B)-h(A)}{B} = h'(c)$$

这个结果等价于

$$\frac{\cos(A\pi+B\pi)-\cos(A\pi)}{B} = -\pi\sin(c\pi)$$

由此推出

$$\left|\frac{\cos(A\pi+B\pi)-\cos(A\pi)}{B}\right| = |-\pi\sin(c\pi)| \leqslant \pi \cdot 1 = \pi$$

现在我们用魏尔斯特拉斯本人当初的表达方式介绍他的著名反例。

定理 如果 $a \geqslant 3$ 是一个奇数，b 是严格介于 0 与 1 之间的一个常数且满足 $ab > 1 + 3\pi/2$，那么函数

$$f(x) = \sum_{k=0}^{\infty} b^k \cos(\pi a^k x)$$

是处处连续的和无处可微的。[8]

Dies kann z. B. folgendermassen geschehen.

Es sei x eine reelle Veränderliche, a eine ungrade ganze Zahl, b eine positive Constante, kleiner als 1, und

$$f(x) = \sum_{n=0}^{\infty} b^n \cos(a^n x \pi);$$

so ist $f(x)$ eine stetige Function, von der sich zeigen lässt, dass sie, sobald der Werth des Products ab eine gewisse Grenze übersteigt, an keiner Stelle einen bestimmten Differentialquotienten besitzt.

魏尔斯特拉斯病态函数（1872）

证明 显然，魏尔斯特拉斯在对 a 和 b 设置这些离奇的约束条件之前，已经进行了大量收集材料的准备工作。为了简化讨论，我们将取 $a = 21$ 和 $b = 1/3$。这种选择满足定理中设定的条件，因为 $a \geqslant 3$ 是一个奇数，b 位于区间（0,1）内，并且 $ab = 7 > 1 + 3\pi/2$。所以，我们的特定函数将是

$$f(x) = \sum_{k=0}^{\infty} \frac{\cos(21^k \pi x)}{3^k} = \cos(\pi x) + \frac{\cos(21\pi x)}{3} + \frac{\cos(441\pi x)}{9} + \cdots \quad (3)$$

为了证明 f 的连续性，只需应用 M 检验法。显而易见，$\dfrac{\cos(21^k \pi x)}{3^k} \leqslant \dfrac{1}{3^k}$，而 $\sum_{k=0}^{\infty} \dfrac{1}{3^k}$ 收敛于 3/2。因此，这个级数一致收敛于 f。由于每个直和项 $\dfrac{\cos(21^k \pi x)}{3^k}$ 是处处连续的，所以根据前面的定理 1，f 也是处处连续的。

对于证明函数 f 是处处连续的和无处可微的，看起来我们已做了一半工作，然而，证明它是"无处可微的"部分却是难上加难的。为此目的，我们从固定一个实数 r 开始。我们的目标在于证明 $f'(r)$ 是不存在的。由于 r 是任意的，这个结果也就证实 f 无论在什么点都是不可微的。

在下述魏尔斯特拉斯推理中，汇集一些看上去没有联系的问题的若干结果是有益的。毫无疑问，其中每个结果都会在他的盛大演出的某个场合扮演重要角色。

首先，魏尔斯特拉斯注意到，对于每个 $m = 1, 2, 3, \ldots$，实数 $21^m r$（像任何实数一样）处于同它最接近的整数的半个单位的范围内。因此，对于每个整数 m，存在这样一个**整数** α_m，使得 $\alpha_m - \dfrac{1}{2} < 21^m r \leqslant \alpha_m + \dfrac{1}{2}$（参见图 9-7）。令 $\varepsilon_m = 21^m r - \alpha_m$ 为 α_m 同 $21^m r$ 之间的间距，我们看出

$$\alpha_m + \varepsilon_m = 21^m r \quad (4)$$

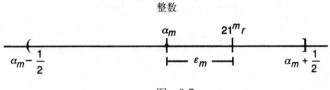

图　9-7

由于 $-\dfrac{1}{2} < \varepsilon_m \leqslant \dfrac{1}{2}$，所以 $0 < \dfrac{1/2}{21^m} \leqslant \dfrac{1-\varepsilon_m}{21^m} < \dfrac{3/2}{21^m}$。为了便于表示，我们引入 $h_m = \dfrac{1-\varepsilon_m}{21^m}$，并且注意

$$21^m h_m = 1 - \varepsilon_m \quad \text{和} \quad \frac{1}{h_m} > \frac{21^m}{3/2} \tag{5}$$

现在，根据迫敛性定理，$0 < \dfrac{1/2}{21^m} \leqslant h_m < \dfrac{3/2}{21^m}$ 足以保证 $\lim\limits_{m \to \infty} h_m = 0$。这个正数项序列将在证实 $f(x)$ 的不可微性中起决定性作用。

这时，我们（暂且）固定整数 m。像魏尔斯特拉斯所做的那样，我们利用式（3），并且考察微商：

$$\frac{f(r+h_m) - f(r)}{h_m} = \frac{\sum\limits_{k=0}^{\infty} \dfrac{\cos(21^k \pi [r + h_m])}{3^k} - \sum\limits_{k=0}^{\infty} \dfrac{\cos(21^k \pi r)}{3^k}}{h_m}$$

$$= \sum_{k=0}^{m-1} \frac{\cos(21^k \pi r + 21^k \pi h_m) - \cos(21^k \pi r)}{3^k h_m}$$

$$+ \sum_{k=m}^{\infty} \frac{\cos(21^k \pi r + 21^k \pi h_m) - \cos(21^k \pi r)}{3^k h_m} \tag{6}$$

在此，无穷级数已经被分成两部分。魏尔斯特拉斯将分别考察每一部分的绝对值。

对于第一个级数，我们应用引理，并取 $A = 21^k r$ 和 $B = 21^k h_m$，确定每个直和项的界如下：

$$\left| \frac{\cos(21^k \pi r + 21^k \pi h_m) - \cos(21^k \pi r)}{3^k h_m} \right|$$

$$= 7^k \left| \frac{\cos(21^k \pi r + 21^k \pi h_m) - \cos(21^k \pi r)}{21^k h_m} \right| \leqslant 7^k \pi$$

于是，由三角不等式，我们得到第一个级数的一个上界：

$$\left| \sum_{k=0}^{m-1} \frac{\cos(21^k \pi r + 21^k \pi h_m) - \cos(21^k \pi r)}{3^k h_m} \right|$$

$$\leqslant \sum_{k=0}^{m-1} \left| \frac{\cos(21^k \pi r + 21^k \pi h_m) - \cos(21^k \pi r)}{3^k h_m} \right|$$

$$\leqslant \sum_{k=0}^{m-1} 7^k \pi = \pi(1 + 7 + 49 + \cdots + 7^{m-1}) = \pi \left[\frac{7^m - 1}{6} \right] < \frac{\pi}{6}(7^m) \qquad (7)$$

式（6）中的第二个级数提出一个更大的挑战。为了确定它的绝对值，我们进行四项相关的考察：

（A）如果 $k \geqslant m$，由式（4）和式（5）看出

$$21^k \pi r + 21^k \pi h_m = 21^{k-m} \pi [21^m r + 21^m h_m]$$
$$= 21^{k-m} \pi [(\alpha_m + \varepsilon_m) + (1 - \varepsilon_m)]$$
$$= 21^{k-m} \pi [\alpha_m + 1]$$

但是 21^{k-m} 是一个奇数，而 α_m 也是一个整数。因此，$21^{k-m} \pi [\alpha_m + 1]$ 等于 π 的偶数倍或者奇数倍，这取决于 $\alpha_m + 1$ 为偶数或者奇数。由此推出

$$\cos(21^k \pi r + 21^k \pi h_m) = \cos(21^{k-m} \pi [\alpha_m + 1]) = (-1)^{\alpha_m + 1}$$

（B）我们再限定 $k \geqslant m$，并且利用式（4），得到

$$21^k \pi r = 21^{k-m} \pi (21^m r) = 21^{k-m} \pi (\alpha_m + \varepsilon_m)$$

由一个众所周知的三角恒等式，我们得到

$$\cos(21^k \pi r) = \cos(21^{k-m} \pi \alpha_m + 21^{k-m} \pi \varepsilon_m)$$
$$= \cos(21^{k-m} \pi \alpha_m) \cdot \cos(21^{k-m} \pi \varepsilon_m)$$
$$- \sin(21^{k-m} \pi \alpha_m) \cdot \sin(21^{k-m} \pi \varepsilon_m)$$

此处 $21^{k-m} \pi \alpha_m$ 等于 π 的偶数倍或者奇数倍，这取决于 α_m 为偶数或者奇数，所以

$$\cos(21^k \pi r) = (-1)^{\alpha_m} \cdot \cos(21^{k-m} \pi \varepsilon_m) - 0 \cdot \sin(21^{k-m} \pi \varepsilon_m)$$
$$= (-1)^{\alpha_m} \cdot \cos(21^{k-m} \pi \varepsilon_m)$$

（C）（这是一项容易求得的结果）由于余弦的性质，

$$1+\cos(21^{k-m}\pi\varepsilon_m)\geqslant 0$$

（D）由于 $-\dfrac{1}{2}<\varepsilon_m\leqslant\dfrac{1}{2}$，可知 $-\dfrac{\pi}{2}<\pi\varepsilon_m\leqslant\dfrac{\pi}{2}$，所以 $\cos(\pi\varepsilon_m)\geqslant 0$。

现在，对于式（6）中第二个级数应用（A）和（B）的结果，得到它的绝对值的一个**下界**：

$$\left|\sum_{k=m}^{\infty}\frac{\cos(21^k\pi r+21^k\pi h_m)-\cos(21^k\pi r)}{3^k h_m}\right|$$

$$=\left|\sum_{k=m}^{\infty}\frac{(-1)^{\alpha_m+1}-(-1)^{\alpha_m}\cdot\cos(21^{k-m}\pi\varepsilon_m)}{3^k h_m}\right|$$

$$=\left|\sum_{k=m}^{\infty}\frac{(-1)^{\alpha_m+1}[1+\cos(21^{k-m}\pi\varepsilon_m)]}{3^k h_m}\right|$$

$$=\left|\frac{(-1)^{\alpha_m+1}}{h_m}\right|\cdot\left|\sum_{k=m}^{\infty}\frac{1+\cos(21^{k-m}\pi\varepsilon_m)}{3^k}\right|$$

$$=\frac{1}{h_m}\cdot\sum_{k=m}^{\infty}\frac{1+\cos(21^{k-m}\pi\varepsilon_m)}{3^k}$$

最后一个等式成立是因为根据（C），级数中的每一项取非负值。

这个非负项级数的和必定大于它的第一项（其中 $k=m$），所以根据（D）和式（5），我们得到

$$\left|\sum_{k=m}^{\infty}\frac{\cos(21^k\pi r+21^k\pi h_m)-\cos(21^k\pi r)}{3^k h_m}\right|$$

$$\geqslant\frac{1}{h_m}\left[\frac{1+\cos(\pi\varepsilon_m)}{3^m}\right]\geqslant\frac{1}{3^m h_m}>\frac{21^m}{3^m(3/2)}=\frac{2}{3}(7^m)$$

以上全部推导，落下了正剧之前的冗长序幕。魏尔斯特拉斯此时导出了关键性的不等式，他从刚才证明的结果开始，最终确定函数 $f(x)$ 的微商的界限：

$$\frac{2}{3}(7^m) < \left| \sum_{k=m}^{\infty} \frac{\cos(21^k \pi r + 21^k \pi h_m) - \cos(21^k \pi r)}{3^k h_m} \right|$$

$$= \left| \frac{f(r+h_m) - f(r)}{h_m} - \sum_{k=0}^{m-1} \frac{\cos(21^k \pi r + 21^k \pi h_m) - \cos(21^k \pi r)}{3^k h_m} \right|$$

（根据式（6））

$$\leqslant \left| \frac{f(r+h_m) - f(r)}{h_m} \right| + \left| \sum_{k=0}^{m-1} \frac{\cos(21^k \pi r + 21^k \pi h_m) - \cos(21^k \pi r)}{3^k h_m} \right|$$

$$< \left| \frac{f(r+h_m) - f(r)}{h_m} \right| + \frac{\pi}{6}(7^m)$$

（根据式（7））

从这一串不等式中的第一个和最后一个，我们推出

$$\left| \frac{f(r+h_m) - f(r)}{h_m} \right| > \frac{2}{3}(7^m) - \frac{\pi}{6}(7^m) = \left[\frac{2}{3} - \frac{\pi}{6} \right] 7^m \qquad (8)$$

表达式（8）具有两个主要特性：第一，数 $\frac{2}{3} - \frac{\pi}{6} \approx 0.143\,07$ 是一个正常数。第二，式（8）中的不等式对于我们所取的固定的自然数 m 成立，而 m 是随意取的。考虑到这一点，我们现在"不固定" m，并且取极限：

$$\lim_{m \to \infty} \left| \frac{f(r+h_m) - f(r)}{h_m} \right| \geqslant \lim_{m \to \infty} \left[\frac{2}{3} - \frac{\pi}{6} \right] 7^m = \infty$$

但是我们注意到，当 $m \to \infty$ 时 $h_m \to 0$。因此，$f'(r) = \lim\limits_{n \to \infty} \dfrac{f(r+h) - f(r)}{h}$ 不能作为一个有限量存在。简单地说（简单吗？）$f(r)$ 在 $x = r$ 是不可微的。同时，由于 r 是一个未指定的实数，这就证实魏尔斯特拉斯定义的函数是无处可微的，尽管它是处处连续的函数。■

当读者从魏尔斯特拉斯论证的震撼下恢复平静时，多半会产生一些反应。反应之一会是对他所表现的才能万分惊讶。他在整合这个证明中显示出的天赋是出类拔萃的。

另一个反应是可能产生某种不安的感觉，因为我们恰好证实了一个

连续函数可以不存在可微性点。函数的图形无处是平滑地上升的或者下降的。在它的图形上没有一点存在一条切线。这是一个离奇的函数，它的每个点好似一个尖角，然而它又是处处连续的。

$y = f(x)$ 的图形是否会给我们一些启发呢？很遗憾，由于 f 是函数项的一个无穷级数，我们只能停留于画出部分函数和的图形。例如，我们在图 9-8 中仅画出第 3 个部分和

$$S_3(x) = \sum_{k=0}^{2} \frac{\cos(21^k \pi x)}{3^k} = \cos(\pi x) + \frac{\cos(21\pi x)}{3} + \frac{\cos(441\pi x)}{9}$$

的图形。这个图形显示出大量的方向改变以及某种急剧上升和下降的特性，但是没有尖角。事实上，魏尔斯特拉斯函数的任何部分和只包含有限的余弦项，因而是处处可微的。无论画出哪个部分和的图形，我们都不能从中找到一个角点。然而，当我转向求极限产生 f 本身时，必定**处处**出现角点。魏尔斯特拉斯函数超出我们直觉所能理解的范围，是远非可以用几何图形画在黑板上的。但是从上面的证明看出，它的存在是毋庸置疑的。

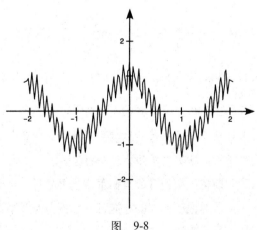

图 9-8

对于魏尔斯特拉斯这个论证的最后一个反应必然是为它的高度严格

的标准喝采。犹如一位音乐大师指挥一支著名的管弦乐队，魏尔斯特拉斯把基本定义、绝对值以及大量的不等式融合成一个协调的整体。在他的证明中，看不出任何处理是随心所欲的，不存在丝毫凭直觉的痕迹。所以后代的分析学家们对他的最高赞誉是这个证明展现了"魏尔斯特拉斯的严格性"。

毫无疑问，对于一个如此病态的函数，并非人人都会感到兴奋。某些批评者毅然反对存在一个把不等式作为对付直觉的王牌的数学世界。我们在前面一章介绍过的查尔斯·埃尔米特，对于这个发现黯然神伤，哀叹道："从这场令人惋惜的没有导数的函数灾难中，我深感震惊和恐怖"。[9] 亨利·庞加莱（1854—1912）把魏尔斯特拉斯举出的病态函数的例子称为"一种对常识的蹂躏"。[10] 受到的触怒的埃米尔·皮卡（1856—1941）则这样表达他的愤慨："要是牛顿和莱布尼茨曾经想到连续函数不一定存在导数，…… 他们就无需发明微分法了。"[11] 不过，这些仿佛从伊甸园走出来的数学家信以为真的建立在直觉形式和几何基础上的微积分已经永远消失了。

但是，魏尔斯特拉斯的推理是严密的。只要不抛弃极限、连续性和可微性的定义，或者不拒绝赋予分析学家们引进无限过程的权利，那些批评家就注定要失败。倘若遇到像一个连续而又无处可微的函数这种直觉上的困难，那么学者们理应修正他们的直觉，而不是抛弃他们面前的数学。分析学的严格性因为柯西而提高，又因为魏尔斯特拉斯而达一个新的顶峰。无论人们是否喜欢它，逆转终归是不可能的。

在持续不断的起伏中，数学家们建立起雄伟的理论体系，然后寻找足以揭示他们的思想界限的恰当反例。这种理论与反例的对照成为正确推理的引擎，凭借这种工具，数学得以进步。因为我们唯有知道某些特性是如何丧失的，方能了解它们是怎样发挥作用的。同样，我们唯有认清直觉是如何把人引入歧途的，方能如实地评价推理的威力。

参考文献

[1] 这段传略摘自 *Dictionary of Scientific Biography*, vol. XIV, C. C. Gillispie, editor-in-chief, Scribner, 1976, pp. 219-224。

[2] Eric Temple Bell, *Men of Mathematics*, Simon & Schuster, 1937, p. 406。

[3] E. Hairer and G. Wanner, *Analysis by Its History*, Springer- Verlag, 1996, p. 215。

[4] Augustin-Louis Cauchy, *Oeuvres*, ser. 2, vol. 3, p. 120。

[5] Thomas Hawkins, *Lebesque's Theory of Integration*, Chelsea, 1975, p. 22。

[6] Victor Katz, *A History of Mathematics: An Introduction*, Harper-Collins, 1993, p. 657。

[7] 同[5]，pp. 43-44。

[8] Karl Weierstrass, *Mathematische Werke*, vol. 2, Berlin, 1895, pp. 71-74。

[9] 引自 Morris Kline, *Mathematical Thought from Ancient to Modern Times*, Oxford University Press, 1972, p. 973。

[10] 同[3]，p. 261。

[11] 同[9]，p. 1040。

第 *10* 章

第二次波折

关于微积分的演化历程，我们讲述到了 1873 年，此时离欧拉辞世将近一个世纪，而距牛顿和莱布尼茨初创微积分已逾两个世纪。及至这时，柯西、黎曼和魏尔斯特拉斯为推进微积分严格化而做的工作，足以令随后可能登场的任何后世的伯克莱们三缄其口。那么，在分析学中还遗留着有待攻克的难题吗？

答案当然是……"当然"。当数学家们竭尽全力建立像连续性和可积性这样一些基本概念时，他们取得的巨大成功也引出了连带的问题，这些问题或者具有诱惑力，或者极端困难，或者既富诱惑力又极端困难。有许许多多独具特色的例子，从这些例子中可以窥视未来的研究途径，而魏尔斯特拉斯的病态函数就是这些例子中最著名的一个。下面我们将要考察几个其他的例子，这些例子将在本书其余几章讨论。

第一个例子就是通常所说的"直尺函数"，是在约翰尼斯·卡尔·托梅（1840—1921）于 1875 年所写的一本书中提出的，这是一个简单但是带有挑战性的例子。他在介绍直尺函数时用这样的开场白："在单独的点连续或者不连续的可积函数是五花八门的，但是最重要的是识别那些通常是无限不连续的可积函数。"[1]

托梅函数是在开区间（0，1）上由

$$r(x) = \begin{cases} 1/q, & x = p/q \text{ 为最简形式的有理数} \\ 0, & x \text{ 为无理数} \end{cases}$$

定义的函数。由此可知，$r(1/5) = r(2/5) = r(4/10) = 1/5$，而$r(\pi/6) = r(1/\sqrt{2}) = 0$。图 10-1 显示这个函数在 $y = 1/7$ 之上的部分图形；在 $y = 1/7$ 之下，图中散列点的密集程度是难以想象的。本图好似在一把竖直移动的直尺上标记刻度，因而得名。

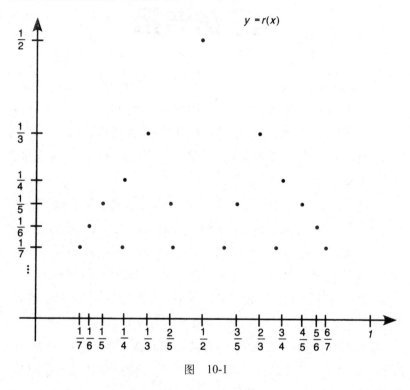

图　10-1

应用前一章引进的 $\varepsilon - \delta$ 定义，很容易证明下面的引理。

引理　如果 a 是区间（0，1）内的任意点，那么 $\lim\limits_{x \to a} r(x) = 0$。

证明　对于 $\varepsilon > 0$，我们选择一个满足 $1/N < \varepsilon$ 的自然数 N。证明依据如下结果：在区间（0，1）内仅有有限个最简形式的有理数是以 N 或者更小的自然数作为分母的。例如，以 5 或者小于 5 的自然数作为分母的

这种分数有 1/2, 1/3, 2/3, 3/4, 1/5, 2/5, 3/5 和 4/5。由于这个集合是有限的，我们可以求出一个足够小的正数 δ，使得区间（$a-\delta, a+\delta$）落入（0, 1）内，并且这个区间不包含这些分数（a 除外）。现在选择满足 $0<|x-a|<\delta$ 的任意 x，并且考虑两种情形。第一，如果 $x=p/q$ 是最简形式的有理数，那么 $|r(x)-0|=|r(p/q)|=1/q<1/N<\varepsilon$，因为只要 $p/q \neq a$ 在区间（$a-\delta,$ $a+\delta$）内，q 必定大于 N。第二，如果 x 为无理数，那么同样有 $|r(x)-0|=0<\varepsilon$。无论哪一种情形，对于 $\varepsilon>0$，我们已经求出一个 $\delta>0$，只要 $0<|x-a|<\delta$，就有 $|r(x)-0|<\varepsilon$。根据函数的极限的定义，$\lim\limits_{x\to a}r(x)=0$。 ∎

以这个引理作后盾，我们可以证明直尺函数具有极为惊人的性质：它在区间（0, 1）的每个无理数点是连续的，而在其中每个有理数点是不连续的。这是立即可得的结果，因为如果 a 为无理数，那么根据引理，有 $r(a)=0=\lim\limits_{x\to a}r(x)$——恰好符合 $r(x)$ 在 $x=a$ 连续的柯西定义。另一方面，如果 $a=p/q$ 是一个最简形式的有理数，那么

$$r(a)=r(p/q)=1/q \neq 0 = \lim\limits_{x\to a}r(x)$$

所以直尺函数在 $x=a$ 是不连续的。

这个结果向我们展现一种奇特的情景：直尺函数在无理数点是连续的（我们越来越不可靠的直觉把它视为"不间断的"），而在有理数点是不连续的（"间断的"）。绝大部分人会发觉，函数的连续点同不连续点能够如此缠结在一起是难以想象的。但是，上面的数学论证是明确无误的而不是模棱两可的。

我们把直尺函数的定义域从区间（0, 1）扩展到全部实数集，这将会是有用的。为此目的，令新函数在每个整数点取值 1，并且把 $r(x)$ 的拷贝置于每个子区间(1, 2), (2, 3), …之上。更确切地说，我们定义扩展的直尺函数 R 为

$$R(x) = \begin{cases} 1, & x \text{ 为整数} \\ r(x-n), & x \text{ 满足 } n < x < n+1, \ n \geq 0 \text{ 为某个整数} \\ r(x+n+1), & x \text{ 满足 } -(n+1) < x < -n, \ n \geq 0 \text{ 为某个整数} \end{cases}$$

按照上面的定义，对于任何实数 a，我们有 $\lim\limits_{x \to a} R(x) = 0$，所以 R 在每个无理数点是连续的，而在每个有理数点是不连续的。

直尺函数提出一个自然的问题："怎样反转角色方能创建一个在每个有理数点连续而在每个无理数点不连续的函数？"这个问题虽然说起来非常简单，但是它的解答是很深奥的，而且是极为有趣和令人着迷的。这将是"沃尔泰拉"一章讨论的主题。

直尺函数 R 值得注意的另一个原因，在于它不连续的范围尽管是无限的，然而它在区间[0, 1]是可积的。自然，这就是托梅在上面那本书的开场白中道出的实质。为了证明这一点，我们利用第 7 章中的黎曼可积性条件。

我们从一个 $d > 0$ 的值和一个固定的函数振幅 $\sigma > 0$ 开始。然后选择一个满足 $1/N < \sigma$ 的自然数 N。按照前面的论证，我们知道区间[0, 1]仅含有有限个最简形式的有理数 p/q，使得 $R(p/q) \leq 1/N$，也就是说，这些最简形式的有理数的分母不大于 N。我们令 M 为这种最简形式的有理数的个数，并且划分区间 [0, 1]使其中每个最简形式的有理数落入宽度为 $d/2M$ 的一个子区间内。我们把这些子区间称为 A 类子区间，也就是函数振幅超过 σ 的子区间。用黎曼的术语，我们有

$$s(\sigma) = \sum_{\text{A类}} \delta_k = \sum_{\text{A类}} \frac{d}{2M} \leq M\left(\frac{d}{2M}\right) = \frac{d}{2}$$

所以当 $d \to 0$ 时 $s(\sigma) \to 0$。这正好是黎曼需要建立的可积性条件。换句话说，积分 $\int_0^1 R(x) \mathrm{d}x$ 存在。当知道这个积分存在后，我们很容易进一步证明 $\int_0^1 R(x) \mathrm{d}x = 0$。

应当说明，直尺函数所扮演的角色同第 7 章中的黎曼病态函数是相

仿的。这两种函数都是无限不连续的，然而又都是可积的。它们之间的主要差异在于直尺函数更为简单，而在某些情况下，小小的简单性却是不可轻视的。

这些例子提出一个令数学家们神往的问题。回忆一下，狄利克雷函数是**处处**不连续的和非黎曼可积的。相反，直尺函数仅在有理数点是不连续的，并且是可积的。毫无疑问，直尺函数存在一种极端的不连续性，然而它仍然具备足够的连续性使其成为可积的。凭借这样的证据，数学家们猜测，一个黎曼可积函数虽说可能是不连续的，但是不至于**过分地**不连续。函数的连续性与可积性问题将使分析学家们在 19 世纪剩余的岁月忙得不亦乐乎。从本书最后一章我们会看到，这个举世瞩目的问题是由亨利・勒贝格着手研究并于 1904 年最终解决的。

我们在下面举出的三个例子是相互关联的，所以可以把它们放在一起考察。像直尺函数一样，这几个函数具有令人惊奇的特性，所以是大多数分析学教科书务必讨论的。

首先，我们定义函数

$$S(x) = \begin{cases} \cos(1/x), & x \neq 0 \\ 0, & x = 0 \end{cases}$$

并且在图 10-2 中画出它的图形。当 x 趋近零时，其倒数 $1/x$ 无限增加，致使 $\cos(1/x)$ 在原点的任何邻域内从 -1 到 1 无限次地来回摆动。如果用一种委婉的说法，那就是函数 $S(x)$ 在原点附近剧烈地振荡。

通过引进序列 $\{1/k\pi\}$（$k = 1, 2, 3, \cdots$），并且考察函数图形上对应于 $1/k\pi$ 的点，我们证明不存在极限 $\lim\limits_{x \to 0} S(x)$。如图 10-2 中所示，我们的函数交替地选取峰值与谷值。就是说，我们有 $\lim\limits_{k \to \infty}(1/k\pi) = 0$，但是 $\lim\limits_{k \to \infty} S(1/k\pi) = \lim\limits_{k \to \infty}\left[\cos(k\pi)\right] = \lim\limits_{k \to \infty}(-1)^k$。由于后面这个极限不存在，极限 $\lim\limits_{x \to 0} S(x)$ 也就不存在，而这本身又意味着 $S(x)$ 在 $x = 0$ 是不连续的。

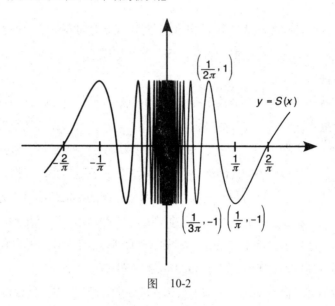

图　10-2

与此相关的第二个函数是

$$T(x) = \begin{cases} x\sin(1/x), & x \neq 0 \\ 0, & x = 0 \end{cases}$$

它的图形在图 10-3 中给出。由于函数定义中包含乘数 x，当 x 趋近原点时 T 的无限次振荡逐渐衰减。

在任何非零点，T 是两个连续函数 $y = x$ 和 $y = \sin(1/x)$ 的乘积，所以它本身是连续的。由于 $-|x| \leqslant x\sin(1/x) \leqslant |x|$ 和 $\lim\limits_{x \to 0}(-|x|) = 0 = \lim\limits_{x \to 0}|x|$，迫敛性定理保证 $\lim\limits_{x \to 0} T(x) = 0 = T(0)$，所以 T 在 $x = 0$ 也是连续的。总之，T 是一个处处连续的函数。它经常被作为一个例子引用，用来说明函数是"连续的"与"一笔就可以画出图形"不是同一回事。在初级微积分教程中，后面这种表述可能算是一种有用的特征，但是在原点的邻域内，不可能用所有这样上下振荡的值绘制 $y = T(x)$ 的图形。

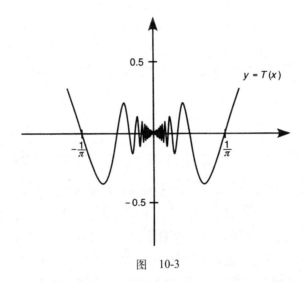

图　10-3

最后，我们来考察第三个函数，这是三个相关函数中最富刺激性的函数，其定义为

$$U(x) = \begin{cases} x^2 \sin(1/x), & x \neq 0 \\ 0, & x = 0 \end{cases}$$

表达式中的二次系数 x^2 加速函数曲线在原点附近的衰减。由于 $U(x) = xT(x)$，而其中两个因式是处处连续的，所以 U 是处处连续的函数。

这时困难在于可微性。在任何点 $x \neq 0$，U 无疑是可微的，并且由微分法则有 $U'(x) = 2x\sin(1/x) - \cos(1/x)$。函数在 $x = 0$ 也是可微的，这是因为

$$U'(0) = \lim_{x \to 0} \frac{U(x) - U(0)}{x - 0} = \lim_{x \to 0} \frac{x^2 \sin(1/x)}{x} = \lim_{x \to 0} [x\sin(1/x)] = 0$$

其中最后一个极限利用了我们刚见到的同样的"迫敛性"。所以，尽管函数 U 的值在原点附近无限次地上下摆动，它在那里依然具有一条水平切线。

我们证明了 U 是处处可微的，它的导数为

$$U'(x) = \begin{cases} 2x\sin(1/x) - \cos(1/x), & x \neq 0 \\ 0, & x = 0 \end{cases}$$

可惜这个导数不是连续函数，我们只要再次考虑序列 $\{1/k\pi\}$，并且注意极限

$$\lim_{k \to \infty} U'\left(\frac{1}{k\pi}\right) = \lim_{k \to \infty}\left[\frac{2}{k\pi}\sin(k\pi) - \cos(k\pi)\right] = \lim_{k \to \infty}[0 - (-1)^k]$$

并不存在，就知道这一点。因此，$\lim_{x \to 0} U'(x)$ 是不存在的，所以 U' 在 $x = 0$ 是不连续的。总之，U 是一个具有**不连续**导数的可微函数。

这个例子不禁使我们想起那个著名的定理：一个可微函数是连续函数。对于这个定理作出如下修正是自然的："一个可微函数的**导数**必定是连续函数。"然而，函数 $U(x)$ 这个例子表明，这个修正是错误的。

这三个函数同样使连续性同介值定理之间的关系出现混乱。正如我们所见，柯西曾经证明，一个连续函数必定遍取介于它的任何两个值之间的所有值。可以把这个几何上不言而喻的事实看作连续性的本质，而人们据此可以推测，一个函数是连续的，当且仅当它在定义域的每个区间上具备介值特性。

但是，这个猜想再次被证明是错误的。让我们考虑上面第一个例子的函数 $S(x)$，把它作为一个反面例子。我们已经看出 S 在原点是不连续的，但是可以断定它在每个区间上具备介值特性。

为了证明这种特性，假定对于 $a < b$ 有 $S(a) \leqslant r \leqslant S(b)$。根据余弦函数的性质，我们知道 $-1 \leqslant r \leqslant 1$。现在考察下面两种情况。

首先，如果 $0 < a < b$，或者 $a < b < 0$，那么 S 在整个区间 $[a, b]$ 上是连续的，所以根据介值定理，对于 (a, b) 中的某个 c 有 $S(c) = r$。

其次，如果 $a < 0 < b$，我们可以固定一个满足 $N > \dfrac{1}{2\pi b}$ 的自然数 N。于是，有 $a < 0 < \dfrac{1}{(2N+1)\pi} < \dfrac{1}{2N\pi} < b$，并且当 x 在正数 $\dfrac{1}{(2N+1)\pi}$ 与 $\dfrac{1}{2N\pi}$

之间取值时，$1/x$ 在 $2N\pi$ 与 $(2N+1)\pi$ 之间取值。在这个过程中，$S(x)=\cos(1/x)$ 的值从 $\cos(2N\pi)=1$ 连续地变化到 $\cos[(2N+1)\pi]=-1$。根据介值定理，在 $\dfrac{1}{(2N+1)\pi}$ 与 $\dfrac{1}{2N\pi}$ 之间（并因此而在 a 与 b 之间）必定存在一个满足 $S(c)=r$ 的 c。上述断言由此得以证明。

总而言之，我们列举的三个例子证明了一个可微函数的导数并非一定是连续的，同时，具备介值特性的函数未必一定是连续函数。这两个结论似乎显得离奇，然而还有一个更令人吃惊的结果。

这个结果是由法国数学家伽斯腾·达布（1842—1917）发现的。达布以对分析学的两大贡献而闻名于世。第一，他简化了黎曼积分的推演，以简便得多的方法达到同样目的。当今的分析学教科书在导入积分时，倾向于采用达布精致的处理步骤而不用黎曼原来的方法。

不过我们在这里要提出的是达布的第二个贡献。那就是现在所说的"达布定理"，他在这个定理中证明了函数的导数虽然不一定是连续的，但是**必定**具备介值特性。达布的论证依据是任何一本分析学入门教材都要介绍的两个结果：其中一个是，连续函数在有界闭区间上取一个极小值；另一个是，如果 g 是可微函数，并且在区间 (a, b) 内的点 $x=c$ 具有一个极小值，那么 $g'(c)=0$。

达布定理 如果 $f(x)$ 是区间 $[a, b]$ 上的可微函数，而 r 是任意一个满足 $f'(a)<r<f'(b)$ 的数，那么在 (a, b) 内存在一点 c 满足 $f'(c)=r$。

证明 我们从引进一个新函数 $g(x)=f(x)-rx$ 入手。由于 f 是可微的，它是一个连续函数，而 rx 也是连续的，所以 g 在 $[a, b]$ 上是连续的。进一步说，g 是可微的，因为 $g'(x)=f'(x)-r$。

在 $[a, b]$ 内存在一点 c，函数 g 在这个点取一个极小值。由于 $g'(a)=f'(a)-r<0$，而 $g'(b)=f'(b)-r>0$，我们看出极小值不可能出现在端点 a 和 b，所以 c 位于 (a, b) 内。于是，根据上面引述的第二个结果，

$$0 = g'(c) = f'(c) - r，或者简单说 f'(c) = r$$

因此 f' 取介于 $f'(a)$ 和 $f'(b)$ 之间的这个中间值 r，正如定理的要求。∎

读者不妨回忆一下柯西对中值定理所作的证明，为了推断函数取中间值，他假定函数的导数是连续的。如今我们看出，柯西可以抛开他的假设而不必舍弃其结论。从达布定理还可以推出，一个不具备介值特性的函数，例如狄利克雷函数，不可能成为某个函数的导数。

达布证明了导数与连续函数同样具有介值的特性。这又提出另外一个问题："一个导数到底在何等程度上是不连续的？"我们在本书第 13 章将会看到，对于这个问题，勒内·贝尔在 1899 年提供了一个答案。

如果说导数遇到麻烦，那么积分会遇到更大的麻烦。以往我们指出过，即使函数序列 $\{f_k\}$ 是点态收敛的，对于取极限和求积分的过程，一般不能推断

$$\lim_{k \to \infty}\left[\int_a^b f_k(x)\mathrm{d}x\right] = \int_a^b\left[\lim_{k \to \infty}f_k(x)\right]\mathrm{d}x \qquad (1)$$

魏尔斯特拉斯证明了一致收敛是保证交换极限与积分的充分条件，但是不能反过来成为必要条件。这就是说，已经发现若干函数序列 $\{f_k\}$ 的例子，它们是点态收敛而非一致收敛的，但是式（1）对它们依然成立。数学家们或许忽略了某个中间条件，这种条件不具有一致收敛那样强的限制，却使我们能够进行所渴求的对取极限与求积分的交换。

或者——乍看起来这是极端不可能的"或者"，黎曼积分的定义也许存在缺陷。按照黎曼的做法，他在处理积分中可能误入歧途，走上一条需要某些特殊条件才能使式（1）成立的道路。倘若果真如此，那么可以把他的积分视为不完善的。

从表面上判断，这无异于异端邪说，因为黎曼积分已经成为数学分析的支柱。达布把它描述为"唯有最聪慧的人才能取得的"一个创举。[2] 保罗·杜布瓦·雷蒙则这样表达他的信念，黎曼的定义是无法再改进的，

因为它把可积性的概念延伸到最大限度。[3] 不过，正如我们将会见到的那样，种种美中不足促使大家研究定义范围更广阔的积分。这一研究的结果就是 20 世纪初建立的勒贝格积分论。

概括起来说，上述几个函数提出了这样一些问题：

❏ 我们能构造出一个在每个有理数点连续而在每个无理数点不连续的函数吗？

❏ 一个黎曼可积函数的不连续性可能达到何种地步？

❏ 一个导数可以在何等程度上是不连续的？

❏ 我们能以任何一种方式弥补黎曼积分的缺陷吗？

虽然这里并没有列举所有的问题，但是已经举出的这些问题是数学分析在 19 世纪的最后四分之一世纪所面对的关键性问题。由于这些问题的特殊本质，在柯西、黎曼和魏尔斯特拉斯对分析学作出贡献之前是很难被提出来的，就更不用说给予回答了。随着问题变得越来越复杂，求解也就需要越来越周密的推理。在本书余下的几章中，我们将简要地阐述如何寻找这四个问题的答案。

不过，我们的第一站将停留在格奥尔格·康托尔于 1874 年所写的一篇论文上，正是这位天才促成了集合论的诞生，并且运用他的思想重新证明了超越数的存在。他的成就同时说明这样一个道理，对于人们长期以来认为已经解决的问题再展开思考，还是会大有裨益的。

参考文献

[1] Johannes Karl Thomae, *Einleitung in die Theorie der bestimmten Integrale*, Halle, 1875, p. 14。

[2] E. Hairer and G. Wanner, *Analysis by Its History*, Springer-Verlag, 1996, p. 219。

[3] Thomas Hawkins, *Lebesque's Theory of Integration*, Chelsea, 1975, p. 34。

第 *11* 章

康托尔

格奥尔格·康托尔（1845—1918）

格奥尔格·康托尔于 1883 年写下这样的名句："数学的本质在于它超然的自主性。"[1] 在数学家中很少有人如此彻底地信奉这个原则，也很少有人像康托尔那样如此从根本上改变了这门学科的性质。Joseph Dauben 在对康托尔著作的研究中，把他描绘成"数学史上最富于想象力的和最有争议的人物之一"。[2] 在这一章，我们要证实这种评价为什么说是公允的。

康托尔出生在一个音乐世家，在他的性情中，更多的是浪漫的艺术家那一面，而不是务实的技术专家这一面。他从事的研究工作最终使他超越数学领域而进入形而上学和神学的疆界。他提出了很多惊世骇俗的论断。例如，他声称莎士比亚的真作是弗朗西斯·培根写成的；再有，他认定自己关于无穷性的理论证明了上帝的存在。康托尔坚定不移地鼓吹这样一些信念，使他走上一条疏远支持者和助长反对者的道路。

与此同时，他在生活中也遇到麻烦。他曾一次又一次地遭受严重抑郁症的折磨，以至最后酿成反复发作的躁狂抑郁症，使他丧失一向追求的"精神活力"。[3]康托尔一次又一次地被送往人们通常所说的神经病院，在那里接受他们提供的治疗。康托尔于 1918 年病逝在一家精神病医疗机构，走完了他郁郁寡欢的人生路。

这样的坎坷无损于康托尔在数学上取得成功。尽管遭遇不幸，他依然彻底改变了这门学科，而数学的自主性是康托尔情有独钟的。

实数的完备性

青年时代的康托尔就读于柏林大学，成为魏尔斯特拉斯的门生。在学习期间，他于 1867 年写了一篇关于数论的专题论文，这是一个完全不同于后来使他闻名于世的领域。他的研究工作把它引向傅里叶级数并且最终转到分析学的基础理论。

正如我们所知,19 世纪把微积分的研究直接建立在极限的基础之上。这时已经清楚地看到，极限本身要依赖于实数系的性质，其中最为重要的一个性质就是我们现在所说的**完备性**。如今，学生们可能接触到以不同形式表达的实数的完备性，然而它们在逻辑上是等价的，例如：

C1　任何有界的非减序列收敛于某个实数；

C2　任何柯西序列存在极限；

C3　任何具有上界的非空实数集有一个上确界。

对于需要快速回忆的读者，我们提醒一下，一个**柯西序列** $\{x_k\}$ 是指对于每个 $\varepsilon > 0$，存在一个正整数 N，只要 m 和 n 是大于或者等于 N 的正整数，就有 $|x_m - x_n| < \varepsilon$。换句话说，柯西序列是这样一种序列，它们的项之间变得越来越接近并且保持下去。我们在第 6 章简要地陈述过这种思想。

同样，称 M 为一个非空集合 A 的**上界**，是指对于 A 中的所有元素 a，有 $a \leqslant M$；称 λ 为 A 的**最小上界**或者**上确界**，是指 (1) λ 是 A 的一个上界，(2) 如果 M 是 A 的任意上界，那么 $\lambda \leqslant M$。对于这些概念，任何一本数学分析教科书中都介绍过。

还有一种用区间套术语定义的完备性，它在下面几章中将扮演一个重要角色。此外，为了阐明接下来做什么工作，我们需要几个定义。

一个闭区间 $[a, b]$ 嵌套在 $[A, B]$ 内，是指 $[a, b]$ 是 $[A, B]$ 的一个子集。这无异于说满足条件 $A \leqslant a \leqslant b \leqslant B$。我们进一步假定存在一个有界闭区间的序列，其中每个区间嵌套在它前面那个区间内，如像 $[a_1, b_1] \supseteq [a_2, b_2] \supseteq [a_3, b_3] \supseteq \cdots \supseteq [a_k, b_k] \supseteq \cdots$。这样一个区间序列称为**递减序列**。利用这种序列我们可以引进实数完备性定义的另外一种形式：

C4 任何有界闭区间的递减序列必定有同属于所有区间的公共点。

值得回顾一下，为什么我们讨论的区间必需同时是闭区间和有界区间。请看，闭区间（但不是有界区间）的递减序列

$$[1, \infty) \supseteq [2, \infty) \supseteq [3, \infty) \supseteq \cdots \supseteq [k, \infty) \supseteq \cdots$$

没有同属于它们之中所有区间的点；同样，有界区间（但不是闭区间）的递减序列

$$(0, 1) \supseteq (0, 1/2) \supseteq (0, 1/3) \supseteq \cdots \supseteq (0, 1/k) \supseteq \cdots$$

（用集合论中的术语）只有一个空的交集。尽管在 19 世纪，分析学界的前辈们通常忽略这样的差别，不过我们在应用 **C4** 之前而准备的区间将

同时为闭区间和有界区间。

在实数完备性的这四种体现形式中，每一种都保证**存在**某个实数，它是一个序列收敛的极限，或者成为一个集合所具有的最小上界，或者是一个嵌套区间集中所有区间的公共点。在数学家们探索微积分的逻辑基础的过程中，他们认识到，这种存在对于他们在理论上追求的目标而言通常已经足够了。无须明确地求出一个实数，只要得知某处存在一个实数可能就足够了。实数的完备性所提供的就是这种保证。

人们也许会问：实数的完备性既然如此重要，那么我们如何证明这种性质的存在？为了回答这个问题，需要数学家们对实数系本身了如指掌。从自然数出发，一项直接的任务是定义整数，包括正整数、负整数和数零，再从整数定义有理数。但是我们能够从更基本的数系建立实数吗，正如通过整数定义有理数那样？

对于这个问题，给出肯定回答的是康托尔，同时，他的朋友理查德·戴德金（1831—1916）也独立地给出这种回答。

康托尔的实数系的结构以有理数的柯西序列的等价类为基础。戴德金的方法则采用把有理数分为不相交类的划分，也就是通常所说的"戴德金分割"。对于这些问题的彻底讨论将会使我们远离正题，对本书而言，用有理数构造实数是一个略微深奥的主题，而且对大多数分析学教程来说，这实际上也是颇为神秘的。然而，康托尔和戴德金成功地完成了这种构造，然后运用他们的思想证明实数的完备性，作为他们新开辟的领域的一个定理。

可以把这个成就视为微积分同几何学分离的决定性步骤。戴德金和康托尔最终回归到算术的基础——自然数，由此到达实数，然后证实它的完备性，而最终使全部分析学得以建立起来。他们取得的这个成就使他们两人获得一个贴切的但是拗口的绰号："分析学的算术化家"。

区间的不可数性

康托尔在 1874 年写了一篇题为"论全体实代数数的总体性质"的论文。[4]选择"康托尔"作为本章标题并不是为了定义实数，而是 因为他这篇论文。这是数学史上的一座里程碑，用 Joseph Dauben 的话说，这展示了康托尔"对于提出深刻的问题以及不时探索始料未及的解法以至寻求非正统答案的天赋"。[5]

很奇怪，这篇论文的重要意义被它的标题掩盖了，因为关于代数数的结果只不过是文章的真正革命性思想的一个推论，尽管是最有价值的推论。简单地说，这个思想就是一个序列不能穷举一个开区间中的全部实数。正如我们将会看到的那样，康托尔的论证包含了实数的完备性性质，因此把它放在实分析的领域是恰当的。

定理 如果 $\{x_k\}$ 是不同实数的一个序列，那么实数的任何有界开区间（α, β）含有不包括在 $\{x_k\}$ 中的一点。

证明 康托尔从一个区间（α, β）开始，并且按照连贯的次序 $x_1, x_2,$ $x_3, x_4, \dots$ 考察序列。如果在这些项中没有一个或者仅有一个落入（α, β）内的无穷多实数中间，那么定理显而易见是正确的。

撇开这种情况不谈，假定区间（α, β）至少包含序列中的两个点。这时我们来确定其中的前面两项，即具有最小下标的两项。我们用 A_1 表示较小的项，用 B_1 表示较大的项。这个步骤在图 11-1 中说明。请注意，序列的起初几项落在（α, β）之外，但是 x_4 和 x_7 落到区间内。按照我们的定义，$A_1 = x_7$（较小的项），$B_1 = x_4$（较大的项）。

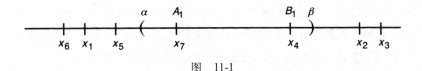

图 11-1

我们作两点简单然而非常重要的说明：

(1) $\alpha < A_1 < B_1 < \beta$；

(2) 如果某个序列项 x_k 落入开区间 (A_1, B_1) 内，那么 $k \geqslant 3$。

上面第二个结论认定，在确定 A_1 和 B_1 时至少要用到序列的两个项，所以严格位于 A_1 和 B_1 之间的项必须具有 $k = 3$ 或者 $k > 3$ 的下标。在图 11-1 中，下一个这种候选项将是 x_8。

康托尔然后检查区间 (A_1, B_1) 并且考虑同样的两种情形：这个开区间不包含序列 $\{x_k\}$ 中的任何项或只包含 $\{x_k\}$ 的一项；或者 (A_1, B_1) 至少包含 $\{x_k\}$ 中的两项。在第一种情形，定理是成立的，因为在 (A_1, B_1) 中，因而在 (α, β) 中，存在无穷多不属于序列 $\{x_k\}$ 的其他点。在第二种情形，康托尔重复原先的过程，选择序列中接下来的两项，即落入区间 (A_1, B_1) 的具有最小下标的两项。他把其中较小的项标记为 A_2，较大的项标记为 B_2。如果我们考查图 11-2（图中包含比图 11-1 更多的序列项），看出 $A_2 = x_{10}$ 和 $B_2 = x_{11}$。

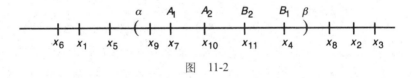

图　11-2

在此显然也有两个结果：

(1) $\alpha < A_1 < A_2 < B_1 < B_2 < \beta$；

(2) 如果 x_k 落入开区间 (A_2, B_2) 内，那么 $k \geqslant 5$。

同前面一样，得出第二个结果是因为在求 A_1，B_1 和 A_2，B_2 时必须用到序列 $\{x_k\}$ 中的四个项。

康托尔继续采用这种方式。在任何一步，如果在开子区间内只剩下序列的一项或者没有序列的项，那么他能够立即求出属于 (α, β) 但是不属于序列 $\{x_k\}$ 的一点——实际上存在无穷多这样的点。唯一潜在的困难将出现在这个过程永不终止时，这种情况下会产生这样两个无穷序列$\{A_r\}$和$\{B_r\}$：

(1) $\alpha < A_1 < A_2 < A_3 < \cdots < A_r < \cdots < B_r < \cdots < B_3 < B_2 < B_1 < \beta$；

(2) 如果 x_k 落入开区间（A_r, B_r）内，那么 $k \geqslant 2r + 1$。

这样一来，我们得到一个闭有界区间的序列$[A_1, B_1] \supseteq [A_2, B_2] \supseteq [A_3, B_3] \supseteq \cdots$，其中每个区间嵌套在它前面的一个区间内。根据实数的完备性（C4），至少存在所有区间$[A_r, B_r]$的一个公共点。就是说，存在一点 c 属于所有 $r \geqslant 1$ 的区间$[A_r, B_r]$。为了最终完成证明，我们只需要确定 c 落入区间（α, β）之中而又不是序列$\{x_k\}$的一项。

我们立即证实第一个结论，因为 c 是在$[A_1, B_1] \subset$（α, β）中，所以 c 确实落入原来的开区间（α, β）之内。

至于第二点，c 有可能是序列$\{x_k\}$的一项吗？如果可能，那么对于某个下标 N 有 $c = x_N$。由于 c 落入所有闭区间内，它必定落入$[A_{N+1}, B_{N+1}]$内，因此

$$A_N < A_{N+1} \leqslant c \leqslant B_{N+1} < B_N$$

由此推出 $c = x_N$ 落入开区间（A_N, B_N）内，所以根据上面第(2)个结果，$N \geqslant 2N+1$。自然，这是荒谬的。我们由此推断 c 不可能是序列$\{x_k\}$中的项。

总之，康托尔证实了在区间（α, β）内存在不出现在原来序列$\{x_k\}$之中的一点，这就是定理要证明的结果。 ■

而今，在这个定理前面通常要加上少许术语。如果一个集合同自然数集之间能够一一对应，我们把它定义为**可数集**。序列显然是可数的，因为所需的对应表现为下标同自然数的对应。不能同自然数集一一对应的无穷集称为**不可数集**。于是，我们把上述结果的特征描述为实数的任何开区间是不可数的。

康托尔关于这个问题的思想演变是很有趣的。在整个 19 世纪 70 年代初期，他都在冥思苦索实数的基本性质，试图建立完全同有理数分离

的实数。显而易见，完备性是一个关键性的差别，这种性质在某种程度上体现了由实数的"连续统"所指的意思。

但是康托尔开始猜测这两种集合在元素数量的**充裕性**上存在差异，如今我们把这种充裕性称为它们的"基数性"。康托尔于 1873 年 11 月，把他对自然数同实数可能以某种一一对应方式匹配的怀疑告诉戴德金。这个怀疑隐含这样的意思，尽管两种集合都是无限的，但是实数集的元素要多得多。

在经过所有可能的尝试后，康托尔未能对他的直觉猜测提供证明。他带着某种受挫的心理写信给戴德金说："我异常强烈地倾向于这样一种判断，在自然数同实数之间不容许出现这样的一一对应，但是我没有找到理由。"[6] 仅在一个月之后，康托尔取得了一次突破。他把他的证明作为一份圣诞节礼物寄给戴德金，并且在收到这位朋友的建议后加以整理和发表，这就是我们在上面所见的证明。持久不懈的探索终究获得报赏。

对于康托尔后来关于非可数性的"对角化"证明有所了解的读者，可能会惊奇地发现，他在 1874 年给出的推理是全然不同的。对角化论证出现在康托尔 1891 年的一篇论文中，他把它描述为一种"非常简单的证明"。[7] 正如我们所见，在 1874 年的证明中引用了完备性性质，而对角化证明适用于与完备性不相干的情形，完全不同于真正的分析约束条件。

虽然后一种论证更为常见，但是前一种论证代表历史的开端，所以在这里介绍它。我们再次强调，康托尔当初的证明没有使用像可数性一类的术语，也未提出关于无限基数的特别问题。所有这些都是后来引进的。在 1874 年，他只证明了一个序列不可能穷举一个开区间。

但是，为什么任何人都应予关注呢？这是一个很有价值的问题，而康托尔得到了一个引人注目的答案。

再论超越数的存在

回忆一下，康托尔的论文所冠的标题是"论全体实代数数的总体性质"。到这时，已经提到了代数数，但是对于这个标题所指的这些数的"特性"尚未作任何说明。现在到了澄清这些遗漏问题的时候了。

我们已经知道，如果一个实数是某个整系数多项式方程的解，那么它是代数数。有无穷多这样的数（例如任何有理数），并且对于刘维尔来说，寻找置身于这个代数数家族之外的一个数，曾经是一件非常困难的事情。

在对这个问题深思熟虑的基础上，康托尔断言可能用一个序列列举出这种代数数。乍看起来，这似乎是十分荒谬的结论。为了证实他的断言，需要生成具有两个密切相关性质的一个序列：(1) 序列的每一项都是代数数，(2) 每个代数数均处于序列的某个位置上。要做到这一点，一种聪明的方法必然是采用某种有序的和穷举的方式，然而康托尔似乎不那么聪明。他却从引进一种新思想入手。

定义　如果 $P(x) = ax^n + bx^{n-1} + cx^{n-2} + \cdots + gx + h$ 是一个整系数 n 次多项式，我们把它的**高度**定义为 $(n-1) + |a| + |b| + |c| + \cdots + |g| + |h|$。

例如，$P(x) = 2x^3 - 4x^2 + 5$ 的高度为 $(3-1) + 2 + 4 + 5 = 13$，而 $Q(x) = x^6 - 6x^4 - 10x^3 + 12x^2 - 60x + 17$ 的高度为 $(6-1) + 1 + 6 + 10 + 12 + 60 + 17 = 111$。

显然，一个整系数多项式的高度必定是一个自然数。不仅如此，任何代数数有一个次数最小的多项式，我们可以假定在它的系数之间不存在除 1 之外的公因数。这些约定将会简化即将提出的任务。

康托尔依次收集全部代数数：首先是高度为 1 的多项式产生的代数数，其次是高度为 2 的多项式产生的代数数，然后是高度为 3 的多项式产生的代数数，如此进行下去。这样做是把代数数排列成一个无穷序列的关键步骤，在此用 $\{a_k\}$ 表示这个序列。

为了看清这个操作过程，我们注意高度为 1 的唯一的整系数多项式是 $P(x)=1\cdot x^1=x$。相应的方程 $P(x)=0$ 的解是第一个代数数，即 $a_1=0$。

高度为 2 的多项式共有 4 个：

$$P_1(x)=x^2,\ P_2(x)=2x,\ P_3(x)=x+1,\ P_4(x)=x-1$$

置其中第一个和第二个多项式为零，产生解 $x=0$，我们不再考虑这个解。置 $P_3(x)=0$，给出第二个代数数 $a_2=-1$；置 $P_4(x)=0$，给出第三个代数数 $a_3=1$。

我们继续进行。高度为 3 的多项式共有 11 个：

$$P_1(x)=x^3,\ P_2(x)=2x^2,\ P_3(x)=x^2+1,\ P_4(x)=x^2-1,$$

$$P_5(x)=x^2+x,\ P_6(x)=x^2-x,\ P_7(x)=3x,\ P_8(x)=2x+1,$$

$$P_9(x)=2x-1,\ P_{10}(x)=x+2,\ P_{11}(x)=x-2$$

当置这些多项式为零时，我们求解出 4 个新的代数数：

$$a_4=-\frac{1}{2},\ a_5=\frac{1}{2},\ a_6=-2,\ a_7=2$$

正如康托尔在其文章的标题中指出的那样，他的关注点仅限于**实代数数**，所以方程 $0=P_3(x)=x^2+1$ 的复数解对这个集合不添加新元素。

我们再往下进行。高度为 4 的多项式共有 28 个，从这些多项式可获得另外 12 代数数，其中有几个是无理数。例如，多项式 $P(x)=x^2+x-1$ 是高度为 4 的多项式，由它产生的代数数是 $\dfrac{-1+\sqrt{5}}{2}$ 和 $\dfrac{-1-\sqrt{5}}{2}$。

随着多项式高度的增加，将产生越来越多的代数数。反过来说，任何一个特定的代数数，必定出自某个整系数多项式，而这个多项式本身具有某个高度。例如，我们在第 8 章遇到的代数数 $\sqrt{2}+\sqrt[3]{5}$ 是多项式方程 $x^6-6x^4-10x^3+12x^2-60x+17=0$ 的一个解，这个多项式的高度为 111。

下面所作的几点简单说明使康托尔得以完成他的论证：

❑ 对于一个给定的高度，仅存在有限个整系数多项式。

❑ 每个这样的多项式仅可能产生有限个代数数（因为一个 n 次多项式方程具有的解不会超出 n 个）。

❑ 因此，对于每个高度，仅可能添加有限个新的代数数。

这就意味着，在寻找代数数的过程中，当我们从一个给定的高度"进入"时，必定在有限步之后从那个高度退出。我们不可能"陷进"这个高度的深渊，在那里试图列举出无限个代数数。

由此可见，具有多项式高度 111 的代数数 $\sqrt{2}+\sqrt[3]{5}$ 必定在序列 $\{a_k\}$ 中的某处出现。当然，确定它在序列中的位置还要花费一些时间，但是这个过程必定在有限步之后把我们引向到高度 111，然后在遍历这个高度的多项式过程中，再经过有限步之后到达 $x^6-6x^4-10x^3+12x^2-60x+17$。这将会决定 $\sqrt{2}+\sqrt[3]{5}$ 在序列 $\{x_k\}$ 中的位置。对于任何一个实代数数，我们可以作出同样的论断。所以，在康托尔的文章标题中提及的代数数的那个"总体特性"，按照现代的说法就是代数数的"可数性"。

至此，康托尔把他获得的两个结果结合起来：首先，一个序列不可能穷举一个区间中的全部点；其次，所有代数数构成一个序列。单独而言，这两个结果都是很有趣的。把它们结合在一起，更使他能够推断所有代数数不会占据一个开区间上的全部点。因此，在任何一个开区间 (α,β) 内，必定存在一个超越数。

或者，可以直截了当地说存在超越数。

自然，这是刘维尔在几十年之前已经论证的结果，那时他证明 $\sum_{k=1}^{\infty}\frac{1}{10^{k!}}=\frac{1}{10}+\frac{1}{10^2}+\frac{1}{10^6}+\frac{1}{10^{24}}+\frac{1}{10^{120}}+\cdots$ 是超越数。为了证实超越数的存在，刘维尔不懈地努力并且找到了一个超越数。

康托尔通过完全不同的方法达到同一目标。他早在 1874 年发表的论文中就曾许诺"对刘维尔首次证明的定理给出一个新的证明"，无疑他实践了自己的诺言。[8]然而，正如我们所见，在他的论证中没有包含一个特定超越数的例子。这显然是一种非直接的证明。

为了对比这两种证明方法，我们用在一个干草堆中寻找一根针来作类比。我们可以想象，极端勤劳的刘维尔，穿上他的旧衣衫，徒步来到田间，在炎炎烈日之下围绕干草堆四处翻腾。几个小时过去了，他汗流浃背，逃避的猎物———一根针突然刺痛了他的手指。相形之下，康托尔则从容不迫，躲在屋子里运用纯粹的逻辑推理方法，证明干草堆的质量超过其中干草的质量。他由此推断干草堆中一定还隐藏着别的东西，就是说，质量的超出是由一根针引起的。不像刘维尔那样，康托尔依然凉爽如初和一尘不染。

有些数学家受到一种非结构性证明的困扰，这种证明依赖于无穷集合的性质。同刘维尔所做的冗长论证相比，康托尔的证明则显得过于容易，几乎像变戏法一样。年轻的伯特兰·罗素（1872—1970）对于康托尔的思想作出的第一反应，在数学家当中也许不是绝无仅有的。他在其自传中写道：

> 我曾经花费很长时间研究格奥尔格·康托尔的论文，并且把他论述的各种要点记到一个笔记本中。那时，我错误地认为他所作的全部论证在逻辑上是谬误的。尽管如此，我仍然从最微小的细节上深入考察了他的全部证明。后来，当我发现所有谬误竟然属于自己时，这反倒令我获益匪浅。[9]

像罗素一样，数学家们对于作为一位革新者的康托尔给予高度赞扬。他在 1874 年发表的那篇论文开创了分析学的一个新时代，其中集合论思想在应用上同魏尔斯特拉斯发明的 ε-δ 方法并驾齐驱。

康托尔的工作取得许多重要结果，其中不少确实令人惊叹。例如，很容易证明，如果代数数和超越数**都是**可数的，那么它们的并集，即全体实数的集合，必然也是可数的。由于这个结论是不正确的，康托尔由此识破超越数构成一个不可数的集合，因此在数量上远远超过它们的"表亲"代数数。对于这两种数的多寡之分，Eric Temple Bell 给出这样的描述："代数数犹如镶嵌在长空夜幕下的点点繁星，而浓黑的万里长空则是超越数的苍穹。"[10] 这是一种令人陶醉的难以想象的感受，因为充足的数似乎是稀疏的，而稀疏的数似乎是充足的。在一定的意义上，康托尔证明了超越数是干草堆中的干草而不是掉进草堆中的针。

还有一个相关的但意义更深远的结果，那就是"小"无穷集合同"大"无穷集合之间的区别。康托尔证明了，一个可数集尽管是无穷的，然而当把它和不可数集相比时，它的无穷性却是**无足轻重的**。随着他的思想的确立，数学家们逐渐认识到，在解决重要问题中，如此不值一提的可数集无疑是值得使用的。

我们将会看出，小集合和大集合之间的对立也会出现在其他的分析学环境中。在 19 世纪初，勒内·贝尔发现了一种"大"与"小"的对比，这种分歧出现在他所说的集合的"类型"中，而亨利·勒贝格在他称为"测度"的度量中发现了另外一种对比。虽然基数、类型和测度是不同范畴的概念，但是它们都提供一种比较集合的手段，在数学分析中被证实是很有价值的。

康托尔还致力于解决有关无穷集合的其他问题。其中之一是："存在比区间的基数更大的不可数集吗？"关于这个问题他给出肯定的回答。另外一个问题是："存在基数介于可数序列和不可数区间之间的一种无穷集合吗？"在解决这个问题时，他没有取得成功。由于康托尔的远见卓识和不断的研究，集合论迎来了它自身的发展时期，在这个阶段它完全脱离固有分析学所关注的问题。不过，这一切都源于 1874 年康托尔所写的那篇论文。

同许多推翻历史的革命家不一样，康托尔在有生之年亲眼见到他的思想被广大学术界接受。一位最早的推崇者是上面提到罗素，他把康托尔描绘为"19 世纪最伟大的知识分子之一"。[11]这是出自一位数学家、哲学家和诺贝尔奖得主的非同寻常的赞誉。

康托尔的另外一位赞颂者是意大利的数学奇才维托·沃尔泰拉。他的工作将魏尔斯特拉斯的分析学同康托尔的集合论巧妙地结合在一起，这正是我们在下面一章要讨论的主题。

参考文献

[1] Georg Cantor, *Gesammelte Abhandlungen*, Georg Olms Hildesheim, 1962, p. 182。

[2] Joseph Dauben, *Georg Cantor: His Mathematics and Philosophy of the Infinite*, Princeton University Press, 1979, p. 1。

[3] 同[2]，p. 136。

[4] 同[1]，pp. 115-118。

[5] 同[2]，p. 45。

[6] 同[2]，p. 49。

[7] 同[1]，p. 278。

[8] 同[1]，p. 116。

[9] Bertrand Russell, *The Autobiography of Bertrand Russell*, vol. 1, Allen and Unwin, 1967, p. 127。

[10] Eric Temple Bell, *Men of Mathematics*, Simon & Schuster, 1937, p.569。

[11] 同[9]，p. 217。

第 *12* 章

沃尔泰拉

维托·沃尔泰拉（1860—1940）

在 19 世纪后半叶意大利出现的一批并驾齐驱的数学家中，维托·沃尔泰拉是久负盛名的佼佼者。同他的同胞朱佩塞·佩亚诺（1858—1932）、犹金尼奥·贝尔特拉米（1835—1900）和尤里斯·迪尼（1845—1918）一样，由于在像静电学和流体力学这样的应用科学领域以及像数学分析这样的理论研究领域作出了贡献，他在科学史上留下不可磨灭的痕迹。自然，我们在这里要考察的是他的后面一种贡献。

虽然沃尔泰拉出生在亚德里亚海之滨，但是他是在意大利中部的佛罗伦萨长大的，这座城市是意大利文艺复兴运动的发祥地。在佛罗伦萨，沃尔泰拉徜徉于伟大艺术家米开朗琪罗漫步过的街道，就读于以诗人但丁和科学家伽利略命名的学校。15 世纪和 16 世纪佛罗伦萨文艺复兴时代的气息仿佛渗入了他的骨髓，因为沃尔泰拉酷爱艺术、文学和音乐，正如他热爱科学一样。他俨然是一位博学多才的文艺复兴式的人物，虽然那场开始于佛罗伦萨的运动已经过去了三个世纪。

除这些事业外，他的政治勇气也是值得称赞的。沃尔泰拉目睹了法西斯头目墨索里尼在 20 世纪 20 年代的发迹和上台，他站在公开反对的立场，并在一份抵抗这个政权的声明上签名。这个举动最终使他丢掉了工作，然而这让他成为意大利那个时代知识界中的一位英雄。直到 1940 年他去世时，意大利尚未摆脱法西斯统治的灾难，但是沃尔泰拉已经为预期中的美好前景进行了奋勇战斗。

如果说晚年时代的沃尔泰拉展现出了巨大勇气，那么少年时代的他则显示了绝顶的聪慧。年幼的沃尔泰拉早在 11 岁时就阅读了大学水平的数学教科书，给他青春时期的教师们留下深刻的印象，并且还在高中时已通过某种途径在佛罗伦萨大学谋求得物理学实验助理的职位。他在学术上的发展突飞猛进，并在 22 岁时所写的物理学博士论文中达到顶峰。[1]

在这一章我们要讨论沃尔泰拉的两项早期发现，两者都是在 1881 年发表的，这是他在高中毕业三年之后。第一项发现是找到一个病态函数，在不断增加的病态函数反例表中又增添了一个新的实例，并且从这个例子找到黎曼积分中以往从未引起人们注意的一个漏洞。第二项发现看似矛盾而实际是正确的，就是获得对于病态函数具有其自身限度的证明，因为沃尔泰拉证明了这样一个定理：不可能存在在每个有理数点连续而在每个无理数点不连续的函数。这样一种函数由于过度病态而无法存在。我们将要全面考查这个定理，不过先从那个病态函数的反例的简要说明开始。

沃尔泰拉病态函数

我们在第 6 章曾见过微积分基本定理的第二种形式，由柯西陈述如下：

"如果函数 F 是可微的，并且它的导数 F' 是连续的，那么 $\int_a^b F'(x)\mathrm{d}x = F(b) - F(a)$。"

不严格地说，这表明在正确条件下导数的积分恢复其原函数。柯西在定理的证明中利用了两个假设：(a) 函数 F 存在导数，(b) 这个导数自身是连续的。但是，这两个假设是必要的吗？

假设 (a) 似乎是不可或缺的，因为我们不能指望在导数不存在的情形下对一个导数进行积分。然而，假设 (b) 的必要性就值得怀疑了。为了使基本定理成立，难道我们必须作出像 F' 的连续性这样严格的限制吗？

这并不是一个无足轻重的问题。我们在第 10 章曾见过，不能把导数的连续性视为理所当然的事情，因为函数

$$U(x) = \begin{cases} x^2 \sin(1/x), & x \neq 0 \\ 0, & x = 0 \end{cases}$$

就有一个不连续的导数。另一方面，我们无需用导数的连续性作为一个积分存在的保证，因为很容易找到导数不连续然而却是可积的函数。

于是，问题在于，如果说存在任何条件的话，那么我们应该对导数 F' 加上什么条件方能保证基本定理成立。过去的种种发现为数学家们提供一种看待这个问题的视角，而这是柯西不曾有过的，所以看来值得重新讨论这个重要的定理。

在 1875 年，伽斯腾·达布成功地削弱了假定 (b)。他证明，只要 (a) 函数 F 是可微的，以及 (b') 它的导数 F' 是黎曼可积的，就有 $\int_a^b F'(x)\mathrm{d}x = F(b) - F(a)$。因此，为了保证基本定理成立，我们不再需要

假定 F' 的连续性，只要求 $\int_a^b F'(x)\mathrm{d}x$ 存在就足够了。

这已经算是一种进展，但是依然存在一个关于 F' 的问题，即我们是否需要对它作出不同于存在性的其他**任何**假设。或许导数是可积的原系它们固有的特定性质。要是如此，我们就可以同时抛弃假定 (b) 和 (b′)，并且单独在假定 (a) 的基础上建立微积分的基本定理。那样将是一种限制更少和更显优雅的情况。

这就特化成这样一个问题：可能允许导数带有何等不良特性？在第 10 章我们证明了达布定理，那里纵然不要求导数是连续的，但是它必须具备介值特性。在那一点上，导数似乎是完全"顺从的"，而数学家们可能猜测这样的顺从性将包含可积性。

年轻的沃尔泰拉在他 1881 年发表的论文"论积分学原理"[2]中驳斥的正是这个错误概念。在那篇论文中他提供了一个函数 F 的例子，F 在所有点具有有界的导数，但是它的导数是极端不连续的，以致是不可积的。换句话说，尽管 F 是处处可微的，而且它的导数 F' 也是有界的，然而积分 $\int_a^b F'(x)\mathrm{d}x$ 并不存在。正是由于这个原因，等式 $\int_a^b F'(x)\mathrm{d}x = F(b) - F(a)$ 不再成立。沃尔泰拉的例子之所以引人注目，不是因为这个式子的左端同右端不等，而是因为左端的积分是**没有意义的**。

对于他的病态函数例子我们不作仔细考察，一部分原因在于这个函数很复杂，而另一部分原因是只在一章中讨论一个病态函数（魏尔斯特拉斯病态函数）或许就足够了。有兴趣的读者从文献[3]中会找到对于沃尔泰拉的工作的讨论。

有一件事是明确的：黎曼积分的另一个不祥特征已经被揭露。数学家们喜欢的无非是一个简洁的定理，大意是如果 F 是可微的，并且具有有界的导数 F'，那么 $\int_a^b F'(x)\mathrm{d}x = F(b) - F(a)$。但是，沃尔泰拉证明了，就黎曼积分而论这个定理是不成立的。

对于沃尔泰拉的奇特例子，数学家们可以作出何种反应？一种选择是接受这个结果，然后继续前进。当应用这个定理时，简单地附加一个关于导数 F' 的额外假设。这将是阻力最小的途径。

不过，还有另外一种选择。正如我们先前所见，黎曼积分不能保证 $\lim_{k \to \infty} \int_a^b f_k(x)\mathrm{d}x = \int_a^b \left[\lim_{k \to \infty} f_k(x) \right] \mathrm{d}x$。如今，沃尔泰拉已经使建立一个简单的微积分基本定理的任何希望化为泡影。在 19 世纪临近终结之际，有着比以往更多的理由怀疑，麻烦隐藏在黎曼积分的定义中而不在分析学的固有本性中。少数大胆的人，为了挽救上述基本定理，在沃尔泰拉病态函数的推动下打算放弃黎曼积分。不过我不再继续讨论。

汉克尔的函数分类

截至 19 世纪 80 年代，分析学受到病态函数反例的巨大冲击，这些反例看起来一个比一个奇特。我们已经见过的反例包括以下三个。

（a）狄利克雷函数

$$\phi(x) = \begin{cases} c, & x \text{ 为有理数} \\ d, & x \text{ 为无理数} \end{cases}$$

它是处处不连续的但不是黎曼可积的函数。

（b）扩充的直尺函数 $R(x)$，它是在每个无理数点连续而在每个有理数点不连续的函数，但是它是黎曼可积的，其积分 $\int_0^1 R(x)\mathrm{d}x = 0$。

（c）魏尔斯特拉斯病态函数

$$f(x) = \sum_{k=0}^{\infty} b^k \cos(\pi a^k x)$$

它是处处连续的和无处可微的函数。

这种情景显示分析学中存在的混乱局面，而且唤起对于如此杂乱无章的数学现状确立秩序和条理性。

竭力完成这个重任的人正好是赫尔曼·汉克尔（1839—1873）。他是黎曼的仰慕者，黎曼相信应该像生物学家或者地质学家那样，采用某种类似的方法对函数进行分类。汉克尔于 1870 年（早逝之前三年）提出了这样一种分类。他希望用这种分类阐明数学分析的性质和限度。

汉克尔考察由定义在一个区间[a, b]上的所有有界函数构成的函数族，并且通过它们的连续性和不连续性的性质对它们加以区分。为了了解他是如何进行分类的，我们回顾格奥尔格·康托尔曾经给出的一个熟悉的定义。

定义　对于一个实数集 A，如果在任何开区间中至少包含 A 的一个元素，就说 A 是稠密的。

稠密集的两个基本例子是有理数集和无理数集，因为任何一个开区间都含有无限多有理数和无理数。稠密集这个名称带有启示性，表明它的元素如此紧密地聚集在一起，以致它们总是毗连的。

有了这个准备，我们就可以对函数给出汉克尔的分类。他把在区间[a, b]上的所有点连续的函数列为第 1 类函数。这些函数具备很好的特性，它们在区间上达到极大值和极小值，具有介值特性，并且能够积分。在汉克尔的分类中，第 1 类函数处于"食物链"的顶端。

他的第 2 类函数包括那些在[a, b]上除有限个点之外是连续的函数。这类函数带有更多的不确定性，但是它们的奇异性在数量上是有限的，在很大程度上处于控制之中。一个例子是我们在第 10 章见过的定义在区间[-1, 1]上的函数

$$S(x) = \begin{cases} \cos(1/x), & x \neq 0 \\ 0, & x = 0 \end{cases}$$

因为它在 x = 0 有一个不连续点。换一种方法，我们还可以取一个在区间[a, b]上定义的连续函数，然后，例如在 50 个点上把它重新定义成不连续的，由此引入 50 个不连续性点。这样一个函数将属于汉克尔第 2 类函数。

从逻辑上说，只剩下一类函数了，即那些在[a, b]上具有无限个不连

续点的函数。自然，这些函数是最差的，但是汉克尔相信可以把它们再分成差的和非常差的两类：

3A 类：在[a, b]的无穷个点不连续但是仍然在其中一个稠密集上连续的函数。他把这类函数称为 "点态不连续的函数"。

3B 类：一切其他的不连续函数。汉克尔称之为 "完全不连续的函数"。

我们看出，3A 类函数中的一个点态不连续函数，尽管存在无限多个不连续点，但是仍然在任何开区间的**某些地方**是连续的。另一方面，对于 3B 类中的一个函数而言，必定存在区间 (a, b) 内的某个开子区间 (c, d)，函数在其中完全没有连续的点。因此，一个完全不连续的函数的特征是在一个不间断的子区间上仅存在不连续的点。

试问，前面引入的三个病态函数属于汉克尔分类方案中的哪一类？狄利克雷函数是处处不连续的函数，属于完全不连续的 3B 类函数。直尺函数在无穷个点（有理数点）是不连续的，然而在一个稠密集（无理数点）上是连续的，因此属于点态不连续的 3A 类函数。魏尔斯特拉斯函数或许是最为奇特的，把它归入第 1 类函数看似不当而实则正确的，因为它是处处连续的。

汉克尔发现，他的函数分类在下述意义下是重要的：他知道了第 1 类函数和第 2 类函数是黎曼可积的，并且他了如指掌的那些点态不连续函数的例子同样是可积的。相反，完全不连续的狄利克雷函数是不可积的。对于他而言，3A 类函数同 3B 类函数之间的鸿沟似乎是不可跨越的。正如 Thomas Hawkins 指出的那样，"汉克尔通过确定点态不连续函数同完全不连续函数之间的区别，相信自己已经把数学分析可以处理的函数同那些它无力处理的函数分离开来"。[4]

为了显示这样做的全部价值，汉克尔证明了一个惊人的定理：区间

[a, b]上的一个有界函数是黎曼可积的，当且仅当它不比点态不连续函数更差。这就是说，一个有界函数只要属于第1类、第2类或者3A类函数，那么它是可以积分的；那些属于3B类的函数是不可以积分的，而且也不能进行解析开拓。

汉克尔定理看起来是在回答我们前面提出的主要问题：一个可积函数可能在多大程度上是不连续的？按照他的说法，答案是"在最坏的情况下是点态不连续的"。他的证明表示，只要一个函数在一个稠密集上是连续的，所有那些不连续的点对于可积性而言都是无足轻重的。这恰好是数学家们梦寐以求的简洁结果。

不幸的是，这也是不正确的。

在这种错综复杂的概念中，即使大学问家也难免犯错误，不过汉克尔所犯的是一个突出的错误。公正地说，他的定理有一半是正确的：一个函数如果是黎曼可积的，那么它确实必定在一个稠密集合上是连续的。一个完全不连续的函数存在一个由不连续点构成的不间断的子区间，它不可能具有黎曼积分。关于这一点，人们再次想到狄利克雷函数。

但是，汉克尔对于相反结论的证明存在漏洞。英国数学家亨利·约翰·斯蒂芬·史密斯（1826—1883）发表了一个点态不连续的函数的例子，而这个函数却是不可积的。他指出："这个函数是值得注意的，因为它同一种不连续函数的理论对立，而这种理论得到卓越的几何学家赫尔曼·汉克尔博士的首肯，他在不久前英年早逝是数学科学的巨大损失。"[5] 史密斯的例子是非同寻常的，其中用到一种我们如今称为具有正测度的无处稠密集的结构。需要了解细节的读者，请参阅 Thomas Hawkins 的著作。[6] 暂时，我们仅限于指出，函数的连续性同黎曼可积性之间的关系依然是不清楚的，仍旧没有解决一个可积函数可能在多大程度上是不连续的问题。无论点态不连续性的价值怎样，它都不能对于人们长期以来寻找的这种联系提供答案。

不过，已经取得了一定进展。黎曼已经把可积性概念扩展到某些高度不连续的函数，而汉克尔定理正确的一半以及史密斯的函数反例，证明了黎曼可积函数完全包容在一个更大的函数集合内，即由在稠密集上的连续函数组成的集合。

我们顺便指出，"点态不连续的"这个术语有时被粗心大意地用来表示"在最坏的情况下是点态不连续的"。就是说，凡是属于汉克尔的第 1类、第 2 类或 3A 类中的所有函数都被归并在点态不连续函数这个单一的标题下，这就导致把连续函数（第 1 类函数）置于"点态不连续函数"之列这种离奇的局面。由于前面三类函数的一个共同特性是在稠密集上是连续的，我们可以把**稠密地连续的**看成是概括第 1 类、第 2 类和 3A 类中所有函数的术语。

无论如何，初看起来汉克尔的函数分类似乎是一个大有可为的工具，能够把分析学可以处理的函数同分析学难以对付的函数分离开来。然而，结果却是许多难以对付的函数在集合论和勒贝格积分的范围内得到非常巧妙的处理。如今，汉克尔的函数分类多半被束之高阁。

但是在 19 世纪后期，点态不连续性仍然是最出色的数学家们研究的对象。21 岁的维托·沃尔泰拉就是这些数学家中的一位。

病态函数的限度

病态函数的盛行显示，函数的任何特性，无论它多么稀奇古怪，通过一位极富创造性的数学家精心构造出的例子，都是可以被认识的。

例如，谁能想象直尺函数竟然会在每个无理数点连续而在每个有理数点不连续呢？此外，为什么不假定在某处存在一个有待发现的同样离奇的函数，这个函数在每个有理数点连续而在每个无理数点不连续？似乎并不是一个例子比另外一个例子更加怪异。

从下面的两个例子中，明显看出函数的连续性点同不连续性点有时

是可以交换的。首先定义函数

$$H(x)=\begin{cases} x, & x \neq 0 \\ 1, & x = 0 \end{cases}$$

显然这是在除原点以外的所有点连续的函数，原点是其唯一的不连续点。

作为 $H(x)$ 的相似函数，我们引入

$$K(x)=\begin{cases} x^2, & x \text{ 为有理数} \\ 0, & x \text{ 为无理数} \end{cases}$$

不难看出，$K(x)$ 在任何点 $a \neq 0$ 是不连续的。因为如果令 $\{x_k\}$ 是一个收敛于 a 的有理数序列，而 $\{y_k\}$ 是一个收敛于 a 的无理数序列，那么

$$\lim_{k \to \infty} K(x_k) = \lim_{k \to \infty}(x_k^2) = a^2$$

然而

$$\lim_{k \to \infty} K(y_k) = \lim_{k \to \infty}(0) = 0 \neq a^2$$

由于这两个序列具有不同的极限，我们知道 $\lim\limits_{k \to \infty} K(x)$ 不可能存在，所以 $K(x)$ 在 $x=a$ 是不连续的。

但是，对于任何 x，不管它是有理数还是无理数，我们都有 $0 \leqslant K(x) \leqslant x^2$，所以用简单的迫敛性论证，证明 $\lim\limits_{x \to 0} K(x) = 0 = K(0)$。由此推出 K 有唯一的连续点，即原点。所以，对于上面定义的两个函数 H 和 K，它们连续的点同不连续的点是相互交换的。

关于这一点，我们引进下面的定义。

定义　对于一个函数 f，我们令 $C_f = \{x | f \text{ 在 } x \text{ 是连续的}\}$，$D_f = \{x | f \text{ 在 } x \text{ 是不连续的}\}$。

可以把前面的讨论简单地概括为 $C_H = \{x | x \neq 0\} = D_K$ 和 $C_K = \{0\} = D_H$。

函数的连续性点同不连续性点的交换问题是非常有趣的。对于任何一个函数 f，是否存在一个"余函数" g 满足 $C_f = D_g$ 和 $C_g = D_f$？要是存在，我们如何把它找出来？倘若不存在，原因又在哪里？

沃尔泰拉在他 1881 年所写的论文"关于点态不连续函数的几点注记"中致力于解决这个问题。结果得到一个强有力的定理和两个重要推论。[7]

定理 在区间（a, b）上不可能同时存在两个点态不连续函数，其中一个函数的连续性点是另一个函数的不连续性点，反之亦然。

证明 他通过反证法证明，首先假定 f 和 ϕ 是（a, b）上这样两个点态不连续的函数，它们的连续性点集和不连续性点集满足 $C_f = D_\phi$ 和 $D_f = C_\phi$。换句话说，C_f 和 C_ϕ 把（a, b）划分成两个不相交的非空稠密子集。

他的证明基于一个嵌套的子区间序列。由于 f 是点态不连续的，它在区间（a, b）内的某处必定有一个连续的点 x_0。对于 $\varepsilon = 1/2$，连续性保证存在一个 $\delta > 0$，使（$x_0 - \delta, x_0 + \delta$）成为（$a, b$）的一个子集，并且只要 $0 < |x - x_0| < \delta$，就有 $|f(x) - f(x_0)| < 1/2$。现在我们选择 $a_1 < b_1$，使得 $[a_1, b_1]$ 是开集（$x_0 - \delta, x_0 + \delta$）的一个闭子区间，如像图 12-1 中画出的那样。

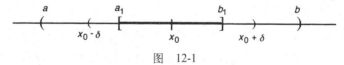

图 12-1

对于 $[a_1, b_1]$ 中的任意两点 x 和 y，应用三角不等式，得到

$$|f(x) - f(y)| \leqslant |f(x) - f(x_0)| + |f(x_0) + f(y)| < 1/2 + 1/2 = 1 \quad (1)$$

这表明 f 在闭区间 $[a_1, b_1]$ 上的振幅不超过 1 单位。

但是（a_1, b_1）是（a, b）的一个开子区间，同时 ϕ 也是点态不连续的。因此，（a_1, b_1）内有 ϕ 的一个连续点，比如说 x_1。重复前面对于 ϕ 的论证，我们找到点 $a_1' < b_1'$，使闭区间 $[a_1', b_1']$ 是（a_1, b_1）的子集，并且对于 $[a_1', b_1']$ 中的任意 x 和 y 有 $|\phi(x) - \phi(y)| < 1$。参见图 12-2。

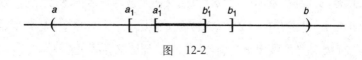

图 12-2

把这个结论同上面的式(1)相结合, 我们找到一个闭子区间$[a_1', b_1']$, 对于其中的所有 x 和 y, 有

$$|f(x)-f(y)|<1, \quad |\phi(x)-\phi(y)|<1$$

沃尔泰拉接着利用点态不连续性以 $\varepsilon = 1/4$ 重复这个论证过程。他首先考察 f, 然后考察 ϕ, 找到一个位于开区间 (a_1', b_1') 内的闭子区间 $[a_2', b_2']$——这个闭区间自然也在$[a_1', b_1']$内, 使得对于$[a_2', b_2']$中的任何点 x 和 y, 有

$$|f(x)-f(y)|<1/2, \quad |\phi(x)-\phi(y)|<1/2$$

他用$\varepsilon = 1/8, 1/16, \ldots, 1/2^k, \ldots$继续作下去, 由此产生一个闭区间序列 $[a_1', b_1'] \supset [a_2', b_2'] \supset [a_3', b_3'] \supset \ldots$, 使得对于$[a_k', b_k']$中的任何点 x 和 y, 有

$$|f(x)-f(y)|<1/2^{k-1}, \quad |\phi(x)-\phi(y)|<1/2^{k-1} \tag{2}$$

一个矛盾随即发生。根据实数的完备性性质, 在所有嵌套的区间$[a_k', b_k']$中必定存在一个公共点 c。由于 c 位于$[a_1', b_1']$内, 它实际是在我们原来的区间 (a, b) 内。

接下来我们断定 f 在 c 是连续的。这是很容易得出的结论, 因为沃尔泰拉在构造他的嵌套的区间序列时已经控制了 f 的振幅。为了作出严格的魏尔斯特拉斯ε-δ方法的证明, 我们可取任意 $\varepsilon > 0$, 并且选择一个满足$1/2^{k-1} < \varepsilon$的自然数 k。我们确知 c 是区间$[a_{k+1}', b_{k+1}']$中的一点, 而这个区间又是在开区间 (a_k', b_k') 内, 所以可以求出一个$\delta > 0$, 使 $(c-\delta, c+\delta) \subset (a_k', b_k') \subset [a_k', b_k']$。因此, 对于满足 $0<|x-c|<\delta$ 的任何 x, 根据式 (2) 我们有$|f(x)-f(c)|<1/2^{k-1}<\varepsilon$。这就证明 $\lim\limits_{x \to c} f(x) = f(c)$, 所以 f 在 c 是连续的, 这正是我们要推断的结果。

由于可以把同样的论证一字不改地用于ϕ, 所以 ϕ 在 c 也是连续的。用这种方法, 我们已经引出一个矛盾, 因为 c 同时属于 C_f 和 C_ϕ, 违反一个函数的连续性点是另外一个函数的非连续性点的假定。所以别无选择,

我们只能断定不可能存在两个这样的点态不连续函数。　　　　　■

在继续讨论之前，我们需要作两点说明。首先，沃尔泰拉对于区间 $[a'_k, b'_k]$ 没有明确要求为**闭**区间。这是一个容易补救的疏忽，正如我们在上面所作的那样。其次，在前面的例子中，函数 H 的连续性点是函数 K 的非连续性点，反过来也是一样，我们注意到 K 是完全不连续函数（汉克尔的 3B 类函数）而不是点态不连续函数（汉克尔的 3A 类函数）。因此，那个例子同沃尔泰拉证明的结果丝毫不相抵触——以免有人会因这个结果而难以入眠。

沃尔泰拉从他的定理得出两个重要的推论。第一个推论解决了分析学中的一个主要问题，我们把它陈述如下。

推论1　由于存在一个在每个无理数点连续而在每个有理数点不连续的函数，也就不可能找到一个在每个无理数点不连续而在每个有理数点连续的函数。[8]

为了充实他的论证的细节，我们设想这样一个函数 $G(x)$，它的 C_G 是有理数集（稠密集）。那么，G 是点态不连续的。但是我们已在前面遇见了扩充的直尺函数 $R(x)$，它也是点态不连续的，其 C_R 却是无理数集。于是 G 的连续性点将是 R 的非连续性点，同沃尔泰拉的定理矛盾。因此，这两个函数不可能同时存在。由于直尺函数**确实**是存在的，所以我们不得不作出函数 G 不存在的结论。套用一句西部电影中对牛仔们的评论，沃尔泰拉的定理证明了"这座城市没有大到足以同时容纳他们两人"。一个函数仅在有理数点上连续从逻辑上说是不可能的。

所以，病态函数是有其限度而不是无所不包的。无论数学家们如何精明，某些函数仍然置身其外，这就是沃尔泰拉用这个巧妙的论证所证实的一个事实。但是，他还得到一个隐含的推论，那就是不可能存在无理数点上取有理数并且反过来在有理数点上取无理数的连续函数。[9]

推论2　不存在在实数集上定义的这样一个连续函数 $g(x)$，当 x 取无

理数时 $g(x)$ 为有理数，而当 x 取有理数时 $g(x)$ 为无理数。

证明 为了导致矛盾，沃尔泰拉再次假定存在这样一个函数 g。然后通过 $G(x) = R(g(x))$，其中 R 是前面所说的扩充的直尺函数，并且给出关于 G 的两个断言。

断言 1 如果 x 为有理数，那么 G 在 x 是连续的。

这是显而易见的，因为只要 x 为有理数，$g(x)$ 就是无理数，所以 R 在 $g(x)$ 是连续的。但是假定 g 是处处连续的，所以复合函数 G 在 x 将是连续的。

断言 2 如果 y 为无理数，那么 G 在 y 是不连续的。

通过选择一个收敛于 y 的有理数序列 $\{x_k\}$，就知道这是很容易证实的。在这种情况下，

$$\lim_{k \to \infty} G(x_k) = \lim_{k \to \infty} R(g(x_k)) = \lim_{k \to \infty} 0 = 0$$

这是因为 g 把每个有理数 x_k 变换成一个无理数 $g(x_k)$，而直尺函数 R 在无理数点的值为零。另一方面，$G(y) = R(g(y)) \neq 0$，因为 $g(y)$ 为有理数。总之，$\lim_{k \to \infty} G(x_k) \neq G(y)$，所以 G 在 y 是不连续的。

把这两个断言结合起来，就证明了函数 G 在有理数点是连续的而在无理数点是不连续的——这是沃尔泰拉刚才证明不可能出现的一种局面！由此推断不可能存在像 g 这样的一个函数。所以，没有一个连续函数能够把有理数变换为无理数，同时反过来把无理数变换为有理数。 ∎

这些结果尤其使我们想起，虽然有理数集和无理数集都是实数的稠密集，但是它们在本质上是不可互换的。正如我们所见，康托尔曾经特别指出有理数是可数的而无理数是不可数的事实，但是事情并不止于此，数学家们还发现这两个数系之间存在某些更微妙的差别。这些差别之一是一个集合的"类型"的概念。集合的类型是由沃尔泰拉的天才学生勒内·贝尔提出的概念，他是我们在下一章介绍的数学家。

我们谨以这些叙述告别那时年仅 21 岁的维托·沃尔泰拉。摆在他面前的是远大而辉煌的事业，人们将会见到他继续取得数学上的成功，并得到国际上的公认，而英国国王乔治五世甚至授予他荣誉爵士称号。

追溯沃尔泰拉的后半生，我们知道他赋予 19 世纪以"函数论世纪"的特征。[10] 从欧拉最初提出函数的思想开始，函数概念在柯西、黎曼和魏尔斯特拉斯的研究中扮演主要角色，并且接着传承给新一代的康托尔、汉克尔以及沃尔泰拉本人。函数在分析学中处于至高无上的支配地位，而在函数中发现的种种意想不到的可能性，无不一次又一次地使数学家们惊诧莫名。如我们所知，由于沃尔泰拉在 1881 年的两项不同而又迷人的发现，使他在我们叙述的故事中占有重要的一席之地。

对于这位年轻人说来，1881 年是非同寻常的一年。

参考文献

[1] 这段传略是根据 *Dictionary of Scientific Biography*（《科学家传记词典》）vol. XIV, pp. 85-87 的"沃尔泰拉"条目编写的。

[2] Vito Volterra, *Opere Mathematiche*, vol.1, Accademia Nazionale dei Lincei, 1954, pp. 16-48。

[3] Thomas Hawkins, *Lebesque's Theory of Integration*, Chelsea, 1975, pp. 56-57。

[4] 同[3]，p. 30。

[5] H. J. S. Smith, "On the Integration of Discontinuous Functions", *Proceedings of the London Mathematical Society*, vol. 6 (1875), p. 149。

[6] 同[3]，pp. 37-40。

[7] 同[2]，p. 7-8。

[8] 同[2]，p. 8。

[9] 同[2]，p. 9。

[10] Morris Kline, Mathematical Thought from Ancient to Modern Times, Oxford University Press, 1972, p. 1023。

第*13*章

贝　尔

勒内·贝尔（1874—1932）

勒内·贝尔在 1899 年所写的博士论文中，对于集合论在数学分析中的重要性给出如下评价：

> 一般而论，人们甚至可以说……任何同函数论有关的问题都将导致同集合论有关的某些问题，只要后面这种问题获得解决或者可能解决，原有问题就可以随之解决或者近乎解决。[1]

我们将会见到，贝尔不仅提出了这种见解，而且为促其实现进行了卓有成效的工作。

令人叹惜的是，他在数学上取得成就仅局限在身心还是健全的短暂时期。贝尔体质虚弱，性格内向，他于 1892 年考进大学，而他的突出才能使他得以到意大利师从沃尔泰拉。[2] 贝尔在完成博士论文"论实变函数"之后，执教于法国蒙彼利埃大学（1902 年）和第戎大学（1905 年）。在这段时间，他的健康状况尽管偶尔欠佳，不过看起来还能应付工作。

但是，接踵而来的一连串疾病摧毁了贝尔原本弱不禁风的身体。他忍受着从食道阻塞到空旷恐惧症严重发作在内的多种病痛的折磨。到1909 年，随着病情的恶化，他已经无法继续从事教学工作，而于 1914年从第戎大学获准离休。从此以后，贝尔再也没有回到庄严的研究工作岗位。

他在余下的有生之年一直在同身体上和心理上的病魔作斗争，而且生活极度贫困。一位同事把贝尔描绘成"一位天才型人物，他为如此天才付出的代价是由于身体虚弱而引发的接二连三的苦难"。[3] 勒内·贝尔终其一生，仅有十余年的岁月是献身于数学研究的美好时期。

在这一章里，我们将追溯他所写的博士论文，以及现今称为贝尔分类定理的最初形式。像贝尔原来的做法一样，我们从一个称为无处稠密集的概念开始。

无处稠密集

如前面所说，一个实数的集合称为**稠密的**，是指每个开区间至少包含这个集合的一个元素。用现代的表示法，如果对于任何开区间 (α, β)，我们有 $(\alpha, \beta) \bigcap D \neq \varnothing$，那么 D 是稠密的。

只要存在一个开区间不包含一个集合中的点，这个集合就不是稠密的。例如，我们令 E 是全部**正**有理数的集合。这个集合在实直线上不是稠密的，因为开区间 $(-2, 0)$ 就不包含 E 中的点。不过，E 在其所及之处展现一种"稠密性"，因为 E 中的元素出现在任何开区间 (α, β) 内，其中 $0<\alpha<\beta$。

为了撇开这种类似的例子，即那种在某些区域内稠密而在另外一些区域内不稠密的集合，我们引入一个新的概念。

定义　对于一个实数集 P，如果每个开区间 (α, β) 包含这样一个开子区间 $(a, b) \subseteq (\alpha, \beta)$，使得 $(a, b) \bigcap P = \varnothing$，那么 P 是**无处稠密的**。

这意味着，即使在一个给定的区间 (α, β) 内可以找到 P 中的点，但是在其中存在一个不包含这种点的完整子区间（参见图 13-1）。因此，无处稠密集被视为是稀疏的，或者用赫尔曼·汉克尔的描述性术语，是"散列的"。[4]

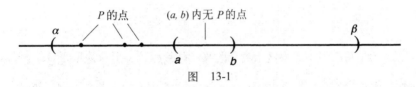

图　13-1

需要指出，"无处稠密"不是"稠密"的逻辑否定。例如，上面的不稠密集 E **并不是**无处稠密集，因为开区间 $(3, 4)$ 就不包含没有正有理数的子区间。因此，我们最好是提供几个无处稠密集的例子。

(1) 单点 c 集 $\{c\}$ 是无处稠密集。

这是显然的，因为如果 (α, β) 是一个不含 c 的开区间，那么 $(\alpha, \beta) \subseteq (\alpha, \beta)$，并且 $(\alpha, \beta) \bigcap \{c\} = \varnothing$。另一方面，若 (a, b) 是包含 c 的闭区间，显然有 $(c, \beta) \subset (\alpha, \beta)$，且 $(c, \beta) \bigcap \{c\} = \varnothing$。

(2) 集合 $S = \left\{ \dfrac{1}{k} \middle| k \text{为自然数} \right\} = \left\{ 1, \dfrac{1}{2}, \dfrac{1}{3}, \dfrac{1}{4}, \cdots \right\}$ 是无处稠密集。

这也是很容易看出的，因为两个相邻整数的倒数之间的间隔将构成一个不含 S 的点的子区间。即使一个给定的开区间 (α, β) 包含 0——那些聚集的自然数的倒数趋近的点——我们仍然可以选择一个自然数 N，

使 得 $\dfrac{1}{N} \in (\alpha, \beta)$ ，当取开子区间 $\left(\dfrac{1}{N+1}, \dfrac{1}{N}\right) \subseteq (\alpha, \beta)$ 时我们有 $\left(\dfrac{1}{N+1}, \dfrac{1}{N}\right) \cap S = \varnothing$ ，如图 13-2 所示。

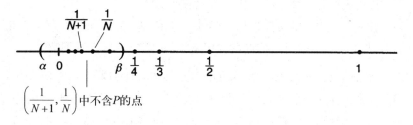

$\left(\dfrac{1}{N+1}, \dfrac{1}{N}\right)$ 中不含 P 的点

图 13-2

(3) 集合 $T = \left\{ \dfrac{1}{r} + \dfrac{1}{k} \,\middle|\, r \text{ 和 } k \text{ 为自然数} \right\}$ 是无处稠密集。

为了在心目中想象这个集合图像，固定 r ，并且让 k 遍取正整数。这样产生一系列点 $\dfrac{1}{r} + 1, \ \dfrac{1}{r} + \dfrac{1}{2}, \ \dfrac{1}{r} + \dfrac{1}{3}, \ \dfrac{1}{r} + \dfrac{1}{4}, \ \cdots$ ，这些点在 $\dfrac{1}{r}$ 附近聚集，聚集的方式与前面例子中的点在 0 附近的聚集相同。由于 r 是随意的，**每个** 倒数 $\dfrac{1}{r}$ 都是这样一个聚集点，由此得到的 T 是一个非常复杂的结构。然而，点 $\dfrac{1}{r} + \dfrac{1}{k}$ 之间的间隔使 T 成为无处稠密的（我们略去细节）。

在展现贝尔对这个无处稠密集所作的工作之前，我们证明两个将会用到的引理。

引理 1 无处稠密集的子集是无处稠密的。就是说，如果 P 是一个无处稠密集，而 $U \subseteq P$ ，那么 U 是无处稠密的。

证明 给定一个开区间 (α, β) ，我们确知存在一个开子区间 $(a, b) \subseteq (\alpha, \beta)$ ，满足 $(a, b) \cap P = \varnothing$ 。由于 U 是 P 的子集，显然有 $(a, b) \cap U = \varnothing$ ，所以 U 也是无处稠密的。

引理 2 两个无处稠密集的并集是无处稠密的。

证明 令 P_1 和 P_2 为无处稠密集。为了证明 $P_1 \cup P_2$ 也是无处稠密集，我们从一个开子区间 (α, β) 开始。由于 P_1 是无处稠密的，所以存在一个开区间 $(a, b) \subseteq (\alpha, \beta)$，满足 $(a, b) \cap P_1 = \varnothing$。但是 (a, b) 本身为开区间，而 P_2 是无处稠密的，所以存在一个开子区间 $(c, d) \subseteq (a, b) \subseteq (\alpha, \beta)$，满足 $(c, d) \cap P_2 = \varnothing$。显然，$(c, d)$ 是 (α, β) 的一个开子区间，其中不包含 P_1 或 P_2 的点。因此，$(c, d) \cap (P_1 \cup P_2) = \varnothing$，所以 $P_1 \cup P_2$ 是无处稠密的。 ∎

第二个引理显示，我们可以合并两个无处稠密集，或者合并任意有限个无处稠密集，得到的并集仍然是无处稠密集。用汉克尔的话来说，纵然把一百万个这样的集合并起来，结果还是散列的集合。

但是，如果我们要合并**无限个**无处稠密集，那么会有什么结果？这样一种并集具有什么结构？此外，这样做对数学分析有什么用处？这些问题正是贝尔以其特有的天才致力于解决的。

贝尔分类定理

在贝尔的学位论文中，他写下一个带有如下性质的集合 F：

存在可数无限多集合 $P_1, P_2, P_3, P_4, \dots$，每个集合是无处稠密的，[$F$ 的]每个点至少属于集合 $P_1, P_2, P_3, P_4, \dots$ 中的一个集合。我要说的是，具有这种性质的集合是**第 1 类集合**。[5]

换句话说，如果 $F = P_1 \cup P_2 \cup P_3 \cup \cdots \cup P_k \cup \cdots$，其中每个 P_k 是无处稠密的，那么 F 是一个第 1 类集合。

许多后来的数学家对贝尔的批评，不在于他的思想而在于他使用的术语。"第 1 类"这个完全非描述性的术语既单调又乏味，在人们脑海中不能引起任何想象。当这些批评者读到"任何不具备这种性质的[第 1 类]集合称为第 2 类集合"时，必定更加失望。

有一点是清楚的，可数集是第 1 类集合。像 $\{a_1, a_2, a_3, a_4, \cdots\}$ 这样一个集合可以表示成一系列单点集的并集

$$\{a_1\} \cup \{a_2\} \cup \cdots \cup \{a_k\} \cup \cdots$$

其中每个单点集是无处稠密的。这尤其表明，代数数的（可数）集合是第 1 类集合，如同它的（可数）子集有理数集一样。但是有理数集构成一个稠密集。所以，尽管无处稠密集的有限并集必定仍然是无处稠密集，但是这种集合的可数并集可以增大到足以处处稠密的地步。如贝尔指出的那样，第 1 类集合"显然具有不同于单个集合 P_k 的性质"。[6]如果我们同意无处稠密集是"小型的"集合这种说法，那么我们能否立即断定，可以把第 1 类集合说成是"大型的"集合呢？

在了解贝尔关于这个问题作出过什么论断之前，我们还需要几个引理。

引理 3 第 1 类集合的任何子集本身也是第 1 类集合。

证明 令 $F = P_1 \cup P_2 \cup P_3 \cup \cdots \cup P_k \cup \cdots$ 是第 1 类集合，其中每个 P_k 是无处稠密的，并且令 $G \subseteq F$。初等集合论证明，

$$G = G \cap F = (G \cap P_1) \cup (G \cap P_2) \cup (G \cap P_3) \cup \cdots \cup (G \cap P_k) \cup \cdots$$

其中每个 $G \cap P_k$ 是 P_k 的子集，所以由引理 1 知道它是无处稠密的。这样以来，由于 G 是可数个无处稠密集的并集，因此是第 1 类集合。 ∎

我们注意到，引理 3 暗示，如果 S 是一个第 2 类集合，并且 $S \subseteq T$，那么 T 必定也是一个第 2 类集合。正如收缩一个第 1 类集合产生另外一个第一类集合一样，扩展一个第 2 类集合也产生另外一个第 2 类集合。

引理 4 两个第 1 类集合的并集是第 1 类集合。

证明 令 F 和 H 是第 1 类集合。那么 $F = P_1 \cup P_2 \cup P_3 \cup \cdots \cup P_k \cup \cdots$，其中每个 P_k 是无处稠密的，$H = R_1 \cup R_2 \cup R_3 \cup \cdots \cup R_k \cup \cdots$，其中每个 R_k 是无处稠密的。我们把这些无处稠密集掺合在一起，将 F 和 H 的并集表示成

$$F \cup H = (P_1 \cup R_1) \cup (P_2 \cup R_2) \cup (P_3 \cup R_3) \cup \cdots \cup (P_k \cup R_k) \cup \cdots$$

根据引理 2，每个集合 $P_k \cup R_k$ 是无处稠密的。因此，$F \cup H$ 是可数的无处稠密集的并集，所以是第 1 类集合。　■

引理 4 依据这样一个事实，两个可数集的并集是可数的，而我们可以把这个结论扩展到 3 个、4 个或者任意有限个可数集，更一般地，可数个可数集的**可数**并集是可数的，所以我们有下述引理。

引理 5　如果 $F_1, F_2, F_3, \cdots, F_k, \cdots$ 是可数个第 1 类集合，那么它们的并集 $F_1 \cup F_2 \cup F_3 \cup \cdots \cup F_k \cup \cdots$ 也是第 1 类集合。

如前面提到的那样，有理数的稠密集是第 1 类集合，暗示这种类型的集合可能是"大型的"。但是表面现象往往是"靠不住的"。贝尔在 1899 年证明，在一种基本的意义下，一个第 1 类集合必定是"小型的"。确切地说，这样一个集合不足以穷举一个开区间中的全部点。如今，以他的名字会命名这个定理。

定理（贝尔分类定理）　如果 $F = P_1 \cup P_2 \cup P_3 \cup \cdots \cup P_k \cup \cdots$，其中每个 P_k 是无处稠密集，并且 (α, β) 是一个开区间，那么 (α, β) 中存在不属于 F 的点。

证明　我们从 (α, β) 开始，并且考察无处稠密集 P_1。根据定义，存在 (α, β) 的一个开子区间，其中不包含 P_1 的点。在必要时通过收缩这个子区间，我们可以求出这样的 $a_1 < b_1$，使得闭子区间 $[a_1, b_1] \subseteq (\alpha, \beta)$，并且满足 $[a_1, b_1] \cap P_1 = \varnothing$。（我们注意到，如像在他之前的康托尔和沃尔泰拉一样，贝尔也不强调需要**闭**子区间。）

但是 (a_1, b_1) 本身是开区间，而且 P_2 是无处稠密集，所以用类似方法得到 $a_2 < b_2$，满足 $[a_2, b_2] \subseteq (a_1, b_1) \subseteq [a_1, b_1] \subseteq (\alpha, \beta)$ 以及 $[a_2, b_2] \cap P_2 = \varnothing$。继续用这种方法，我们构造出一个递减的闭区间序列

$$[a_1, b_1] \supseteq [a_2, b_2] \supseteq [a_3, b_3] \supseteq \cdots \supseteq [a_k, b_k] \supseteq \cdots$$

其中，对于每个 $k \geqslant 1$ 有 $[a_k, b_k] \cap P_k = \varnothing$。

根据实数完备性性质的区间套形式，这些区间至少存在一个公共点 c。为了完成定理的证明，我们只需证明 c 属于开区间 (α, β) 但不属于 F。

首先，由于 c 是在所有闭区间内，$c \in [a_1, b_1] \subseteq (\alpha, \beta)$，所以 c 确实位于 (α, β) 内。

其次，对于每个 $k \geqslant 1$，我们知道 c 是在 $[a_k, b_k]$ 内，并且 $[a_k, b_k]$ 同 P_k 没有公共点。点 c 不属于任何一个 P_k，也就不会属于它们的并集 F。

于是我们找到了 (α, β) 中不包含在第 1 类集合 F 中的一点。简单地说，一个第 1 类集合不能穷举一个开区间内的全部点。∎

> Je commence par démontrer la proposition suivante: Si P est un ensemble de première catégorie, il existe, dans toute portion $\alpha\beta$ du segment sur lequel il est défini, au moins un point (et par suite une infinité) n'appartenant pas à P. En effet, d'après les hypothèses, on peut déterminer dans $\alpha\beta$ un intervalle fini $\alpha_1\beta_1$ ne contenant aucun point de P_1; dans $\alpha_1\beta_1$, un intervalle $\alpha_2\beta_2$ ne contenant aucun point de P_2, etc...., dans $\alpha_{n-1}\beta_{n-1}$, un intervalle $\alpha_n\beta_n$ ne contenant aucun point des n premiers ensembles $P_1, P_2, \ldots P_n$; il existe au moins un point M compris à l'intérieur de tous les segments $\alpha_n\beta_n$; ce point M ne fait partie d'aucun ensemble P_n et par suite ne fait pas partie de P.

贝尔分类定理（1899）

这是贝尔分类定理的原始证明。他的典雅论证使用了实数的完备性性质，而所用的证明方式使我们联想到他的良师益友沃尔泰拉的结果。贝尔继续写道：

> 从这个定理立即推出，任何区间是第 2 类集合，因为我们刚才证明了，不能借助于可数无限个无处稠密的集合获得一个连续区间的全部点。[7]

由此可以推断全体实数的集合是第 2 类集合，因为实数集内包含第 2 类集合 $(0, 1)$。同时，这意味着无理数集是第 2 类集合，倘若不然，有理数集和无理数集都是第 1 类集合，那么由引理 3，它们的并集也应是第 1 类集合。可是它们的并集为全体实数，却是第 2 类集合。

至此，贝尔对第 1 类集合和第 2 类集合作出对比：

> 人们看出两类集合之间存在深刻的差别。这种差别不在于它们的
> 可数性，也不在于它们在一个区间内的稠密性，因为一个第 1 类
> 集合可能具有连续统的基数，并且可能是稠密的。在某种意义下，
> 这种差别只在于可数性和稠密性这两种概念的结合之中。[8]

按照现在所谓的**拓扑**观点，贝尔分类定理表明，第 1 类集合从一定意义上说是不重要的。对于贝尔单调乏味的术语持反对态度的某些作者，使用"贫集"作为更具启示性的术语代替"第 1 类"集合。不论它们的名称如何，贝尔的分类必将对数学分析产生重大影响，我们在下一节要用例证来说明这一点。

若干应用

数学进步的一个标志是能够根据已有的结论推广出更多看似无关的新结论，而且推广过程较之以往更加有效，也更加简练。贝尔分类定理就是这种推广之一，当我们回顾第 11 章康托尔的不可数性结果时，这是很清楚的。

下面我们重新给出康托尔定理的证明。

康托尔定理　如果 $\{x_k\}$ 是不同实数的序列，那么任何开区间 (α, β) 含有不包括在 $\{x_k\}$ 中的一点。

证明　若把 $\{x_1, x_2, x_3, \cdots, x_k, \cdots\}$ 看成点的集合，那么它是可数的，因此是第 1 类集合。由于贝尔证明了一个第 1 类集合不可能穷举一个开区间内的全部点，(α, β) 必定包含一个不在 $\{x_k\}$ 中的点。　∎

这样证明确实是很容易的。

此外，还可以举出其他例证。第 12 章中沃尔泰拉所得的主要结果也是贝尔的工作的推论。为了看出这一点，我们需要某些预备知识，其中包括贝尔分类定理的一个直接推论。

推论 第 1 类集合的补集是稠密的。

证明 （回忆一下，实数的某个集合 A 的补集是不属于 A 的实数的集合，通常用 A^c 表示。）令 F 是第 1 类集合，并且考虑任意开区间 (α, β)。贝尔证明了并非每个 (α, β) 中的点都属于 F，所以 $(\alpha, \beta) \bigcap F^c \neq \varnothing$，而这就是证明 F 的补集为稠密集所要求的条件。　　■

下面我们希望用集合类型的术语描述点态不连续函数的特征，这正是贝尔最初研究集合类型时所追求的目标。在下文中，我们采纳贝尔所用的点态不连续性的"包容性"含义，即在一个稠密集上的连续性。但是，我们的讨论不同于他的原有讨论，他应用了函数的振幅，而我们借助于序列达到同样目的。[9]

从一个函数 f 和一个自然数 k 开始，我们定义集合

$$P_k \equiv \left\{ x \,\middle|\, 存在一个序列\{a_j\} \to x, 对于所有 j \geqslant 1 有 |f(a_j) - f(x)| \geqslant \frac{1}{k} \right\} \tag{1}$$

因此，对于一个实数 x，如果我们能够让 $\{a_j\}$ 依次以这样一种方式趋近 x，使得 $f(a_j)$ 和 $f(x)$ 之间至少保持 $1/k$ 的间隔，那么 x 属于 P_k。作为一个例子，我们再次考虑第 10 章中的函数

$$S(x) = \begin{cases} \cos(1/x), & x \neq 0 \\ 0, & x = 0 \end{cases}$$

并且断言 0 属于集合 P_2。为了证实这个结论，我们引进序列 $\left\{ \dfrac{1}{2\pi j} \right\}$。显然 $\lim\limits_{j \to \infty} \dfrac{1}{2\pi j} = 0$，并且对于每个 $j \geqslant 1$，我们有 $\left| S\left(\dfrac{1}{2\pi j} \right) - S(0) \right| = |\cos(2\pi j) - 0|$

$=1 \geq \dfrac{1}{2}$ 。根据式(1) 中的定义，看出 $0 \in P_2$ 。

至此，我们做好了证明以 D_f 的"小型性"表示贝尔的点态不连续性特征的准备。

定理 （在最坏情况下）f 是点态不连续的，当且仅当 D_f 是第 1 类集合。

自然，定理蕴含两个有待证明的命题，即定理的充分条件和必要条件。我们从较复杂的必要条件开始。

必要条件 如果（在最坏情况下）f 是点态不连续的，那么 D_f 是第 1 类集合。

证明 我们的第一个目标是要证明，上面定义的每个 P_k 是无处稠密的集合。我们由此固定一个自然数 $k \geq 1$ 和一个开区间 (α, β) 。根据点态不连续性，f 在 (α, β) 内的某个点（称它为 x_0）是连续的。这意味着 $\lim\limits_{x \to x_0} f(x) = f(x_0)$ ，所以，对于 $\varepsilon = \dfrac{1}{3k}$ ，存在这样一个 $\delta > 0$ ，使得开区间 $(x_0 - \delta, x_0 + \delta)$ 是 (α, β) 的一个子集，并且

$$\text{若} \left| x - x_0 \right| < \delta \text{，则} \left| f(x) - f(x_0) \right| < \frac{1}{3k} \tag{2}$$

我们断言 $(x_0 - \delta, x_0 + \delta) \bigcap P_k = \varnothing$ 。为了证明这一点，假定结果相反。于是存在属于 $(x_0 - \delta, x_0 + \delta) \bigcap P_k$ 的某个点 z 。根据 P_k 的性质，必定存在一个序列 $\{a_j\} \to z$ ，对于所有 $j \geq 1$ 有 $\left| f(a_j) - f(z) \right| \geq \dfrac{1}{k}$ 。由于序列 $\{a_j\}$ 收敛于 $z \in (x_0 - \delta, x_0 + \delta)$ ，所以存在一个下标 N ，使得 $a_N \in (x_0 - \delta, x_0 + \delta)$ 。借助于三角不等式，我们得到

$$\frac{1}{k} \leq \left| f(a_N) - f(z) \right| = \left| f(a_N) - f(x_0) + f(x_0) - f(z) \right|$$

$$\leq \left| f(a_N) - f(x_0) \right| + \left| f(x_0) - f(z) \right| < \frac{1}{3k} + \frac{1}{3k} = \frac{2}{3k}$$

其中最后一步由式(2)以及$\left| a_N - x_0 \right| < \delta$和$\left| z - x_0 \right| < \delta$这两个不等式推出。这串不等式使我们陷入$\dfrac{1}{k} < \dfrac{2}{3k}$的矛盾。这是由于某种差错引起的。

问题出在$(x_0 - \delta,\, x_0 + \delta) \bigcap P_k$是非空集合的假定上。我们进而断定$(x_0 - \delta,\, x_0 + \delta)$是$(\alpha, \beta)$的一个子区间，它不包含$P_k$的点。按照定义，对于每个$k$，$P_k$是无处稠密的，而这又意味着$P_1 \bigcup P_2 \bigcup P_3 \bigcup \cdots \bigcup P_k \bigcup \cdots$是第1类集合。

我们正接近完成定理的证明。余下的工作，仅需应用连续性概念（或者更确切地说，不连续性概念）确定

$$D_f \subseteq P_1 \bigcup P_2 \bigcup P_3 \bigcup \cdots \bigcup P_k \bigcup \cdots \tag{3}$$

表达式(3)成立，是因为如果$x \in D_f$是f的任意不连续点，那么存一个$\varepsilon > 0$，使得对于任何$\delta > 0$，我们可以求出一点z，只要$0 < \left| z - x \right| < \delta$，就有$\left| f(z) - f(x) \right| \geqslant \varepsilon$。然后我们选择一个满足$\dfrac{1}{k} < \varepsilon$的自然数$k$，并且让$\delta$依次取1，$\dfrac{1}{2}$，$\dfrac{1}{3}$，$\cdots$，这样就产生一串点$a_1$，$a_2$，$a_3$，$\cdots$，$a_j$，$\cdots$，对于这些点，$0 < \left| a_j - x \right| < \dfrac{1}{j}$，但是$\left| f(a_j) - f(x) \right| \geqslant \varepsilon > \dfrac{1}{k}$。序列$\{a_j\}$收敛于$x$，此外，对于所有$j \geqslant 1$，我们有$\left| f(a_j) - f(x) \right| > \dfrac{1}{k}$。根据式(1)中的定义，不连续的点$x$属于无处稠密集$P_k$，所以确实有$D_f \subseteq P_1 \bigcup P_2 \bigcup P_3 \bigcup \cdots \bigcup P_k \bigcup \cdots$。

只要注意D_f是第1类集合$P_1 \bigcup P_2 \bigcup P_3 \bigcup \cdots \bigcup P_k \bigcup \cdots$的子集，根据引理3它本身是第1类集合，就完成定理这一半的证明。因此，如果f是点态不连续的，那么D_f是第1类集合。 ■

充分条件 如果D_f是第1类集合，那么（在最坏情况下）f是点态不连续的。

证明 这是由贝尔分类定理的推论直接得到的结果。因为D_f是第1

类集合。它的补集是稠密的。换句话说，$D_f{}^c = C_f = \{x \mid f \text{在} x \text{连续}\}$ 是稠密的，这恰好是 f 在最坏情况下为点态不连续函数所需的条件。　　■

　　因此，点态不连续函数是这样一些函数，它们合并后的不连续性在作为第 1 类集合的意义下仍然是"小型的"。这个特征把汉克尔在 30 岁时提出的点态不连续的概念简化成关于集合 D_f 的一个简单条件。这个条件除了具有自身内在的价值外，还使贝尔得以对第 12 章的沃尔泰拉定理给出一个典雅的证明。[10]

　　下面我们重新给出沃尔泰拉定理的证明。

　　沃尔泰拉定理　在区间 (a, b) 上不存在这样两个点态不连续函数，其中一个函数的连续性点是另外一个函数的不连续性点，反之亦然。

　　证明　为论证起见，假定 f 和 ϕ 是两个点态不连续函数。前面的定理表明，D_f 和 D_ϕ 都是第 1 类集合，而由引理 4，$D_f \cup D_\phi$ 也是第 1 类集合。根据贝尔分类定理，这个并集的补集是稠密的。但是所述补集中的点既不是 f 的不连续点，也不是 ϕ 的不连续点，就是说，这是它们共同的连续性点的集合。由此导致一个矛盾，因为 f 和 ϕ 不仅有一个共同的连续性点，而且有一个这种点的**稠密集**。　　■

　　与此同时，贝尔毫不费力地得到下述引人注目的推广。[11]

　　定理　如果（在最坏情况下）$f_1, f_2, f_3, \cdots, f_k, \cdots$ 是定义在一个共同区间上的点态不连续函数的序列，那么存在一点（实际上存在一个稠密的点集），使得所有这些函数在这个点同时是连续的。

　　证明　像前面的证明那样，我们考虑函数 f_k 的不连续性点的集合 D_{f_k}。由于点态不连续性，每一个 D_{f_k} 都是第 1 类集合，所以由引理 5，它们的并集 $D_{f_1} \cup D_{f_2} \cup D_{f_3} \cup \cdots \cup D_{f_k} \cup \cdots$ 是第 1 类集合。此外，这个并集的补集是稠密的，而这个补集为 $C_{f_1} \cap C_{f_2} \cap C_{f_3} \cap \cdots \cap C_{f_k} \cap \cdots$，所有函数在其中的点上是连续的。　　■

这个定理表明，即使这些点态不连续函数可能具有无限多个不连续性点，而且即使汇集可数无限多个这种函数，足够的连续性仍然保证它们拥有一个共同的稠密点集，所有函数在这个点集上是连续的。这代表集合论同分析学的一种完美结合，在勒内·贝尔机警的目光下融为一体。

在结束本节前，我们提出贝尔从他的重要定理得出的最后一个结果，这把他引向另外一个影响深远的创新。[12]

定理 点态不连续函数序列的一致收敛极限是点态不连续的。

于此，他从一个点态不连续函数的序列 $f_1, f_2, f_3, \cdots, f_k \cdots$ 开始，这个序列定义在一个共同的区间上，并且假定它们一致收敛于一个函数 f。如我们见过的那样，由魏尔斯特拉斯描述的一致收敛是充分强的收敛，足以把个体函数的某些特性传递给它们的极限函数。贝尔证明了"点态不连续性"就是这样一种特性。

我们给出他的证明的大意，略去论证过程的细节。贝尔证明了，在一致收敛条件下，个体函数 f_k 的任何共同的连续性点必定是极限函数 f 的一个连续性点。用集合论的记号表示这个结论，他证明了

$$C_{f_1} \cap C_{f_2} \cap C_{f_3} \cap \cdots \cap C_{f_k} \cap \cdots \subseteq C_f$$

正如我们刚才所见，贝尔确知这个可数的交集是稠密的，所以 C_f 必定也是稠密的。于是，如定理的断言，在一个稠密集上连续的一致收敛极限 f 是点态不连续的。

点态不连续函数的**一致**收敛极限必定是点态不连续的这个事实，令贝尔怀疑，对于非一致收敛的极限甚至也可能存在这个结论。他的这些见解导致一种函数分类新方法的诞生，同汉克尔在 25 年前提出的分类法相比，这种方法复杂得多。本章最后，我们就来讨论这些思想。

贝尔的函数分类

贝尔同汉克尔一样，怀着把函数分成逻辑上有意义的类别的愿望，把连续函数作为他分类的起点。在因为使用单调乏味的术语而闻名的过程中，他写道："我选择连续函数构成 0 类的说法。"[13]假定我们有连续函数（也就是 0 类函数）的一个序列 $\{f_k\}$，并且令 $f(x) = \lim\limits_{k \to \infty} f_k(x)$ 是它们的点态收敛的极限。如我们所见，f 可能是连续的，也可能是不连续的。在后面这种情形下，极限函数 f 越出 0 类函数的范围，所以贝尔准备采用一个新类。他指出："那些成为连续函数序列极限的不连续函数构成 1 类。"作为例子，我们回忆第 9 章的函数 $f_k(x) = (\sin x)^k$，每个这样的函数在区间 $[0, \pi]$ 上是连续的，但是 $f(x) = \lim\limits_{k \to \infty} f_k(x)$ 在 $\pi / 2$ 是不连续的。所以 f 属于 1 类。

贝尔证明了更有意义的结果：属于 1 类的函数，在最坏的情况下是点态不连续的。[14]也就是说，当我们取连续函数序列的极限时，其结果不一定是处处连续的，但是必定至少在一个稠密集上是连续的。因此，取连续函数序列的极限不能消除连续性的全部痕迹。相反，这样的极限保留原有函数序列中"相当多"的连续性。对于那些探索分析学中某种不变性的人而言，从这个结论中可以得到一些安慰。

下面是一个推论。

定理　如果函数 f 是可微的，那么它的导数 f' 必定在一个稠密集上是连续的。

证明　对于每个 $k \geqslant 1$，我们定义一个函数 $f_k(x) = \dfrac{f(x + 1/k) - f(x)}{1/k}$。$f$ 的可微性蕴含着连续性，所以每个 f_k 也是连续的。但是 $\lim\limits_{k \to \infty} f_k(x) = \lim\limits_{k \to \infty} \dfrac{f(x + 1/k) - f(x)}{1/k} = f'(x)$，这是因为当 $k \to \infty$ 时，$1/k \to 0$。因此，f' 是一个 0 类函数序列的点态收敛的极限，所以属于 0 类函数（在这种

情形它是连续的）或者 1 类函数（在这种情形它是点态不连续的）。无论怎样，导数 f' 必定在一个稠密集上是连续的。 ■

我们曾经见过，一个可微函数可能有一个不连续的导数，但是现在我们能够回答这样一个重要问题：一个导数实际在多大程度上可能是不连续的？这要感谢贝尔，他给出答案是：不是非常不连续，因为它必定在一个稠密集上是连续的。

同时，贝尔继续阐明他的分类方案。

> 现在假定有一个属于 0 类或 1 类的函数的序列，并且有一个不属于这两个类的极限函数。我将认定这个极限函数是属于 2 类的函数，并且可以用这种方式获得的所有函数的集合将构成 2 类函数。[15]

为了证实在 2 类函数中存在**某些**结果，我们定义一个函数

$$D(x) = \lim_{k \to \infty} \left[\lim_{j \to \infty} (\cos k! \pi x)^{2j} \right]$$

并且断言，这个函数同其外部特征相反，就是狄利克雷函数

$$d(x) = \begin{cases} 1, & x为有理数 \\ 0, & x为无理数 \end{cases}$$

我们应该花点时间来证实这个断言。首先注意，如果 $x = p/q$ 是一个取最简形式的有理数，那么对于任何 $k \geq q$，表达式 $k! \pi x = k! \pi \left(\dfrac{p}{q} \right)$ 是 π 的整数倍。因此，对于某处后面的每个 k，$\lim\limits_{j \to \infty} (\cos k! \pi x)^{2j} = \lim\limits_{j \to \infty} (\pm 1)^{2j} = 1$，所以也有 $D(x) = \lim\limits_{k \to \infty} \left[\lim\limits_{j \to \infty} (\cos k! \pi x)^{2j} \right] = 1$。另一方面，如果 x 是无理数，那么 $k! \pi x$ 不会是 π 的某个整数倍，由此推出 $|\cos k! \pi x| < 1$。因此对于每个 k，$\lim\limits_{j \to \infty} (\cos k! \pi x)^{2j} = 0$，所以 $D(x) = \lim\limits_{k \to \infty} \left[\lim\limits_{j \to \infty} (\cos k! \pi x)^{2j} \right] = \lim\limits_{k \to \infty} 0 = 0$。由

于函数 $D(x)$ 在每个有理数点的值等于 1，而在每个无理数点的值等于 0，所以实际上它是**改头换面的**狄利克雷函数。

这一点之所以引起人们的兴趣是由于 $D(x)$ 的解析性质。当在 19 世纪之初引进狄利克雷函数时，它似乎是极端病态的，以致被置于分析学领域之外。然而，我们从这里看出，它的性态并不比某些具备良好特性的余弦函数序列的双重极限函数更差。

除此之外，对于每个 k 和 j，函数 $(\cos k!\pi x)^{2j}$ 是连续的，所以狄利克雷函数被视为连续函数序列的点态极限序列的点态极限。这使它置身于 0 类、1 类或 2 类函数的范围。但是我们知道 $d(x)$ 是处处不连续的，所以既不属于 0 类函数（此类函数要求连续性），也不属于 1 类函数（此类函数要求在一个稠密集上的连续性）。于是，狄利克雷函数仅可能属于贝尔的 2 类函数。

贝尔作好了继续分类的准备。如果一个函数是那些属于 0 类、1 类或 2 类的函数序列的点态极限函数，但是不属于这几类函数中的任何一类，那么就说它属于 3 类函数。从 0 类、1 类、2 类或 3 类函数序列得到的点态极限函数而又越出这几个类别的函数将属于 4 类函数。并且，把这样的分类继续进行下去。最终，我们得到一座其大无比的难以想象的函数分类的高塔，以连续函数为塔基，通过重复的极限演变出一层又一层形状越来越奇怪的塔身。

不言而喻，贝尔的分类向我们提出了许多问题。例如，怎样能够肯定存在属于 247 类的函数？再有，是否存在异常奇特以至全然不属于贝尔分类之列的函数？这正是贝尔同时代的数学家亨利·勒贝格所解决的问题，他经过证明，对这两个问题给出了响亮的回答："是的。"[16]

尽管病弱的身体使勒内·贝尔的学术生涯突然告终，但是他在数学上创建了不朽的业绩。他引进了第 1 类集合与第 2 类集合的概念，证明了他的强有力的分类定理。此外，他提供了函数的一种分类，这种分类把分析学的范围扩展到了遥远的地域。

正如数学史学专家 Thomas Hawkins 所言，贝尔的惊人发现表明，即使到 20 世纪之初，微积分仍然会产生种种奇妙的新问题。[17] 关于这一点，勒贝格指出贝尔具有"丰富的想象力和坚定的批判意识"，并且继续写道：

> 贝尔向我们表明应该如何研究这些重大题材；需要提出哪些问题和引进什么概念。他教给我们正确考察函数的天地，区分那里存在的纯粹相似性和真正的差异性。人们在吸收贝尔观察结果的过程中将变成一位高深的观察者，学会分析普通的思想，并且从中引出更隐蔽和更微妙的同时也是更有用的概念。

最后，勒贝格称贝尔为"一位最高级的数学家"，这是一位伟大的分析学家对另一位伟大的分析学家的崇高赞誉。[18]

在结束这一章时，让我们重温本章开头引用过的贝尔的一句话："任何同函数论有关的问题都将导致同集合论有关的某些问题，……。"正如我们所见，贝尔实践了这句箴言。就现代分析学而论，人们已经完全接受他的见解，我们理应深表对贝尔的感激之情。

参考文献

[1] René Baire, *Sur les fonctions des variables réelles*, Imprimerie Bernardoni de C. Rebeschini & Co., 1899, p. 121。

[2] 这则资料出自 *Dictionary of Scientific Biography*, vol.1, Scribner, 1970，pp. 406-408。

[3] Adolphe Buh1, "René Baire，" *L'enseignment mathématique*, vol. 31 (1932), p. 5。

[4] Thomas Hawkins, *Lebesgue's Theory of Integration, Chelsea,* 1975, p. 30。

[5] 同[1], p. 65。

[6] 同 [1]，p. 65。

[7] 同[1], p. 65。

[8] 同[1]，p. 66。

[9] 同[1]，pp. 64-65。

[10] 同[1]，p. 66。

[11] 同[1]，p. 66。

[12] 同[1]，pp. 66-67。

[13] 同[1]，p. 68。

[14] 同[1]，pp. 63-64，对于现代处理方式，可参考 Russell Gordon, *Real Analysis: A First Course*, Addison-Wesley, 1997, pp. 254-256。

[15] 同[14]，p. 68。

[16] Henri Lebesgue, "Sur les fonctions représentables analytiquement", *Journal de mathématiques*, (6), vol.1 (1905), pp. 139-216。

[17] 同[3]，p. 118。

[18] 勒贝格的引文出自 "Notice sur René-Louis Baire", *Comptes rendus des séances de l'Académie des sciences*, vol. CXCV (1932), pp. 86-88。

第 *14* 章

勒 贝 格

亨利·勒贝格（1875—1941）

随着 20 世纪的到来，数学家们有理由为自己喝彩。微积分已经存在了两个多世纪。它的基础已经不容置疑，许多悬而未决的问题已经宣告解决。自从牛顿和莱布尼茨初创微积分以来，分析学走过了漫长的路程。

适逢其时，亨利·勒贝格卷入到这门学科中来。他在 1902 年对积分论进行了革命，并且进一步把这场革命推进到实分析，那时他还是巴黎大学的一名才华横溢的博士生。他以一篇博士论文实现了这一目标，那篇论文被描述成"以往所有数学家写就的最佳论文之一"。[1]

为了对勒贝格的成就获得一些感性认识，在考察勒贝格富有创造性的替代积分之前，我们快速复习一下黎曼积分。

回归黎曼积分

在前面几章已经着重指出黎曼积分中存在的某些"缺陷"。由于这个原因，数学家们曾经期待是正确的命题，需要附加某些假设方能成为真命题。例如，如果不给出看起来过分限制的假设，微积分基本定理以及极限与积分的交换定理都不复成立。

对于后一种情况，在第 9 章举出的反例中包含一个函数序列，函数项带有越来越高的尖峰值。在那种情况下，人们可能认为极限与积分不能交换的原因在于函数不是一致有界的。然而从下面的例子明显看出，这种缺陷隐藏得更深。

我们从区间 $[0, 1]$ 中的有理数集开始，这个集合用 Q_1 表示。集合的可数性使我们能够把它列举出来：$Q_1 = \{r_1, r_2, r_3, r_4, \cdots\}$。然后我们定义函数序列

$$\phi_k(x) = \begin{cases} 1, & x = r_1, r_2, r_3, \cdots, r_k \\ 0, & \text{其他 } x \end{cases}$$

其中 ϕ_k 在前面 k 个有理数点都取值 1，而在其余的点取值 0，每个这样的函数是有界函数，满足 $|\phi_k(x)| \leqslant 1$，同时每个函数在除有限个点以外等于 0，所以是可积的，并且 $\int_0^1 \phi_k(x)\mathrm{d}x = 0$。

但是，关于 $\lim\limits_{k \to \infty} \phi_k(x)$ 会有什么结果？由于 $[0, 1]$ 中的任何有理数位于列表中的某处地方，当 $k \to \infty$ 时 $\phi_k(x)$ 最终将取值 1，并且保持这个值。此外，如果 x 为无理数，对于所有 k 有 $\phi_k(x) = 0$。换句话说，

$$\lim_{k \to \infty} \phi_k(x) = \begin{cases} 1, & x \text{为有理数} \\ 0, & x \text{为无理数} \end{cases} \tag{1}$$

自然，我们得到的是狄利克雷函数，所以纵然每个 ϕ_k 是可积的，它们的点态极限是不可积的。不言而喻，狄利克雷函数的不可积性表明，

$\lim\limits_{k\to\infty}\int_0^1\phi_k(x)\mathrm{d}x\neq\int_0^1[\lim\limits_{k\to\infty}\phi_k(x)]\mathrm{d}x$。这意味着，在第 9 章的例子中，积分与极限的交换问题不能用函数的无界性来解释。

即使对这些问题作了考虑，仍然留下如何通过不连续性说明黎曼可积性的特征的问题。按照前面一章所用的函数不连续性点集的记号，数学家们期待着填写下列句子：

<blockquote>
一个有界函数 f 在区间[a, b]上是可积的，

当且仅当 D_f 是 _____
</blockquote>
(2)

任何人都相信，这个句子中的空白将会用关于函数的不连续性点集 D_f 的某种"小型性"的条件填入。显而易见，这个缺少的条件不会是"有限的"或"可数的"，也不会是"第 1 类集合"，它的特性是不确定的。无论是谁，如果凭借函数的连续性与黎曼可积性之间的联系，完成上述句子的填充，定然引起巨大轰动。

正是勒贝格解决了所有这些问题。他回归到长度和面积的概念，从全新的角度观察它们，并由此提出积分的一种替代定义。我们的故事就从我们现在所说的"勒贝格测度"开始。

零测度

在 1904 年的一本专著《积分与原函数的研究》中，勒贝格这样描述他的最初目标："我希望首先对集合赋予数的属性，这种数类似于它们的长度。"[2] 这本专著脱胎于它的学位论文。

他从非常简单的情况开始。在四个区间[a, b], (a, b], [a, b)和(a, b)中，任何一个区间的长度均为 b−a。如果一个集合是两个不相交集合的并集，也就是说，如果 A=[a, b]∪[c, d]，其中 b<c，那么我们自然令 A 的长度为 (b−a) + (d−c)。按同样的方式，我们可以给出任何有限个不相交区间的并集的长度。

但是，勒贝格已经注意到复杂得多的集合。例如，我们应该怎样把

长度的概念扩充到像 $S = \left\{1, \dfrac{1}{2}, \dfrac{1}{3}, \dfrac{1}{4}, \cdots\right\}$ 这样的无限集合上？在第 13 章曾经证明，集合 S 是无处稠密的。或者换一种说法，我们如何度量包含在单位区间[0, 1]内的无理数集合的"长度"？

在勒贝格之前的数学家中有人曾经提出过这些问题。阿克舍尔·哈纳克（1851—1888）在 19 世纪 80 年代引进过集合的一种度量，我们现在称之为有界集的**外容量**。[3] 当给定这样的一个集合时，他先把它置于有限个区间的一个覆盖内，并且用这些区间的长度的和作为集合外容量的近似值。对于上述集合 S，我们可以考虑覆盖 $S \subseteq \left(0, \dfrac{2}{7}\right) \bigcup \left(\dfrac{3}{10}, \dfrac{7}{10}\right)$ $\bigcup \left(\dfrac{\pi}{4}, \dfrac{101}{100}\right)$，它们的长度之和等于 $\dfrac{2}{7} + \dfrac{4}{10} + \left(\dfrac{101}{100} - \dfrac{\pi}{4}\right) \approx 0.9103$。

我们可以通过取一个不同的覆盖来改进这个估值。例如，假定我们用下面 5 个子区间的并集覆盖 S：

$$S \subseteq (0, 0.2001) \bigcup (0.2499, 0.2501) \bigcup (0.3332, 0.3334) \bigcup$$
$$(0.4999, 0.5001) \bigcup (0.9999, 1.0001)$$

虽然这样做显得有些奇怪，不过我们的策略是清楚的（参见图 14-1）。最左边的区间 $(0, 0.2001)$ 包含 S 中除 1/4, 1/3, 1/2 和 1 以外的所有点，而这 4 个点都用各自的小区间包围。对于这个覆盖，其区间的长度之和为 $0.2001 + 0.0002 + 0.0002 + 0.0002 + 0.0002 = 0.2009$，比前面第一个覆盖的长度值 0.9103 小得多。

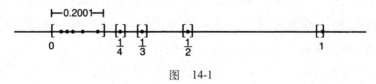

图　14-1

至此，哈纳克提出了一个大胆的想法：用有限个区间**以所有可能的方式**覆盖一个有界集合 E，再求每个覆盖中各区间长度之和，并把外容

量 $c_e(E)$ 定义为当最宽区间的长度趋近零时这种和的极限。

这个定义有许多可取之处。例如，一个有界区间的外容量就是它的长度——这恰好是人们所期望的。同样，单点集 $\{a\}$ 的外容量必定为零，因为对于任何自然数 k，我们可以用一个长度为 $\dfrac{1}{k}$ 的区间 $\left(a-\dfrac{1}{2k}, a+\dfrac{1}{2k}\right)$ 覆盖 $\{a\}$，当 k 不断增大时，这个长度缩小为零，所以 $c_e(\{a\})=0$。这也是如人们所期望的。

哈纳克同样能求出像 S 那样的无限集的外容量。他用的是上面第二个覆盖中所显示的方法。对于任何 $\varepsilon > 0$，我们注意区间 $\left(0, \dfrac{\varepsilon}{2}\right)$ 包含 S 中除有限个点以外的所有点，我们用 $\dfrac{1}{N}$，$\dfrac{1}{N-1}$，$\cdots$，$\dfrac{1}{2}$ 和 1 表示这有限个点。然后把这 N 个点置于一个长度为 $\dfrac{\varepsilon}{4N}$ 的小区间内。例如，可以把 $\dfrac{1}{k}$ 置于 $\left(\dfrac{1}{k}-\dfrac{\varepsilon}{8N}, \dfrac{1}{k}+\dfrac{\varepsilon}{8N}\right)$ 内。这些区间共同覆盖 S，而它们的长度之和为

$$\frac{\varepsilon}{2}+N\left[\frac{\varepsilon}{4N}\right]=\frac{\varepsilon}{2}+\frac{\varepsilon}{4}=\frac{3}{4}\varepsilon<\varepsilon$$

由于对每个 $\varepsilon > 0$，S 处于总长度小于 ε 的有限个区间内，所以我们断定 $c_e(S)=0$。这样就得到一个外容量为零的无限的无处稠密集。

但是，哈纳克要面对一种不同的情况，那就是区间 $[0,1]$ 内的有理数的集合 Q_1：一个无限的**稠密**集。他认识到，由有限个区间构成的 Q_1 的任何覆盖必然覆盖整个 $[0,1]$ 区间。因此 $c_e(Q_1)=1$。就是说，单位区间内的所有有理数的外容量同单位区间本身的外容量相等。

从某些方面看，这似乎是言之有理的，但从其他方面看，这是有问题的。因为如果我们令 I_1 是 $[0,1]$ 内的**无理数**的集合，用完全相同的推理，同样证明 $c_e(I_1)=1$。由于不相交的集合 Q_1 和 I_1 的并集是整个区间 $[0,1]$，

我们看出

$$c_e(Q_1 \bigcup I_1) = c_e([0,1]) = 1,\text{ 而 } c_e(Q_1) + c_e(I_1) = 1+1 = 2$$

显而易见，我们不能把一个集合分开成不相交的子集，而它们的外容量之和仍然是原来集合的外容量。这样的非可加性是哈纳克的容量理论不受欢迎的特性。

把长度的概念扩展到非区间集合的这种前景，足以引导其他人修改外容量这样的定义，以便消除伴随的问题。许多数学家投身这个讨论中，但是历史把最终解决这个问题的责任赋予勒贝格。如果一个集合"能够包含在有限个或可数无限个区间内，而这些区间的总长度可以小到我们希望的任意小的地步"，那么他把它定义为零测度的集合。[4]因此，如果对于任意 $\varepsilon > 0$，我们能够使集合 E 包含在区间 $(a_1,b_1),(a_2,b_2),\cdots,$ $(a_k,b_k),\cdots$ 内，即

$$E \subseteq (a_1,b_1) \bigcup (a_2,b_2) \bigcup \cdots \bigcup (a_k,b_k) \bigcup \cdots$$

其中 $\sum_{k=1}^{\infty}(b_k - a_k) < \varepsilon$，那么 E 是零测度的集合，记为 $m(E) = 0$。同哈纳克不一样，勒贝格在这里的创新在于**允许用可数无限个区**间覆盖集合，而这样做同哈纳克的做法有天壤之别。

从这个定义明显看出，一个零测度集合的任何子集必定为零测度集合。同样明显，一个外容量为零的集合也具有零测度。因此，单点集合和上面的集合 S 都是零测度的集合。但是当勒贝格证明下述定理后，证实相反的结论不成立——而且出其不意地不成立。

定理 如果一个集合 $E = E_1 \bigcup E_2 \bigcup E_3 \bigcup \cdots \bigcup E_k \bigcup \cdots$ 是可数个零测度集合的并集，那么 E 也是零测度集合。[5]

证明 令 $\varepsilon > 0$ 是已知的。根据假设，我们可以把 E_1 包容在总长度小于 $\dfrac{\varepsilon}{4}$ 的区间的可数集合族内，把 E_2 包容在总长度小于 $\dfrac{\varepsilon}{8}$ 的区间的可数

集合族内，及至一般情况下，把 E_k 包容在总长度小于 $\dfrac{\varepsilon}{2^{k+1}}$ 的区间的可数

集合族内。于是给定的集合 E 是所有这些区间的并集的一个子集，而这

个并集本身作为可数集合族的可数并集是总长度小于

$\dfrac{\varepsilon}{4}+\dfrac{\varepsilon}{8}+\cdots+\dfrac{\varepsilon}{2^{k+1}}+\cdots=\dfrac{\varepsilon}{2}<\varepsilon$ 的可数集合族。由于 E 包容在总长度小于任

意小的数 ε 的区间的可数集合族内，可知 E 具有零测度。■

由此推出，任何可数集的测度为零，因为这样一个集合可以表示成
它的单个点集的（可数）并集。特别是，区间[0, 1]内的有理数的集合（前
面标记为 Q_1 的稠密集）具有零测度。由于 $m(Q_1)=0$，而 $c_e(Q_1)=1$，这说明
外容量为零与测度为零在根本上是不同的。

水平稍逊色的数学家恐怕会 在面对具有零测度的稠密集的现象时
退缩。毕竟，稠密集是普遍存在的，它会出现在无论多么小的区间内。
哈纳克本人在 20 年之前就开始走上这条道路，但是他把零测度作为可笑
的想法拒绝了。[6] 这样一种看似非常反常的景象使他相信要坚持采用有
限区间的覆盖。

但是勒贝格没有善罢甘休，而当他发现长期寻求的函数的可积性同
其连续性点之间的关系时，他证明自己的方法是极有价值的。问题在于，
"一个可积函数可能在何等程度上是不连续的？"下面的定理是对于这个
问题的简单回答。

定理 一个有界函数 f 在区间[a, b]上为黎曼可积的充分必要条件，
是它的不连续点的集合具有零测度。[7]

这就是说，勒贝格用条件 $m(D_f)=0$ 填充了句子（2）中的关键空白。
在许多书籍中把这个定理称为"勒贝格定理"，说明在他最终证明的大量
定理中，这个定理是特别重要的。

毫不奇怪，勒贝格的论证的核心在于黎曼可积条件，这个条件可以

改写如下：函数 f 在区间 $[a, b]$ 上是黎曼可积的，当且仅当对于任意 $\varepsilon > 0$ 和任意 $\sigma > 0$，我们可以把 $[a, b]$ 划分成有限数目的子区间，其中 f 的振幅大于 σ 的点所在的那些子区间（我们称为 A 类子区间）的总长度小于 ε。

我们注意到，到勒贝格时代，函数在一点的"振幅"的概念比黎曼时代有了更确切的含义。不过就我们的目的而言，依旧可以把它非正式地视为在那个点的邻域内函数的最大变差。此外，已经知道，一个函数在点 x_0 是连续的充分必要条件是它在 x_0 的振幅为零。

勒贝格引进 $G_1(\sigma)$ 作为在区间 $[a, b]$ 中函数 f 的振幅大于或等于 σ 的那些点的集合，并且证明 $G_1(\sigma)$ 是一个有界闭集。由于 $C_f = \{x | f$ 在 x 的振幅为零$\}$，我们知道

$$D_f = \{x \mid f \text{在} x \text{的振幅大于零}\}$$
$$= G_1(1) \cup G_1\left(\frac{1}{2}\right) \cup G_1\left(\frac{1}{3}\right) \cup \cdots \cup G_1\left(\frac{1}{k}\right) \cup \cdots \tag{3}$$

等式（3）显然是成立的。另一方面，在任何不连续的点，振幅必定为正，因此对于某个自然数 N，其值超过 $\frac{1}{N}$。这意味着不连续的点属于 $G_1\left(\frac{1}{N}\right)$，因此属于等式（3）右端的并集。反过来说，这个并集中的任何点必定属于某个 $G_1\left(\frac{1}{N}\right)$，因此有一个正振幅使它成为一个不连续的点。

在这种背景下，我们来考察勒贝格的证明。

证明 首先假定有界函数 f 在区间 $[a, b]$ 上是黎曼可积的。对于任何自然数 k，可积性条件保证振幅大于 $\frac{1}{k+1}$ 的点的集合可以包容在有限个区间内，这些区间的总长度小到我们希望的任意小。因此这个集合以及它的子集 $G_1\left(\frac{1}{k}\right)$ 的外容量为零，所以 $G_1\left(\frac{1}{k}\right)$ 具有零测度。根据前面的

定理，并集 $G_1(1) \cup G_1\left(\dfrac{1}{2}\right) \cup G_1\left(\dfrac{1}{3}\right) \cdots \cup G_1\left(\dfrac{1}{k}\right) \cup \cdots$ 是零测度的集合，由式（3），这蕴含 D_f 也是零测度的集合。这就完成必要条件的证明。

为了证明充分条件，假定 $m(D_f)=0$，并且令 $\varepsilon > 0$ 和 $\sigma > 0$。选择一个满足 $\dfrac{1}{k} < \sigma$ 的自然数 k。于是函数 f 的振幅超过 σ 的点的集合是 $G_1\left(\dfrac{1}{k}\right)$ 的一个子集，它也是 D_f 的一个子集。因此，$G_1\left(\dfrac{1}{k}\right)$ 是零测度的集合，所以能够包容在总长度小于 ε 的（开）区间的可数集合族内。由于 $G_1\left(\dfrac{1}{k}\right)$ 是闭集和有界集，勒贝格可以应用著名的海涅-博雷尔定理推断，$G_1\left(\dfrac{1}{k}\right)$ 位于这些开区间的一个**有限**子集合族内[8]。这个有限的子集合族的总长度显然小于 ε，并且不仅覆盖 $G_1\left(\dfrac{1}{k}\right)$，而且覆盖更小的振幅超过 σ 的点的集合。总之，可积性条件是满足的，所以 f 是黎曼可积的。∎

此后，勒贝格定义了函数的一种**几乎处处**具有的性质，这是指函数只在零测度集上不保持的性质。用这个术语，我们把勒贝格定理简洁地重述如下：一个有界函数 f 在区间 $[a, b]$ 上是黎曼可积的，当且仅当它是几乎处处连续的。

这个特征非常有用，例如，我们可以用它立刻证明 $[0, 1]$ 上的直尺函数 R 的可积性。正如我们曾经证实的那样，R 在除测度为零的有理数集之外是连续的。这意味着直尺函数是几乎处处连续的，所以是黎曼可积的。

在数学分析中，勒贝格定理堪称一个经典。从所发生的事情来看，带有几分讽刺意味的事实是，彻底了解**黎曼**积分的人正是使它不久就变得陈旧的人：这就是勒贝格。

集合的测度

　　零测度概念的全部重要性在于仅对实直线上的某些集合是适用的。勒贝格在他的论文中继续对一个大得多的集合族定义了"测度"。基本思想是从他的同胞埃米尔·博雷尔（1871—1956）那里借用来的，但是勒贝格对它所做的改进是无法测度的（我们敢相信吗？）。

　　这个方法有一个我们熟悉的环节。对于一个集合 $E \subseteq [a,b]$，勒贝格写道：

> 我们可以把它的点包容在有限的或者可数无限的区间内，这些区间的点集的测度是……它们的长度的之和，这个和是 E 的测度的一个上界。所有这种和的集合有一个下极限 $m_e(E)$，就是 E 的**外测度**。[9]

用符号表示，这相当于

$$m_e(E) = \inf\left\{\sum_{k=1}^{\infty}(b_k - a_k)\,\middle|\,E \subseteq (a_1,b_1)\bigcup(a_2,b_2)\bigcup(a_3,b_3)\bigcup\cdots\right\}$$

其中我们用到了所述集合的**下确界**或最大下界。此外，外测度同外容量之间的差别，在于勒贝格除了考虑有限的覆盖之外还考虑到可数无限的覆盖。他立刻注意到 $m_e(E) \leqslant c_e(E)$，因为取更多的覆盖仅有可能降低它们的最大下界。

　　接着他考查了 E 在 $[a,b]$ 内的补集，我们把它表示成 $E^c = \{x \mid x \in [a,b]$，但是 $x \notin E\}$。用上述定义，他求出 E^c 的外测度，然后把 E 的**内测度**定义为 $m_i(E) = (b-a) - m_e(E^c)$。

　　一种现代处理方法不用 E 的补集的外测度去确定它的内测度，而改用有限个或者可数无限个区间的并集从内部"填充"集合 E，然后取它们的长度之和的最小上界或者**上确界**。就是说

$$m_i(E) = \sup\left\{\sum_{k=1}^{\infty}(b_k - a_k) \mid (a_1, b_1)\bigcup(a_2, b_2)\bigcup(a_3, b_3)\bigcup\cdots \subseteq E\right\}$$

对于有界集而言，这两种方法是等价的，但是第二种方法同样也适用于 E 为无界集的情形。

这时勒贝格证明了"内测度不会大于外测度"，就是说，$m_i(E) \leqslant m_e(E)$，并且接着提出关键性定义："内测度和外测度相等的集合称为**可测的**，而它们的测度为 $m_i(E)$ 和 $m_e(E)$ 的共同值。"[10]

可测集是一个千真万确的庞大家族，它包括任何区间，任何开集和闭集，任何零测度集，以及有理数集和无理数集。事实上有过一段时间，数学家们**未能**找到一个不是可测的集合，即一个 $m_i(E) < m_e(E)$ 的集合。这样一些集合最终是通过选择公理构造出来的，而其结果是极端复杂的。[11]

勒贝格仔细研究了从他的定义得出的结果，其中最基本的三个结果如下。

(1) 如果 E 是可测的，那么 $m(E) \geqslant 0$。

(2) 一个区间的测度是它的长度。

(3) 如果 $E_1, E_2, E_3, \cdots, E_k, \cdots$ 是有限的或者可数无限的两两不相交的可测集，并且如果 $E = E_1 \bigcup E_2 \bigcup E_3 \bigcup \cdots \bigcup E_k \bigcup \cdots$ 是它们的并集，那么 E 是可测的，同时 $m(E) = m(E_1) + m(E_2) + m(E_3) + \cdots + m(E_k) + \cdots$。

第三个结果是外容量所不具备的可加性性质。我们用它可以轻而易举地求出区间[0, 1]内无理数的集合的测度，这个集合就是上面所说的 I_1。我们注意到，$[0,1]=Q_1 \bigcup I_1$，其中右端的两个集合是不相交的和可测的。因此，$1 = m([0,1]) = m(Q_1 \bigcup I_1) = m(Q_1) + m(I_1) = 0 + m(I_1)$，所以 $m(I_1)=1$。就测度而言，无理数在[0, 1]中处于支配地位，而有理数是无足轻重的。

勒贝格测度尤其在"小型"集合（零测度）和"大型"集合（正测

度）之间提供一种新的一分为二的方法。本书把这种方法同用基数的一分为二的方法（可数集与不可数集）和拓扑的一分为二的方法（第 1 类集合与第 2 类集合）相提并论，在所有这三种分法中，有理数的集合都被看作小型集合，因为它们是零测度的和可数的，是属于第 1 类的集合，而无理数的集合是大型集合，它们是正测度的和不可数的，是属于第 2 类的集合。

继续采用这种观点，我们看出在所有这三种一分二的方法中，"小型"集合的子集和可数并集仍旧是"小型"集合，并且我们证明了一个可数集既是第 1 类的集合，又是零测度的集合。但是，其他"大型"和"小型"集合之间的联系不复存在。有可能找到第 1 类集合，它们是非可数的和正测度的集合，同时找到零测度集合，它们是非可数的和属于第 2 类的集合。[12] 很明显，这些概念已经使数学家们陷入某种困境。

在勒贝格的博士论文中，他不满足于仅考虑可测集。他定义了如下的可测**函数**：一个有界的或非有界的函数 f，如果对于任何 $\alpha < \beta$，集合 $\{x \mid \alpha < f(x) < \beta\}$ 是可测的，我们就说它是可测函数。[13] 图 14-2 给出这个定义的几何意义。对于沿 y 轴的 $\alpha < \beta$，我们把定义域内函数值介于 α 和 β 之间的所有 x 点汇集起来，如果这个集合对于 α 和 β 的所有选择都是可测的，就说 f 是可测函数。

利用可测集的性质，勒贝格证明了 f 是可测函数，当且仅当对于任何 α，集合 $\{x \mid \alpha < f(x)\}$ 是可测的。从这个结果很容易推出狄利克雷函数是可测的，因为对于集合 $\{x \mid \alpha < d(x)\}$ 仅有三种可能性：如果 $\alpha \geq 1$，它是空集；如果 $0 < \alpha \leq 1$，它是有理数集；如果 $\alpha \leq 0$，它是全部实数的集合。在每种情形下，这些集合都是可测集，所以 $d(x)$ 是一个可测函数。

我们已经见过，狄利克雷函数既不是点态不连续的，也不是黎曼可积的。由于它的原始特性，被排除在这两个函数族之外。但是它是可测的。人们开始意识到，通过引进可测函数，勒贝格已经撒下了他的天网。

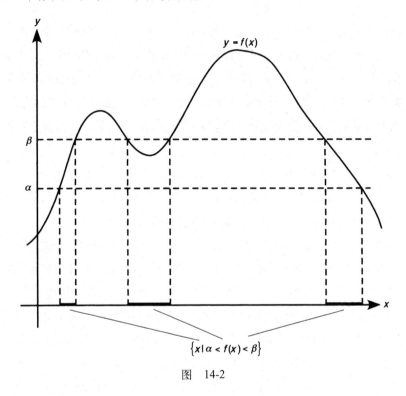

图 14-2

他沿着他的推理路线继续前进，证明对于一个可测函数 f 而言，集合

$$\{x \mid f(x) = \alpha\}, \quad \{x \mid \alpha \leqslant f(x) < \beta\},$$
$$\{x \mid \alpha < f(x) \leqslant \beta\} \text{ 和 } \{x \mid \alpha \leqslant f(x) \leqslant \beta\} \tag{4}$$

都是可测集。他还证明，两个可测函数的和与积是可测函数，这意味着我们不能凭借加法和乘法跳出可测函数的范围。"但是，"勒贝格写道，"还有下面的结果。"

定理 如果 $\{f_k\}$ 是一个可测函数的序列，而且 $f(x) = \lim_{k \to \infty} f_k(x)$ 是它的点态极限，那么 f 也是可测函数。[14]

这是值得注意的，因为这个定理表明，我们甚至也不能通过取点态极限逾越可测函数的范围。从前面式（1）中我们曾经见过，这对于有界的黎曼可积函数是不正确的，而且我们在前面几章指出过，这对于连续函数或者那些属于贝尔的第 1 类函数同样是不可能的。在那些情况下，函数族的限制过于严格以至不包含它们的所有点态极限。对比之下，可测函数是明显包含点态极限在内的。

勒贝格很快指出这几个定理的一个令人着迷的推论。我们可以毫不费力地看出，常值函数是可测的，恒等函数 $f(x) = x$ 同样是可测的。再通过函数的相加和相乘，可知任何多项式函数是可测的。魏尔斯特拉斯逼近定理（见第 9 章）保证，区间 $[a, b]$ 上的任何连续函数是一个多项式序列的一致收敛极限，所以根据上述定理，任何连续函数是可测的。由于同样理由，连续函数的点态极限是可测的，然而这些函数只不过是贝尔的第 1 类函数。这表明可微函数的导数是可测的。同时，贝尔的第 2 类函数，像狄利克雷函数，也是可测的，因为这些函数是贝尔的第 1 类函数的序列的点态极限。同样的推理揭示，每一个贝尔类中的任何函数都是可测的。

完全可以说，在 1900 年以前考察过的任何函数都属于勒贝格可测函数族。这是一个千真万确的庞大家族。

然而，从某种意义上说，所有这一切只是一个序幕，勒贝格正准备利用可测集和可测函数的思想作出他的最大贡献。

勒贝格积分

有界函数 f 的黎曼积分从把定义域剖分为细小的子区间的一个划分开始，在这些子区间上构建矩形，它们的高由函数值确定，最后令最大子区间的宽度收缩为零。相反，替代的勒贝格积分乃是基于一种简单而又富有想象力的思想：采用函数**值域**的划分代替定义域的划分。

我们用图解来说明，考虑图 14-3 中的有界可测函数。勒贝格令 $l < L$

为 f 在区间[a, b]上的**下确界**和**上确界**，即函数的最大下界和最小上界，所以区间[l, L]包含函数的值域。于是，对于任意 $\varepsilon > 0$，勒贝格设想区间[l, L]的一个由点

$$l = l_0 < l_1 < l_2 < \cdots < l_n = L$$

构成的划分，其中相邻分点之间的最大间隔小于 ε。

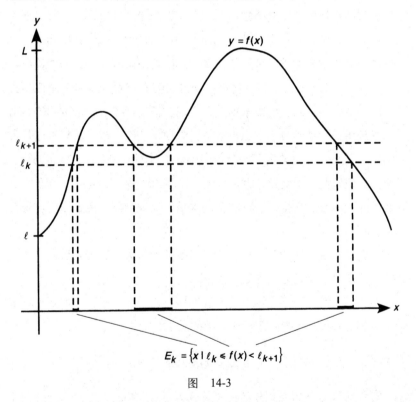

图 14-3

用沿 y 轴的这样一个划分，我们建立"勒贝格和"。像黎曼和一样，我们将用面积已知的一些区域逼近曲线下方的区域，不过我们可以不再要求这些区域一定为矩形。相反，我们考虑沿 y 轴的子区间 $[l_k, l_{k+1})$，并且注意由 $E_k = \{x \mid l_k \leqslant f(x) < l_{k+1}\}$ 定义的[a, b]的子集 E_k。这个子集就是图

14-3 中在 x 轴上标示出的部分。这里，E_k 是三个子区间的并集，但是它的结构可能非常复杂，这同求积分的函数有关。

在黎曼方法的相似步骤中，我们是构造一个矩形，它的高是函数值的近似值，宽是相应子区间的长度，而其面积为这两个值的乘积。对于勒贝格积分，我们用 l_k 作为函数在集合 E_k 上的近似值，但是如果 E_k 不是区间的情形，如何去确定它的长度呢？

毫不奇怪，答案是用集合 E_k 的测度扮演这种长度的角色。我们用高乘"长度"得到的 $l_k \cdot m(E_k)$ 作为黎曼和中窄小矩形之一的相应面积。在函数值域的所有子区间上对这些面积求和，我们得到一个勒贝格和 $\sum_{k=0}^{n} l_k \cdot m(E_k)$，在这个级数中我们令最后一项为 $E_n = \{x \mid f(x) = l_n\}$。最后，勒贝格令 $\varepsilon \to 0$，致使 $l_{k+1} - l_k$ 的最大值也趋近零。如果通过极限过程产生一个唯一的值，我们就说 f 在 $[a, b]$ 上是**勒贝格可积的**，并且定义

$$\int_a^b f(x)\mathrm{d}x = \lim_{\varepsilon \to 0}\left[\sum_{k=0}^{n} l_k \cdot m(E_k)\right]$$

在继续进行讨论之前，我们必须说明两个问题。第一，很明显，集合 $E_0, E_1, E_2, \cdots, E_{n-1}, E_n$ 把区间 $[a, b]$ 划分成若干子集，不过不一定是子区间。第二，我们假定 f 是可测的，根据式（4），这个假定蕴含每个 $E_k = \{x \mid l_k \leqslant f(x) < l_{k+1}\}$ 以及 $E_n = \{x \mid f(x) = l_n\}$ 是可测集，所以我们完全可以讨论关于 $m(E_k)$ 的问题。至此，一切都井然有序。

勒贝格在为一般读者编写的一本书中，用一个比喻来对比黎曼的方法与他自己的方法。[15] 他想象一位零售商，在一天终结时想要汇总营业收入。对于这位店主来说，一种选择是"按照随机顺序计算到手的现金和账单"。勒贝格把这样一位零售商称为"缺乏系统观点的"人，他依次累加收集起来的款项：1 美元，10 美分，25 美分，另 1 美元，10 美分，如此等等。这种方法犹如当他们从左至右越过区间 $[a, b]$ 时提取遇到的函

数值。对于黎曼积分，这个过程是由定义域中的值"驱动"的，而值域中的值被搁置一旁。

勒贝格接着指出，如果不这样做，店主在结账时不考虑收到每笔款项的顺序，而代之以按款项的面值分组，难道不是更为可取吗？例如，可能共计收到 10 美分 12 笔，25 美分 30 笔，1 美元 50 笔，等等。这样，计算一天的收入将变得很简单：用每种币值的数量（对应于 E_k 的测度）乘以币值（对应于函数值 l_k），然后对结果求和。这种情况下，正如勒贝格积分的情形，其过程是由值域中的函数值驱动的，而划分定义域的 E_k 被搁置一旁。

勒贝格承认，对于商业经营中涉及的有限的量，这两种方法产生同样的结果。"但是对于我们必须求数目无限的极微小的量之和而言，"他写道，"这两种方法之间存在着巨大差别。"为了强调这种差别，他指出：

> 我们的积分的构造定义，同黎曼积分的定义十分相似。不过，黎曼是把变量 x 改变的区间剖分成微小的子区间，而我们则是剖分函数 $f(x)$ 改变的区间。[16]

为了说明自己并非漫无目标地追求定义，勒贝格证明了关于他的新积分的若干定理。我们将考察其中几个定理，但是不予证明。

定理 1 如果 $f(x)$ 是区间 $[a, b]$ 上的有界黎曼可积函数，那么 f 是勒贝格可积的，并且 $\int_a^b f(x)\mathrm{d}x$ 在两种情况下具有相同的积分值。

这个结果是令人欣慰的，因为它说明勒贝格积分保存了黎曼积分的精华。

定理 2 如果 $f(x)$ 是区间 $[a, b]$ 上的有界可测函数，那么它的勒贝格积分**存在**。

我们从这个定理看出勒贝格思想的巨大力量，因为可测函数族包含的函数远远多于黎曼可积函数（即所有那些几乎处处连续的函数）族。

简而言之，勒贝格可积的函数多于黎曼可积的函数。定理 1 和定理 2 表明，勒贝格名副其实地扩充了过去的理论。

例如，我们已经知道狄利克雷函数 $d(x)$ 在区间 $[0, 1]$ 上是有界的和可测的。因此，尽管事实上积分 $\int_0^1 d(x)\,\mathrm{d}x$ 在黎曼的理论下是没有意义的，然而作为勒贝格积分却是存在的。

更为可取之处在于，这个积分值是很容易计算的。我们从值域的任意划分 $0 = l_0 < l_1 < l_2 < \cdots < l_n = 1$ 着手。根据狄利克雷函数的性质，

$$E_0 = \{x \mid 0 \leqslant d(x) < l_1\} = I_1 \text{为区间} [0,1] \text{内的无理数集合}$$
$$E_k = \{x \mid l_k \leqslant d(x) < l_{k+1}\} = \varnothing, \ k = 1,\ 2,\ \cdots,\ n-1$$
$$E_n = \{x \mid d(x) = 1\} = Q_1 \text{为区间} [0,1] \text{内的有理数集合}$$

对于这个随意的划分，勒贝格和为

$$\sum_{k=0}^{n} l_k \cdot m(E_k) = 0 \cdot m(E_0) + l_1 \cdot m(E_1) + \cdots + l_{n-1} \cdot m(E_{n-1}) + 1 \cdot m(E_n)$$
$$= 0 \cdot m(I_1) + l_1 \cdot m(\varnothing) + \cdots + l_{n-1} \cdot m(\varnothing) + 1 \cdot m(Q_1)$$
$$= 0 \cdot 1 + l_1 \cdot 0 + \cdots + l_{n-1} \cdot 0 + 1 \cdot 0 = 0$$

正是由于对于**任意**划分这个勒贝格和为零，所以，所有这样的极限也为零。也就是说，$\int_0^1 d(x)\mathrm{d}x = 0$。

狄利克雷函数是处处不连续的这一事实，使它成为黎曼不可积的，但是这样普遍的不连续性对于勒贝格积分是无关紧要的。这种结果无可争辩地说明数学上取得的巨大进展。

定理 3 如果 f 和 g 是区间 $[a, b]$ 上的有界可测函数，并且几乎处处有 $f(x) = g(x)$，那么 $\int_a^b f(x)\mathrm{d}x = \int_a^b g(x)\mathrm{d}x$。

这个定理说明，改变一个可测函数在一个测度为零的集合上的值，对于它的勒贝格积分的值没有影响。对于黎曼积分，如果改变函数在有限个点上的值，不会改变积分值，但是一旦胡乱修改无穷多点上的函数

值，结果就无法预料了。相形之下，勒贝格积分具备足够的抗变能力，我们可以在一个测度为零的无穷集合上改变函数值而不影响它的可积性和积分值。

为了考查这个定理的作用，我们重温区间[0, 1]上的狄利克雷函数 $d(x)$ 和直尺函数 $R(x)$ ，并且通过引进在[0, 1]上所有点都等于 0 的函数 $g(x)$ ，组成一个三位一体的函数。这三个函数 d, R, g 自然不是全等的，因为它们在单位区间的有理数点上具有不同的值。但是从测度理论的观点看，这样的差别是微不足道的，因为 $m\{x \mid d(x) \neq g(x)\} = m\{x \mid R(x) \neq g(x)\} = m(Q_1) = 0$ 。换句话说，狄利克雷函数和直尺函数几乎处处等于零。由定理 3 推出 $\int_0^1 d(x)\mathrm{d}x = \int_0^1 R(x)\mathrm{d}x = \int_0^1 g(x)\mathrm{d}x = \int_0^1 0 \cdot \mathrm{d}x = 0$ ，这正是我们过去见过的结果。

在勒贝格的论文中还有另外一个重要定理，那就是我们现在所说的有界收敛定理。[17]他在非常弱的条件下，证明了这个允许进行极限与积分的交换的定理。这是超越黎曼理论的一项重大进展。

定理 4（勒贝格有界收敛定理）　如果 $\{f_k\}$ 是区间 $[a, b]$ 上的可测函数序列，其中的函数以数 $M > 0$ 一致为界（即对于所有 $k \geqslant 1$ 和 $[a, b]$ 内的所有 x 有 $|f_k(x)| \leqslant M$ ），并且如果 $f(x) = \lim\limits_{k \to \infty} f_k(x)$ 是点态极限，那么

$$\lim_{k \to \infty} \int_a^b f_k(x)\mathrm{d}x = \int_a^b f(x)\mathrm{d}x = \int_a^b \left[\lim_{k \to \infty} f_k(x)\right]\mathrm{d}x$$

利用这个定理我们可以提出对 $\int_0^1 d(x)\mathrm{d}x$ 的第三次处理。早先我们引进了区间[0, 1]上的一个函数序列 $\{\phi_k\}$ ，如在式（1）中所见，对于这个序列， $\lim\limits_{k \to \infty} \phi_k(x) = d(x)$ 。显然，对于所有 x 和全部 k ， $|\phi_k(x)| \leqslant 1$ ，所以这是一个一致有界的函数族，同时由于每个 ϕ_k 在除 k 个点之外为零，可知每个函数是可测的并且 $\int_0^1 \phi_k(x)\mathrm{d}x = 0$ 。根据勒贝格有界收敛定理，我们再一次推出

$$\int_0^1 d(x)\mathrm{d}x = \int_0^1 \left[\lim_{k\to\infty} \phi_k(x) \right] \mathrm{d}x$$
$$= \lim_{k\to\infty} \int_0^1 \phi_k(x)\mathrm{d}x = \int_0^1 0 \cdot \mathrm{d}x = 0$$

Si les fonctions mesurables $f_n(x)$, bornées dans leur en-semble, c'est-à-dire quels que soient n et x, ont une limite $f(x)$, l'intégrale de $f_n(x)$ tend vers celle de $f(x)$.

En effet, nous savons que $f(x)$ est intégrable ; évaluons

$$\int_a^b [f(x) - f_n(x)]\, dx.$$

Si l'on a toujours $|f_n(x)| < \mathrm{M}$ et si $f - f_n$ est inférieure à ε dans E_n, $f - f_n$, étant inférieure à la fonction égale à ε dans E_n et à M dans $\mathrm{C}(\mathrm{E}_n)$, a une intégrale au plus égale en module à

$$\varepsilon m(\mathrm{E}_n) + \mathrm{M}\, m[\mathrm{C}(\mathrm{E}_n)].$$

Mais ε est quelconque, et $m[\mathrm{C}(\mathrm{E}_n)]$ tend vers zéro avec $\frac{1}{n}$ parce qu'il n'y a aucun point commun à tous les E_n, donc

$$\int_a^b (f - f_n)\, dx$$

tend vers zéro. La propriété est démontrée (¹).

勒贝格有界收敛定理的证明（1904）

时代铸就一个人的最后成就。我们回忆一下，沃尔泰拉曾经发现一个病态函数，它具有有界而不可积的导数。在沃尔泰拉时代，"不可积的"自然是指"不是黎曼可积的"。

然而，采用勒贝格定义的替代积分，这个函数的病态特征随之消失。因为倘若 F 是具有有界导数 F' 的可微函数，那么勒贝格积分 $\int_a^b F'(x)\mathrm{d}x$ 必定存在，这正如我们在第 13 章所见，F' 是属于贝尔 0 类或贝尔 1 类的函数。这是使其成为勒贝格可积的充分条件。

有界收敛定理更值得称道之处还在于，它使勒贝格得以证明下面的定理。[18]

定理5 如果函数 F 在区间 $[a, b]$ 上是可微的并且具有有界的导数 F'，那么 $\int_a^b F'(x)\mathrm{d}x = F(b) - F(a)$。

这是完全恢复原来的完美形态的微积分基本定理。对于勒贝格积分，为使基本定理成立，对导数无需附加限制条件，例如不必要求导数是连续的。因此，在一定的意义下，勒贝格把微积分中的这个处在中心地位的结果恢复成它在牛顿和莱布尼茨时代那种"自然的"形式。

在行将结束之际，我得承认，许许多多的技术细节在对勒贝格工作的这个简短介绍中无法顾及。对他的思想的全面论述需要花费大量的时间和篇幅，那样自然会使那些来自他的博士论文的思想越发令人惊叹！毫不奇怪，这篇学位论文出类拔萃，独树一帜。

我们引用勒贝格一则最终的评论作为结束语。在1904年那本重要的专题著作的序言中，勒贝格承认他的那些定理把我们从"优美的"函数之邦带到一个更复杂的函数王国，而为了解决那些简单陈述的具有历史意义的问题，还需要在这片王国居住下来。他写道："这是为了解决已经提出的那些问题而不是出于对复杂事物的偏爱，我在书中引进一个积分定义，这个定义比黎曼积分的定义更具有普遍性，并且把黎曼积分作为一个特例。"[19]

为的是解决历史留下的问题而不是为了使生活变得错综复杂化：这是亨利·勒贝格在他研究数学的旅程中所奉行的金科玉律。

参考文献

[1] 引自 G. T. Q. Hoare and N. J. Lord, "'Intégrale, longueur, aire'—the centenary of the Lebesgue integral", *The Mathematical Gazette*, vol. 86 (2002), p. 3.

[2] Henri Lebesgue, *Leçons sur l'intégration et la recherché des fonctions primitives*, Gauthier-Villars, 1904, p. 36。

[3] Thomas Hawkins, *Lebesgue's Theory of Integration*, Chelsea, 1975, p. 63。

[4] 同[2], p. 28。

[5] 同[2], p. 28。

[6] 同[3], p. 64。

[7] 同[2], pp. 28-29。

[8] 实数的有界闭集的海涅-博雷尔定理是任何分析学教科书讨论的一个主题；例如参阅 Frank Burk, *Lebesgue Measure and Integration*, Wiley, 1998, p. 65。它的历史是错综复杂的，但是我们注意到，在勒贝格的论文的 104~105 页包含一个精彩的证明，这是他的著名学位论文中的另外一个重点。其他资料请参阅 Pierre Dugac, "Sur la correspondance de Borel et le théoreme de Dirichlet-Heine-Weierstrass-Borel-Schoenflies-Lebesgue," *Archives internationales d'histoire des sciences*, 39 (122) (1989), pp. 69-100。

[9] 同[2], p. 104。

[10] 同[2], p. 106。

[11] Frank Burk, *Lebesque Measure and Integration*, Wiley 1988, pp. 266-272。

[12] 参阅 Bernard Gelbaum and John Olmsted, *Counterexamples in Analysis*, Holden-Day, 1964, p. 99。

[13] 同[2], p. 111。

[14] 同[2], p. 111。

[15] Henri Lebesgue, *Measure and the Integral*, Holden-Day, 1966, pp. 181-182。

[16] Henri Lebesgue, *Lecons sur l'intégration et la recherché des fonctions primitives*, AMS Chelsea Publishing, 2000, p. 136。（这是我们在上面引用的勒贝格 1904 年的著作第 2 版的重印本，原书于 1928 年出版。）

[17] 同[2], p. 114。

[18] 同[2], p. 120。

[19] 同[2], pp. v-vi。

后　记

　　我们对微积分陈列室的参观已经结束了。

　　一路上，我们欣赏了十三位数学家在创建微积分的历程中的功绩。可以把他们按照建树分为三个独立的历史阶段，或者说，依据他们过于倾注同类问题所冒的风险分成三个独立的学派。

　　首先出现在我们眼前的是"早期学派"，这一派以其开拓者牛顿、莱布尼茨以及他们的直接继承者伯努利兄弟和欧拉的工作为特征。然后我们来到可以称之为"经典学派"的殿堂，浏览了专为柯西提供的大厅，以及黎曼、刘维尔和魏尔斯特拉斯的展室，这些学者对微积分赋予了特别的数学严格性。最后，我们造访了康托尔、沃尔泰拉、贝尔和勒贝格的"现代学派"，他们把经典学派的精确性同集合论的大胆思想融为一体。

　　显然，在参观结束时呈现在我们面前的微积分和它开初是不同的。历经数学家们的努力，微积分中的曲线已经变成函数，几何方法已经提升为代数方法，直觉思维已经转化到冷静的逻辑思维。最终发展成一门极端复杂和极具挑战性的学科，这远远超出它的创建者们的预料。

　　然而，开始时的那些中心思想，依然是结束时的中心思想。在以往两个半世纪的岁月里，数学家们对微积分这门学科作了改进，当我们翻开本书时，就能目睹学者们之间持续不断的交流。从一种非常实际的意义上说，这些创建者们是在解决一些相同的问题，只不过采用日益复杂的方法而已。例如，我们曾见牛顿在1669年把二项式扩展为无穷级数，而柯西于1828年对这样的级数提供收敛判别准则。我们曾见欧拉在1755年推算基本的导数，而贝尔于1899年确定导数的连续性性质。同样，我

们曾见莱布尼茨在 1691 年应用他的变换定理求面积，而勒贝格于 1904
年建立他的绝妙的积分理论。数学家们的回应之声从一个时代响彻到另
一个时代，而且即使事态有了改变，微积分的基本问题依然如故。

　　我们这本书以勒贝格的学位论文结束，但是不能就此推断分析学也
在那里结束。相反，他的工作使这门学科恢复元气，在过去的一百年间
得以发展和走向成熟，并且时至今日仍旧是数学前进的桥头堡。微积分
的演进以及在这个过程中新涌现的数学大师们必将属于另一个时代。

　　像在序言中那样，我们引用 20 世纪杰出的数学家约翰·冯·诺伊曼
的下述评论作为本书结束语：

　　　　我认为[微积分]给出的定义比现代数学从它开初算起的任何定
　　　　义都更加明确，而数学分析的整个体系是它的逻辑演化，至今
　　　　依然不失为精确推理中最重大的技术进展。[1]

　　由于分析学取得如我们所见的那些巨大成就，冯·诺伊曼把微积分
视为严密推理的缩影。他在评论中对微积分的热烈颂扬得到本书诸多结
果的充分支持，并将成为定论。

---

① John von Neumann, *Collected Works*, vol.1, Pergamon Press, 1961，p.3。